高等教育网络空间安全规划教材

网络安全等级保护
原理与实践

孙　涛　高　峡　梁会雪　等编著

机 械 工 业 出 版 社

本书全面介绍网络安全等级保护的基本理论、网络安全基础知识、网络安全等级保护实践应用及工程项目建设实施。全书分为网络安全等级保护基础、网络安全等级保护实践和网络安全等级保护实施三篇共 16 章。主要内容包括开展网络安全等级保护的缘由及意义，网络安全等级保护发展历程、标准体系、工作流程、工作范围和角色职责，网络安全基础知识、网络安全等级保护基本要求条款的深层含义解读、各控制点安全实践，以及网络安全等级保护工程实施的安全解决方案。本书按照从基本知识点讲解到实践应用，再从实践应用到工程项目实践的方式来编排，全面阐述了网络安全等级保护工作涉及的各知识领域，以帮助读者掌握网络安全等级保护的相关技术。

本书内容由浅入深，突出实践，理论和实践相结合，适合作为高等院校网络空间安全、信息安全及相关专业的教材，也可作为从事网络安全等级保护工作人员的参考书。

本书配有授课电子课件，需要的教师可登录 www.cmpedu.com 免费注册，审核通过后下载，或联系编辑索取（微信：13146070618，电话：010-88379739）。

图书在版编目（CIP）数据

网络安全等级保护原理与实践/孙涛等编著 . —北京：机械工业出版社，2022.12

高等教育网络空间安全规划教材

ISBN 978-7-111-72096-6

Ⅰ．①网… Ⅱ．①孙… Ⅲ．①计算机网络-网络安全-高等学校-教材 Ⅳ．①TP393.08

中国版本图书馆 CIP 数据核字（2022）第 218288 号

机械工业出版社（北京市百万庄大街 22 号　邮政编码 100037）
策划编辑：郝建伟　　　　责任编辑：郝建伟　张翠翠
责任校对：梁　园　李　婷　责任印制：常天培
天津翔远印刷有限公司印刷

2023 年 3 月第 1 版·第 1 次印刷
184mm×260mm·16.25 印张·410 千字
标准书号：ISBN 978-7-111-72096-6
定价：69.90 元

电话服务　　　　　　　　网络服务
客服电话：010-88361066　　机　工　官　网：www.cmpbook.com
　　　　　010-88379833　　机　工　官　博：weibo.com/cmp1952
　　　　　010-68326294　　金　书　网：www.golden-book.com
封底无防伪标均为盗版　　机工教育服务网：www.cmpedu.com

高等教育网络空间安全规划教材
编委会成员名单

本书编委会

主　　任　孙　涛

副 主 任　（排名不分先后）

　　　　　刘　岗　　向爱华　　高　峡

编　　委　（排名不分先后）

　　　　　史　坤　　梁会雪　　付楚君

　　　　　员乾乾　　喇俊飞　　侯　捷

前言

网络安全和信息化是一体之两翼、驱动之双轮，没有网络安全的支撑，信息化的发展将会受阻，人民群众的利益将无法得到有效保障，因此必须处理好网络安全和信息化发展的关系。当前，国内外网络空间安全形势严峻，面临诸多安全威胁和风险，我国提出的网络安全等级保护制度是国内开展网络安全工作的基本制度。

为了推动网络安全等级保护制度的有效落实，帮助广大读者学习网络安全等级保护的相关知识，培养高素质网络安全方面的人才，我们精心编写了本书。

本书依据理论和实践相结合的原则，由浅入深，从网络安全等级保护的基础理论知识入手，阐述了网络安全等级保护基本要求项的深层含义，并就如何进行实践进行了介绍。最后从工程项目实施的角度，从不同的业务场景介绍了网络安全等级保护安全建设的解决方案。

本书围绕网络安全等级保护工作涉及的主要内容，包括网络安全等级保护基础、网络安全等级保护实践和网络安全等级保护实施三篇共16章。各篇的内容组织安排如下：

第1篇　网络安全等级保护基础（第1~3章）主要介绍网络安全等级保护基础知识，为学习后续内容奠定基础。其中，第1章介绍了国内外网络安全形势以及网络安全等级保护的发展历程，并对开展网络安全等级保护工作的意义进行介绍；第2章对网络安全等级保护的标准体系以及主要标准间的关系进行介绍，并介绍了等级保护2.0阶段的主要标准和特点；第3章介绍了网络安全等级保护工作的范围和参与等级保护工作的各类角色及职责，并对等级保护工作的流程进行了详细介绍。

第2篇　网络安全等级保护实践（第4~12章）主要对网络安全等级保护基本要求条款进行解读，并分析如何根据基本要求条款进行安全实践。本部分内容对等级保护工程项目的实施具有重要的指导意义。其中，第4~9章对网络安全等级保护基本要求条款的通用要求部分进行了解读，并介绍了网络安全基础知识；第10~12章聚焦云计算、物联网和工业控制系统的等级保护扩展要求，对要求条款进行解读，并分析了网络安全建设时各条款的建设重点。

第3篇　网络安全等级保护实施（第13~16章）主要介绍了网络安全等级保护安全解决方案，以更好地指导实际工作中项目的开展。第13章以校园门户网站为例介绍了网络安全等级保护2.0典型的安全解决方案；第14章以政务云为例，介绍了云平台和云上业务应用系统云安全等级保护解决方案；第15章和第16章分别介绍了物联网和工业控制系统的网络安全等级保护解决方案。

本书由启明星辰公司知白学院院长孙涛主持编写工作，由多位长期从事网络安全等级保护工作以及安全解决方案研究的业内专家编写。书中难免出现疏漏之处，恳请读者批评指正，便于后续改善和提高。

编　者

目录

前言

第1篇　网络安全等级保护基础

第1章　网络安全形势与等级保护
　　　　制度 …………………………… 2
　1.1　网络安全概述 ………………… 2
　　1.1.1　网络安全发展现状与形势 …… 2
　　1.1.2　网络安全面临的挑战 ……… 5
　　1.1.3　我国网络安全需关注的问题 …… 5
　1.2　网络安全等级保护概述 ……… 6
　　1.2.1　等级保护缘由 …………… 6
　　1.2.2　等级保护概念 …………… 7
　1.3　网络安全等级保护的含义 …… 7
　1.4　网络安全等级保护的重要意义 … 8
　1.5　网络安全等级保护发展历程 … 9
　　1.5.1　等级保护1.0时代 ……… 10
　　1.5.2　等级保护2.0时代 ……… 11
　1.6　思考与练习 ………………… 12
第2章　网络安全等级保护标准体系 … 14
　2.1　网络安全等级保护的法律
　　　　地位 ………………………… 14

　2.2　网络安全等级保护的
　　　　主要标准 …………………… 14
　2.3　网络安全等级保护标准的
　　　　变化与特点 ………………… 18
　　2.3.1　等级保护2.0的变化 …… 18
　　2.3.2　等级保护2.0的特点 …… 20
　2.4　网络安全等级保护主要标准间的
　　　　关系 ………………………… 20
　2.5　思考与练习 ………………… 22
第3章　网络安全等级保护工作 …… 23
　3.1　等级保护对象和工作范围 …… 23
　3.2　等级保护角色与职责 ……… 24
　3.3　网络安全等级保护工作流程 … 27
　　3.3.1　网络安全等级保护定级 … 27
　　3.3.2　网络安全等级保护备案 … 30
　　3.3.3　网络安全等级保护建设整改 … 32
　　3.3.4　网络安全等级保护等级测评 … 34
　　3.3.5　网络安全等级保护监督检查 … 37
　3.4　思考与练习 ………………… 38

第2篇　网络安全等级保护实践

第4章　安全物理环境 …………… 41
　4.1　安全物理环境要求 ………… 41
　4.2　安全物理环境建设 ………… 46
　　4.2.1　机房选址 ……………… 46
　　4.2.2　机房管理 ……………… 46
　　4.2.3　机房环境 ……………… 47
　4.3　思考与练习 ………………… 49
第5章　安全通信网络 …………… 50
　5.1　安全通信网络要求 ………… 50
　　5.1.1　网络架构 ……………… 50

　　5.1.2　通信传输 ……………… 51
　　5.1.3　可信验证 ……………… 52
　5.2　网络架构安全建设 ………… 52
　　5.2.1　网络冗余 ……………… 52
　　5.2.2　网络性能 ……………… 53
　　5.2.3　网络架构安全 ………… 53
　5.3　密码学基础与通信传输
　　　　安全实践 …………………… 54
　　5.3.1　密码学基础 …………… 55
　　5.3.2　通信传输安全实践 …… 59

5.4 思考与练习 ················· 60

第6章 安全区域边界 ········· 62

6.1 网络边界概述 ············· 62

6.1.1 网络边界 ············· 62

6.1.2 常见的网络边界攻击方式及

防护 ················· 63

6.2 安全区域边界要求 ········· 65

6.2.1 边界防护 ············· 65

6.2.2 访问控制 ············· 65

6.2.3 入侵防范 ············· 66

6.2.4 恶意代码和垃圾邮件防范 ··· 67

6.2.5 安全审计 ············· 67

6.2.6 可信验证 ············· 68

6.3 区域边界安全防护措施 ····· 68

6.3.1 边界安全防护措施 ····· 68

6.3.2 网络访问控制安全措施 ··· 69

6.3.3 网络入侵防范安全措施 ··· 73

6.3.4 网络恶意代码防范安全措施 ·· 76

6.3.5 网络安全审计措施 ····· 78

6.4 安全区域边界建设 ········· 78

6.4.1 确定网络安全边界 ····· 78

6.4.2 边界安全防护策略设计 ··· 78

6.4.3 边界安全防护设备部署 ··· 79

6.4.4 边界安全防护设备配置实践 ·· 81

6.5 思考与练习 ············· 83

第7章 安全计算环境 ········· 85

7.1 安全计算环境要求 ········· 85

7.2 安全计算环境建设 ········· 90

7.2.1 身份鉴别 ············· 90

7.2.2 访问控制 ············· 91

7.2.3 安全审计 ············· 92

7.2.4 入侵防范 ············· 93

7.2.5 恶意代码防范 ········· 94

7.3 设备类安全基线 ········· 94

7.3.1 操作系统安全配置基线 ··· 94

7.3.2 数据库安全配置基线 ····· 98

7.3.3 网络设备安全配置基线 ·· 102

7.4 应用系统安全 ··········· 103

7.4.1 应用系统安全防护措施 ·· 104

7.4.2 Web体系架构 ········· 105

7.4.3 Web应用的安全问题 ········ 105

7.4.4 Web应用安全防护实践 ······· 106

7.5 数据安全 ··············· 108

7.5.1 数据安全基础 ········· 108

7.5.2 数据安全实践 ········· 109

7.6 思考与练习 ············· 111

第8章 安全管理中心 ········ 113

8.1 安全管理中心要求 ········ 113

8.2 安全管理中心建设 ········ 117

8.2.1 统一管理 ············ 117

8.2.2 集中管控 ············ 119

8.3 思考与练习 ············· 123

第9章 安全管理 ············ 125

9.1 安全管理要求 ··········· 125

9.1.1 安全管理制度 ········· 125

9.1.2 安全管理机构 ········· 126

9.1.3 安全管理人员 ········· 128

9.1.4 安全建设管理 ········· 129

9.1.5 安全运维管理 ········· 132

9.2 安全管理体系建设 ········ 137

9.2.1 安全管理体系 ········· 137

9.2.2 安全管理实践 ········· 139

9.3 思考与练习 ············· 142

第10章 云计算安全 ········ 144

10.1 云计算概述 ··········· 144

10.1.1 云计算简介 ········· 144

10.1.2 云安全威胁 ········· 146

10.1.3 云安全现状与趋势 ··· 147

10.2 云计算安全扩展要求 ······ 148

10.2.1 安全物理环境 ······· 148

10.2.2 安全通信网络 ······· 148

10.2.3 安全区域边界 ······· 149

10.2.4 安全计算环境 ······· 151

10.2.5 安全管理中心 ······· 154

10.2.6 安全建设管理 ······· 154

10.2.7 安全运维管理 ······· 155

10.3 云计算安全建设 ········· 155

10.3.1 安全网络域 ········· 156

10.3.2 安全边界接入域 ····· 157

10.3.3　安全计算域 ·············· 158

10.3.4　安全管理域 ·············· 159

10.4　思考与练习 ················· 159

第11章　物联网安全 ············ 161

11.1　物联网概述 ················· 161

11.1.1　物联网简介 ··········· 161

11.1.2　物联网安全威胁 ······ 164

11.1.3　物联网安全现状与趋势 ··· 166

11.2　物联网安全扩展要求 ········ 167

11.3　物联网安全建设 ············ 170

11.3.1　安全物理环境 ········· 170

11.3.2　安全区域边界 ········· 171

11.3.3　安全计算环境 ········· 171

11.3.4　安全运维管理 ········· 172

11.4　思考与练习 ················· 172

第12章　工业控制系统安全 ········ 174

12.1　工业控制系统概述 ·········· 174

12.1.1　工业控制系统简介 ···· 174

12.1.2　工业控制系统安全威胁 ···· 177

12.1.3　工业控制系统网络安全现状与趋势 ··············· 178

12.2　工业控制系统安全扩展要求 ··················· 179

12.3　工业控制系统安全建设 ······ 183

12.3.1　安全物理环境 ········· 184

12.3.2　安全通信网络 ········· 184

12.3.3　安全区域边界 ········· 184

12.3.4　安全计算环境 ········· 185

12.3.5　安全建设管理 ········· 185

12.4　思考与练习 ················· 186

第3篇　网络安全等级保护实施

第13章　校园门户网站等级保护 ······ 189

13.1　校园门户网站等级保护工作流程 ·············· 189

13.2　校园门户网站信息系统定级 ··················· 190

13.2.1　校园门户网站定级对象与初步定级 ··········· 190

13.2.2　校园门户网站信息系统等级评审 ············· 190

13.2.3　校园门户网站定级备案 ··· 191

13.3　校园门户网站等级保护体系设计与建设 ·········· 192

13.3.1　校园门户网站需求分析 ······ 192

13.3.2　校园门户网站安全技术体系设计与建设 ······ 193

13.3.3　校园门户网站安全管理体系设计与建设 ······ 194

13.3.4　校园门户网站安全建设实施 ············· 196

13.4　校园门户网站等级测评 ······ 196

13.5　校园门户网站安全运维 ······ 198

13.6　思考与练习 ················· 199

第14章　政务云平台及业务系统等级保护 ············· 201

14.1　政务云平台及业务系统安全需求分析 ·········· 201

14.1.1　政务云平台及业务系统安全责任划分 ········ 201

14.1.2　政务云平台及业务系统安全需求 ············· 203

14.2　政务云平台及业务系统安全架构设计 ·········· 205

14.2.1　政务云平台安全防护架构 ···· 205

14.2.2　政务云业务系统安全防护架构 ············· 206

14.3　政务云平台及业务系统安全建设 ··············· 207

14.3.1　政务云平台建设方案 ··· 207

14.3.2　政务云业务系统建设方案 ··· 210

14.4　思考与练习 ················· 211

第15章　园区安防物联网系统等级保护 ············· 213

15.1　园区安防物联网系统安全需求分析 ············· 213

15.1.1　园区安防物联网系统定级情况 ············· 213

15.1.2 园区安防物联网系统现状
分析 …………………… 213
15.1.3 园区安防物联网系统安全
需求 …………………… 214
15.2 园区安防物联网系统安全架构
设计 …………………… 215
15.3 园区安防物联网系统安全
建设 …………………… 217
15.3.1 园区安防物联网系统安全技术
方案 …………………… 217
15.3.2 园区安防物联网系统安全管理
方案 …………………… 219
15.3.3 园区安防物联网系统安全产品
部署 …………………… 220
15.4 思考与练习 …………… 221
第16章 企业生产工业控制系统等级
保护 …………………… 223
16.1 企业生产工业控制系统安全
需求分析 ……………… 223

16.1.1 企业生产工业控制系统定级
情况 …………………… 223
16.1.2 企业生产工业控制系统安全
需求 …………………… 224
16.1.3 企业生产工业控制系统合规差距
分析 …………………… 225
16.2 企业生产工业控制系统安全架构
设计 …………………… 225
16.2.1 企业生产工业控制系统安全
技术架构设计 …………… 225
16.2.2 企业生产工业控制系统安全
管理架构设计 …………… 226
16.3 企业生产工业控制系统安全
建设 …………………… 226
16.3.1 企业生产工业控制系统安全
技术方案 ……………… 226
16.3.2 企业生产工业控制系统安全
管理方案 ……………… 229
16.4 思考与练习 …………… 230

附录 …………………………… 231
附录A 缩略语 ……………… 231

附录B 思考与练习答案 ………… 233
参考文献 ……………………… 249

第1篇 网络安全等级保护基础

引言

网络安全等级保护制度是我国开展网络安全工作的一项基本制度，是国家应对网络安全威胁而制定的基本工作方法。"等级保护"概念自 1994 年提出，经历了 1.0 阶段和 2.0 阶段，已成为适合我国国情、符合我国网络安全发展且具有完整理论政策体系的基本制度。开展等级保护工作对国家、网络运营者和网络安全服务机构均具有重要的意义。

网络安全等级保护在《中华人民共和国网络安全法》（简称《网络安全法》）的支撑下迈入有法可依的 2.0 时代，相比于等级保护 1.0，等级保护 2.0 的政策体系更加完善，覆盖面更广，系列核心标准结构更加统一。在"一个中心，三重防护"的安全防护理念下，网络安全等级保护对象涵盖信息系统、通信网络设施和数据资源等，各级网络运营者应依据网络安全等级保护相关标准，根据定级、备案、建设整改、等级测评、监督检查的工作流程开展等级保护工作，确保网络和信息系统满足网络安全等级保护要求，提升网络和信息系统基础安全防护能力，以安全合规促进信息化的发展。

本篇将对等级保护制度的缘由，网络安全等级保护发展历程、标准体系及工作流程等基础知识进行介绍，为后续学习网络安全等级保护实践与工程实施打好基础。

本篇内容

第 1 章　网络安全形势与等级保护制度
第 2 章　网络安全等级保护标准体系
第 3 章　网络安全等级保护工作

学习目标

1. 掌握网络安全等级保护基础理论知识。
2. 熟悉网络安全等级保护相关政策体系、标准体系。
3. 具备执行网络安全等级保护定级、备案、建设整改、等级测评和监督检查的能力。

第1章
网络安全形势与等级保护制度

随着信息技术和网络的快速发展，国家安全的边界已经超越了地理空间的限制，拓展到信息网络，网络安全成为事关国家安全的重要问题。近年来，我国互联网蓬勃发展，网络规模不断扩大，网络应用水平不断提高，成为推动经济发展和社会进步的巨大力量。与此同时，网络和业务发展过程中也出现了许多新情况、新问题、新挑战。等级保护制度是我国网络安全工作的一项基本制度，是开展网络安全工作的基本方法，对加强我国网络安全保障工作，提升网络安全保护能力具有重要意义。本章主要介绍当前网络安全发展形势和我国网络安全面临的威胁、挑战以及存在的问题，并对等级保护的基本概念以及我国开展网络安全等级保护工作的原因和意义进行阐述。

1.1　网络安全概述

网络空间已成为继海洋、陆地、天空、外太空之外人类活动的第五空间，网络空间主权是国家主权的一个新方向，合理治理网络空间安全已成为国家治理体系的重要组成部分。2017 年 6 月 1 日实施的《网络安全法》明确给出网络安全的定义。网络安全是指通过采取必要措施，防范对网络的攻击、侵入、干扰、破坏和非法使用以及意外事故，使网络处于稳定可靠运行的状态，以及保障网络数据的完整性、保密性、可用性的能力。当前，国际网络安全发展势头迅猛，在网络安全政策、建设、安全技术及产品等方面成果显著，各国都在积极适应当前国际网络安全形势，积极调整和出台网络空间安全战略部署，维护网络安全，网络安全也呈现出一些新的特点。

1.1.1　网络安全发展现状与形势

虽然我国网络信息技术和网络安全保障工作成绩斐然，但是由于发展时间较短以及技术障碍等因素，目前与世界先进水平相比仍然存在较大差距。国际与国内网络安全现状与形势既存在相同点，又有很多不同之处。

1. 国际网络安全现状与形势

世界各国普遍面临严重的网络安全威胁。国际网络安全现状与形势具有下面几个特点：

（1）全球网络空间安全态势严峻，攻防呈现新特性

全球网络攻防对抗的频率、强度、规模和影响力持续升级。包括我国在内的多个国家成为黑客攻击的主要目标。例如，国际黑客组织匿名者（Anonymous）曾联合多国黑客发动对我国的网络攻击；2013 年，"棱镜门"事件曝光美国网络监控多国；2016 年，Mirai 僵尸网发起物联网 DDoS 攻击，致使半个美国瘫痪；2017 年，WannaCry 勒索病毒全球肆虐；2020年，疫情蔓延全球期间，众多 APT 组织发起的针对美国、德国等国家的网络攻击日益频繁。

随着新时期网络信息化的迅速发展，网络攻防呈现新特性、新趋势：网络攻击手段日趋复杂多变；网络攻击工具化、规模化；攻击类型从短时、突发攻击向高级别、持续性攻击转变；攻击范围从局部地区逐步向全球范围扩散；网络攻击性质从简单的以破坏为目的，转向利用网络攻击获取情报或进行金融犯罪；网络攻击对象从最初的计算机逐步向通过网络连接的人、物、事渗透；网络攻击形式从个体作案转向平台、组织与高科技作案；网络攻击行为主体具有自组织性，既有来自普通黑客、恐怖分子的攻击，也有国家级、有组织的攻击，甚至还有来自政府、网络部队的攻击；网络攻击危害程度严重，可导致国家关键信息基础设施系统瘫痪、重要数据资源泄露、工业领域停产等严重后果。

（2）数据安全和个人信息保护形势严峻，超大规模数据泄露趋于常态化

数据泄露事件频发，危害触目惊心，泄露的数据涉及政府数据、医疗信息、个人账号、军工情报等信息，对国家安全、企业利益、个人隐私造成了极大威胁。例如，Facebook 数据"泄露门"事件涉嫌操控美国大选；2017 年，五角大楼 AWS S3 配置错误，意外在线暴露包含全球 18 亿用户的社交信息；2018 年，数据库 Aadhaar 被曝遭网络攻击，导致印度 11 亿公民身份敏感信息泄露，引起恐慌；2020 年，美国维瑟精密公司遭受勒索软件的网络攻击，导致国防工业敏感文件被窃取，对相关技术知识产权和国家安全构成了潜在威胁。

随着数据价值的急速攀升，保护难度也在逐渐增大。近年来，各国加快推进数据安全和个人信息保护立法，加快构建国家数据安全保障体系。例如，欧盟已形成完善的数据利用和保护法律体系，以 GDPR 为核心，促进欧盟境内数据自由流动、控制数据向境外流动的法律保障体系逐渐成形；英国发布《新数据保护法案》，强化个人数据保护，增加数据可携带权、被遗忘权，强化机构的数据保护责任，并增进与刑事司法机构合作，确保与欧盟 GDPR 条例和指令的协调。

（3）新技术、新业务领域活力涌现，带来全新安全挑战

大数据、物联网、人工智能、区块链等新技术市场规模保持高位增长，发展潜力巨大，新技术、新应用在为产业发展提供强大动力的同时，也带来了管理和技术上的双重挑战。人工智能可驱动自动化、智能化的网络攻击，加大安全防御难度，2018 年 2 月，牛津大学、剑桥大学等全球 14 家顶尖机构专家发布报告，警惕人工智能催生新型网络犯罪、实体攻击和政治颠覆。物联网安全风险威胁账户隐私保护，2017 年 2 月，互联网填充智能玩具泰迪熊的用户数据泄露，暴露了超过 80 万个账户的电子邮件地址及密码。区块链的匿名性、防篡改等技术特性可为恶意行为提供逃避监管的天然庇护。2017 年，美国参议院通过国防法案，研究网络罪犯利用区块链技术造成的危害。

（4）欧美等国网络安全人才培养体制趋于成熟

美国、英国等国家将网络安全人才培养列入国家战略，进行立法保障，并加强高校的学历教育培养，注重各年龄段的全面动员普及，已形成政、产、学、研、用一体化的培养体系。美国多维度完善网络安全人才培养机制，出台系统的网络安全人才战略规划，建立多层次、贯穿终生的培养机制。欧洲注重专业教育和全民安全普及，制定网络安全人才战略规划，加强高校对网络安全专家培养，建立专业认证培训方案，注重提升全民网络安全意识。

2. 我国网络安全现状与形势

没有网络安全就没有国家安全。我国高度重视网络安全，不断加大对网络安全领域的投入力度，相继出台多部法律、多项政策等，推动国内网络安全行业持续健康发展。当前我国网络安全现状与形势具有以下特点。

（1）国家加速网络安全领域立法工作

2017 年 6 月 1 日，我国首部网络安全领域的法律——《网络安全法》正式施行，加速了我国网络安全领域的立法工作。近年来，我国出台的网络安全相关法律法规有《中华人民共和国密码法》《网络安全审查办法》《网络安全等级保护条例（征求意见稿）》《中华人民共和国数据安全法》《公共互联网网络安全威胁监测与处置办法》《中华人民共和国个人信息保护法》《关键信息基础设施安全保护条例》等。

（2）高危漏洞被曝，危害我国网络安全

攻击者通常利用漏洞对目标网站或系统发起植入后门、网页篡改等远程攻击操作，对网络安全构成了严重的安全隐患。2022 年上半年，国家信息安全漏洞共享平台（CNVD）新收录的通用软硬件漏洞数量创下历史新高，达 12466 个，影响范围非常广。2019 年，CNVD 联合国内网络安全产品厂商、企业、科研机构和白帽子个体，完成对约 3.2 万起漏洞事件的验证、通报和处置工作。安全漏洞主要涵盖的厂商或平台为谷歌、WordPress 和甲骨文，按影响对象分类统计，排名前三的是应用程序漏洞（占 57.8%）、Web 应用漏洞（占 18.7%）、操作系统漏洞（占 10.6%）。此外，近年来，"零日"漏洞收录数量持续走高，年均增长率达 47.5%，使得我国网络安全可能面临严重的安全威胁。

（3）数据安全防护意识薄弱，个人信息和数据泄露事件频发

近年来，MongoDB 和 Elastic Search 数据库被曝出存在严重的安全漏洞，使得我国境内使用这两类数据库的大量用户存在或面临数据泄露的安全风险。2019 年，国家计算机网络应急技术处理协调中心（CNCERT）全年累计发现我国重要数据泄露风险与事件 3000 余起，涉及我国多个重要行业。此外，涉及公民个人信息的数据库数据安全事件频发，违法交易藏入"暗网"。数据泄露、未授权访问及个人信息非法贩卖等事件频发，使得我国数据安全与个人隐私面临严重挑战。

（4）积极推进网络安全人才队伍建设与培养

随着网络安全态势的日益严峻，我国目前的网络安全人才数量无法满足社会需求。近年来，我国多措并举，从人才培养政策、一级学科建设、安全产业园区、开展竞赛、校企合作以及网络安全宣传周活动等方面，积极推动网络安全人才队伍的建设与培养。在政策支持方面，我国出台的《关于加强网络安全学科建设和人才培养的意见》《网络安全法》等政策文件，明确提出强化网络安全人才培养；在学科建设方面，2015 年，教育部将"网络空间安全"设为一级学科，并制定了学位基本要求和教学质量国家标准，我国高校网络安全相关专业点持续增多；在产业园区建设与安全宣传方面，2017 年启动国家级网络安全产业园区建设，自 2014 年以来，每年开展网络安全宣传周活动，大力宣传普及网络安全知识；在竞赛方面，通过强网杯、天府杯、网鼎杯等网络安全竞赛"以赛代练"，挖掘网络安全专门人才，已经成为网络安全人才培养的重要路径；在校企合作方面，校企合作模式在高校和企业间得到有力推动。

（5）网络安全产业发展态势良好，但规模较小

随着关键信息基础设施保护、等级保护 2.0 系列标准等政策标准的推动，网络安全产业呈现良好态势。信息技术应用创新、安全可控市场需求的逐步释放，将有望推动整体网络安全产业进入下个上升周期。

1.1.2　网络安全面临的挑战

近年来，国内外网络安全事件频发，如 2018 年 4 月，黑客利用思科智能安装漏洞，攻击俄罗斯与伊朗的网络基础设施；2019 年 1 月，韩国国防部 30 台计算机被破坏，存储重要武器和弹药采购信息的数据丢失；2019 年 9 月，IT 安全和云数据管理巨头 Rubrik 数据库中近 10GB 的客户信息数据遭到泄露；2020 年 5 月 5 日，委内瑞拉国家电网干线遭到攻击，造成全国大面积停电。随着当前生产生活对网络信息系统依赖性的增强，网络攻击事件的数量仍将不断增多，影响范围也将更加广泛。网络安全领域未来面临的十大网络安全挑战见表 1-1。

表 1-1　网络安全领域未来面临的十大挑战

序号	类　别	安全挑战描述
1	应对系统性复杂风险	网络风险的特征在于其传播的速度快和规模大，以及威胁执行者的潜在意图。各种系统和网络互相连接，使网络事件迅速而广泛地传播，让网络风险变得更难以评估和控制
2	对抗性人工智能检测技术的盛行	在未来的网络防御系统中，如何检测出利用人工智能发起攻击或逃避检测的威胁将成为一项重大挑战
3	减少意外错误	随着联网系统和设备的不断增加，意外错误仍然是网络安全事件中最容易被利用的漏洞之一，以减少这些错误为目标的新解决方案将为减少网络安全事件做出重要贡献
4	供应链和第三方威胁	当今技术行业的特征之一是供应链多样化，一些复杂系统以及第三方提供商的异构生态系统会引入多种漏洞，这可能被威胁执行者利用
5	安全编排和自动化	随着流程和分析的自动化，网络威胁情报和行为分析将变得愈发重要。借助自动化和编排技术，网络安全专业人员可以设计出更可靠的网络安全策略
6	如何减少误报	减少误报对于网络安全行业的未来和应对各种警报疲劳（即暴露在大量、频繁的警报之中，被暴露者产生的去敏感化现象）至关重要
7	零信任安全策略	随着新业务需求（如远程办公、业务模式数字化和数据扩张）对信息技术系统施加的压力越来越大，很多决策者将零信任策略视为能够真正保障企业资产安全的解决方案
8	企业云迁移错误	随着众多企业将数据迁移到基于云的解决方案，配置错误的数量将不断增加，使数据易遭受破坏，云服务提供商将通过实施可自动识别这类错误的系统来解决这一问题
9	混合威胁	新的网络犯罪手段将虚拟世界和现实世界的威胁相结合。例如，虚假信息或虚假新闻的传播是混合威胁态势的一个关键点
10	网络犯罪目标转向云基础设施	人们对公有云基础设施的依赖度越来越高，这将导致网络中断风险的激增，云资源的错误配置仍然是招致云攻击的头号原因，不过，黑客们现在越来越热衷于直接攻击云服务提供商

1.1.3　我国网络安全需关注的问题

面对当前的网络安全形势和挑战，我国网络安全需关注的主要问题有下列几个。

（1）网络安全核心技术亟须实现自主可控，告别"缺芯少魄"进程

我国对国外信息技术产品的依赖度较高，CPU 主要依赖英特尔和 AMD 等厂商，内存主要依赖三星、镁光等厂商，硬盘主要依赖东芝、日立和希捷等厂商，操作系统则被微软所垄断。面对这种不利局面，我国一方面亟须研发出可使用的核心信息技术产品，另一方面亟须对自主可控的网络产品和服务进行评估、扶持与推广，进而构建良好的自主可控生态。

（2）关键信息基础设施安全保障进一步加强，完善安全保障体系

关键信息基础设施的网络攻击不断升级，我国关键信息基础设施的安全保护力度仍然不

足。一是网络安全检查评估机制不健全，当前的网络信息安全检查侧重漏洞发现，缺乏对漏洞修复的激励措施以及危害等级的评估体系。二是关键信息基础设施安全保障工作存在标准缺失的问题，尽管行业内已加速开展相关标准的研究工作，但仍缺少金融、电力和通信等细分领域的安全保障标准研究。面对日益严峻的网络安全挑战，我国应尽快制定、完善关键信息基础设施安全保护标准体系、保障体系。

（3）尽快制定国家网络可信身份战略，创建可信网络空间

网络可信身份生态建设仍需进一步加快。一是网络可信身份体系建设的顶层设计不完善，我国还未明确将网络身份管理纳入国家安全战略，也未形成推进网络可信身份体系建设的整体框架和具体路径。二是身份基础资源尚未实现广泛的互联互通，基础可信身份资源数据库还未实现广泛的互通共享，使得数据核查成本较高、效率较低。三是认证技术发展滞后，还不能满足新兴技术和应用的要求。

（4）完善人才培养、激励等机制，加快人才队伍建设

一是加快建立多层次的网络安全人才培养体系。加强高等院校网络空间安全专业建设，支持高等院校创新人才培养模式，与网络安全企业合作，通过产教结合共同培养人才。二是深化网络安全人才流动、评价、激励等机制创新，组织开展网络安全国有企事业单位股权期权激励试点，制定网络安全人才职称评价标准。三是强化重点行业和领域网络安全人员能力建设，开展党政机关网络安全关键岗位梳理工作，制定关键岗位分类规范及能力标准。

1.2 网络安全等级保护概述

20 世纪 60 年代，美国专家提出等级保护这一概念，其核心思想是根据信息系统承担的业务职能和系统的重要程度来确定网络信息系统所需的安全措施。历经多年的发展，等级保护已成为网络安全保障工作的基本方法。1994 年，国务院颁布的 147 号令《中华人民共和国计算机信息系统安全保护条例》规定我国计算机信息系统实行安全等级保护。经历 20 多年的发展与探索，等级保护已与信息化发展相辅相成，在国家网络空间安全战略中发挥着重要作用，已成为我国网络安全工作的一项基本制度。

1.2.1 等级保护缘由

网络安全等级保护制度作为我国网络安全保障工作的基本制度，是开展网络安全工作的基本方法，是网络和信息系统安全防护的重要手段。我国开展等级保护的缘由可概括为以下几点：

（1）网络安全形势所迫，国情所需

近年来，随着我国数字信息化加速发展，以及网络和信息系统面对的敌对势力的入侵、攻击、破坏日趋严峻，我国网络和信息系统面临着诸多挑战。国内外网络安全形势和国情现状决定了我国必须建立符合我国国情的网络安全等级保护制度，保障网络基础设施安全、网络运行安全和数据安全，维护国家安全。

（2）等级保护制度在网络安全保障中的基础性地位

网络安全等级保护制度不是我国独创的，是经过长期研究及对国内外经验的总结和借鉴，结合我国国情，创造性地构建并实施的。网络安全等级保护工作是发达国家保护关键信息基础设施、保障网络安全的通行做法。在借鉴国外经验的基础上，结合我国多年来的网络安全工作经验，我国强制推行网络安全等级保护制度，并制定了一系列的政策文件来健全和完善国家网络安全等级保护制度，以促进网络安全工作的开展。

（3）网络安全等级保护是解决我国网络安全问题的有效方法

实施网络安全等级保护制度可以有效解决我国网络安全面临的挑战和存在的主要问题，有利于在信息化建设过程中同步建设网络安全，保障网络安全与信息化建设协同发展；有利于对网络和信息系统的安全建设与管理提供系统性、针对性、可行性的指导和服务；有利于优化我国网络安全资源分配，对网络和信息系统实施分等级、重点保护，实现"适度安全、保护重点"的目的；有利于明确国家、法人和其他组织、公民的安全责任，加强网络安全管理，有效提高我国网络安全保障工作的整体水平；有利于推动网络安全产业的发展，逐步探索出适应我国网络安全强国发展的网络安全模式。

1.2.2　等级保护概念

等级保护是对信息和信息载体按照重要性等级分级别进行保护的一种工作，是开展网络安全工作的一项基本制度，是在很多国家的网络安全领域都存在的一项工作。我国于 1994 年在国务院 147 号令《中华人民共和国计算机信息系统安全保护条例》中首次提出"等级保护"这一概念，确定计算机信息系统实行安全等级保护。

网络安全等级保护是指对网络（含信息系统、数据，下同）实施分等级保护、分等级监管，对网络中使用的网络安全产品实行按等级管理，对网络中发生的安全事件分等级响应、处置。该定义中的"网络"是指由计算机或者其他信息终端及相关设备组成的按照一定规则和程序对信息进行收集、存储、传输、交换、处理的系统，包括网络设施、信息系统、数据资源等。

1.3　网络安全等级保护的含义

实行网络安全等级保护制度能够调动国家、公民、法人和其他组织的积极性，推动网络安全工作的开展，提升网络安全保护的整体性、针对性和实效性，使得网络和信息系统安全建设更加突出重点、统一规范、科学合理，对促进我国网络安全的发展起到重要的推动作用。

1. 网络安全等级保护制度法制化

网络安全等级保护制度是党中央、国务院在网络安全领域实施的基本国策，是网络安全工作的基本制度。《网络安全法》第二十一条明确规定"国家实行网络安全等级保护制度"，将网络安全等级保护制度法制化，在法律层面明确了网络安全等级保护的地位。

2. 网络安全等级保护核心内涵

网络安全等级保护工作是在国家政策的统一指导下，依据国家制定的网络安全等级保护管理规范和技术标准，组织公民、法人和其他组织对网络及信息系统分等级实行安全保护。各单位、各部门依法开展等级保护工作，公安机关具有对网络安全等级保护工作实施监督、检查及指导的法定职责。

网络安全等级保护根据信息系统遭到破坏后对客体的侵害程度分成 5 个保护等级，即第一级至第五级。每个保护等级都落实相应的安全工作要求，第五级安全要求最高，第一级安全要求最低（安全级别详情将在第 3 章进行阐述）。

网络安全等级保护的对象涵盖了大型互联网企业、民营企业和政府部门等行业的网络基础设施、云计算平台、大数据平台、物联网、工业控制系统、采用移动互联技术的系统等。

开展网络安全等级保护工作包括 5 个规定动作，即定级、备案、建设整改、等级测评和监督检查。随着信息化的发展，以及网络安全问题的凸显，网络安全等级保护的内涵更加精准化，除涵盖网络安全基础防护措施外，将风险评估、安全监测预警、应急响应、数据安全防护、灾难备份、供应链安全、安全教育培训等安全防护措施全部纳入等级保护制度范畴并加以实施。

3. 网络安全等级保护制度体系化

网络安全等级保护制度在国家网络安全战略规划目标和总体安全策略的统一指导下，以体系化思路逐层展开、分步实施，以健全完善等级保护制度体系，网络安全等级保护框架如图 1-1 所示。

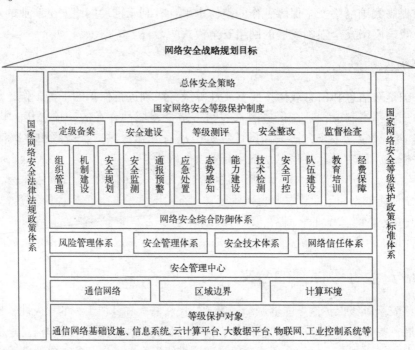

图 1-1　网络安全等级保护框架

在开展的网络安全等级保护工作中，应首先明确等级保护对象，等级保护对象包括通信网络基础设施、信息系统（包含采用移动互联等技术的系统）、云计算平台、大数据平台、物联网、工业控制系统等。确定了等级保护对象的安全保护等级后，应根据不同对象的安全保护等级完成安全建设或安全整改工作，并针对等级保护对象的特点建立安全技术体系和安全管理体系，构建具备相应等级安全保护能力的网络安全综合防御体系。基于开展等级保护工作的 5 个规定动作，进一步健全并完善等级保护制度体系，将网络安全涉及的组织管理、机制建设、安全规划、安全监测、通报预警、应急处置、态势感知、能力建设、技术检测、安全可控、队伍建设、教育培训和经费保障等相关工作要求纳入等级保护工作中，借鉴国际先进的理论和成熟的做法，健全并完善网络安全等级保护制度。

1.4　网络安全等级保护的重要意义

开展网络安全等级保护工作有着重要的意义，本节从国家、网络运营者和网络安全服务机构这 3 个层面进行分析。

1. 国家层面

《网络安全法》明确了网络安全等级保护制度的法律地位。作为国家网络安全保障领域的基本制度、基本策略和基本方法，它是维护网络空间主权、国家安全、社会秩序和公共利益的根本保障。国家实施等级保护制度，以等级保护为抓手，可有效地支撑《网络安全法》等法律法规的建设落地，为提升整个网络安全保障工作提供很好的指导意义；国家实施的等级保护制度覆盖全社会的民营企业、新兴互联网企业、云服务商和信息服务单位，涵盖包括网络、信息系统、物联网、大数据、工业控制系统和移动互联网等新技术应用的所有保护对象，科研机构、网络安全企业等有关部门能以"落实等级保护制度"为契机，积极有效地推动"云大物移工"等新应用、新技术的安全落地，有效应对全球性的网络安全威胁、高级持续性威胁与勒索病毒等新型网络犯罪；国家落实网络安全等级保护制度的根本目的是关键信息基础设施保护，《网络安全法》已将关键信息基础设施纳入等级保护制度进行管理。保护关键信息基础设施是国家网络空间安全战略的重要任务，因此，落实等级保护制度对国家网络空间战略发挥着重要作用。

2. 网络运营者层面

网络运营者依据相关法律法规和标准要求，落实网络安全等级保护制度是其应尽的责任和义务。对于网络运营者而言，开展网络安全等级保护工作具有重要的意义。

网络运营者落实等级保护制度在政策方面能够满足国家法律法规、安全标准等方面的合规要求，可规避合规方面的风险，避免因网络安全等级保护制度落实不到位遭到监管部门的处罚。网络运营者落实等级保护制度在安全防护、体系建设方面有着重要的意义。开展网络安全等级保护工作可确保网络运营者在网络建设过程中同步规划、同步建设、同步运行网络安全保护措施，提高信息化建设的整体水平。落实网络安全等级保护制度可协助网络运营者有效控制网络安全投资成本，基于"重点保护、适当保护"的原则优化网络安全资源的配置，强化网络安全管理，提升安全防护能力。此外，落实等级保护制度可提升网络运营者安全意识。网络运营者开展等级保护工作在安全风险规避方面有重要作用。网络运营者可通过开展等级测评工作及时发现网络和信息系统安全风险，基于业务需求及时进行安全建设整改，提高网络安全防护能力，降低网络受攻击的风险，进而维护单位良好的形象。

3. 网络安全服务机构层面

网络安全企业、信息系统安全集成商、网络安全等级保护测评机构等网络安全服务机构依据国家规定和相关标准要求，开展网络安全建设、等级保护服务等工作。网络安全服务机构落实等级保护制度，可确保其 IT 产品、网络安全产品和安全服务中贯彻国家要求，积极适应新形势、新任务，推动可信技术、全网态势感知、安全管控等新型安全技术的发展，提升其在行业内的竞争力，更好地服务网络安全行业。

📖：课堂小知识

《网络安全法》发布后，国家有关法律法规和文件中将"信息安全"调整为"网络安全"，将"信息安全等级保护制度"调整为"网络安全等级保护制度"，由于历史客观事实，信息系统安全等级保护制度、网络安全等级保护制度及网络系统和信息系统在称谓上有所不同，但实质是一致的。在行业内，通常将信息系统安全等级保护制度的历史时期称为"等级保护 1.0 时代"，而网络安全等级保护制度这一时期称为"等级保护 2.0 时代"。

1.5　网络安全等级保护发展历程

网络安全等级保护作为我国法定制度和基本国策，是开展网络安全工作的有效方法和主要方向。我国网络安全等级保护经历了从无到有、从理论到实践、从行政规定到法律要求的发展过程。具体来讲，网络安全等级保护发展历程可从等级保护1.0时代和等级保护2.0时代进行阐述。本节主要介绍网络安全等级保护工作的发展历程，涉及主要法律法规及政策文件，可为理解等级保护提供一定的帮助。

1.5.1 等级保护1.0时代

等级保护1.0时代简称"等保1.0"，即对1994—2014年期间等级保护工作历史时期的简称。等保1.0时代普及了等保基本概念，强化了从业人员安全意识，从单个系统到部门、到行业，再到国家层面，从合规到攻防对抗，整体提升了网络安全保障能力、技术并且不断进行人才的积累，为等保2.0时代提供了有力的支撑。在等保1.0时代，等级保护的发展经历了政策研究阶段、开展准备阶段和启动推进阶段。

1. 政策研究阶段

网络安全等级保护是党中央、国务院决定在网络安全领域实施的基本国策，政策研究阶段的发展历程如图1-2所示。

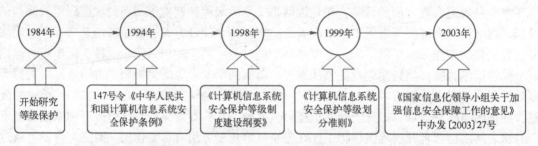

图1-2 网络安全等级保护政策研究阶段发展历程

政策研究阶段几个主要的时间节点如下：

1）1984年，我国开始研究国外等级保护工作开展情况，经过10余年的研究，1994年，国务院颁布147号令《中华人民共和国计算机信息系统安全保护条例》，确定我国实行信息安全等级保护制度，提出解决我国网络安全问题的方法。

2）1998年12月，公安部会同相关国家部门起草了《计算机信息系统安全保护等级制度建设纲要》，确立安全保护等级制度的主要适用范围、建设目标、原则任务和实施步骤及措施等主要问题。

3）1999年，国家强制性标准GB 17859—1999《计算机信息系统 安全保护等级划分准则》发布，明确将计算机信息安全划分为用户自主保护级、系统审计保护级、安全标记保护级、结构化保护级和访问验证保护级5个级别，计算机信息系统安全保护能力随安全级别的增高逐渐增强。

4）2000年，国家发展计划委员会正式印发、批复、同意公安部主持开展《计算机信息系统安全保护等级评估认证体系及互联网络电子身份认证管理与安全保护平台试点》项目建设的任务，为实施《计算机信息系统 安全保护等级划分准则》提供了基本条件。

5）2003年，《国家信息化领导小组关于加强信息安全保障工作的意见》（中办发〔2003〕27号）明确指出"国家实行信息安全等级保护"，标志着等级保护从一项计算机信息系统实行的安全等级保护制度提升到国家信息安全保障工作的基本制度。

在政策研究阶段，国务院颁布的147号令《中华人民共和国计算机信息系统安全保护条例》和中办发〔2003〕27 号文《国家信息化领导小组关于加强信息安全保障工作的意见》为等级保护工作的顺利开展营造了良好的环境。

2. 开展准备阶段

在政策研究形成初步效果后，2004—2006 年，我国进入等级保护开展准备阶段。该阶段标志性的文件有两个：

1）《关于信息安全等级保护工作的实施意见》（公通字〔2004〕66 号）。该文件于 2004 年由公安部联合国家保密局、国家密码管理局、国务院信息化办公室发布，明确贯彻落实等级保护制度的基本原则，并确定了等级保护工作的基本内容、工作要求和实施计划，以及各部门的工作职责和分工等。

2）《关于开展信息安全等级保护试点工作的通知》（公信安〔2006〕573 号）。该文件于 2006 年由公安部、国家保密局、国家密码管理局、国务院信息化办公室联合下发，并在 13 个省区市和 3 个部委联合开展了信息安全等级保护试点工作，期间共涉及 6 万多家单位合计 11 万多个信息系统的等级保护基础调查和等级保护工作开展。

等级保护试点工作的开展对掌握全国信息系统的基本情况和等级保护工作模式具有重要意义，并对等级保护工作的开展方法、思路以及规范标准进行全面的检验和完善，为全面开展等级保护工作奠定了基础，故称该阶段为"等级保护开展准备阶段"。

3. 启动推进阶段

自 2007 年以来，国家正式启动等级保护工作，等级保护工作迈入一个新的阶段，以全面推进等级保护工作的开展。该阶段主要经历下列 4 个重要节点：

1）等级保护管理办法出台。2007 年 6 月，公安部、国家保密局、国家密码管理局、国务院联合出台了《信息安全等级保护管理办法》（公通字〔2007〕43 号），明确等级保护制度的基本内容、流程及工作要求，为开展等级保护工作提供了规范保障；同年 7 月，国家发布《关于开展全国重要信息系统安全等级保护定级工作的通知》（公信安〔2007〕861 号），确定信息安全等级保护这项工作正式开始实施。

2）等级保护核心标准发布。2008 年，国家发布《信息安全技术 信息系统安全等级保护基本要求》（GB/T 22239—2008）和《信息安全技术 信息系统安全等级保护定级指南》（GB/T 22240—2008）两项重要的等级保护标准，为推动等级保护工作开展实施提供了基本方法。

3）等级测评体系建立。2009 年 7 月起，公安部组织开展信息安全等级保护测评体系建设，于 2010 年 3 月发布了《关于推动信息安全等级保护测评体系建设和开展等级测评工作的通知》，为全面推进等级保护测评工作的开展指明了方向，并提出了等级保护工作的阶段性目标。

4）等级保护工作全面开展。2010 年 12 月，公安部联合国务院国有资产监督管理委员会出台《关于进一步推进中央企业信息安全等级保护工作的通知》，要求中央企业贯彻落实等级保护制度。自此，我国各行业网络安全等级保护工作全面展开，进入规模化深入推进阶段。

1.5.2　等级保护 2.0 时代

等级保护在网络安全保障、网络强国建设方面有着重要的作用。随着信息化的发展，以及云计算、大数据、物联网、工业控制等新技术的应用，开展等级保护工作出现了新的问题。为适应新应用、新技术的发展，解决云计算、大数据、物联网、移动互联和工业控制系统开展等级保护工作中存在的问题，2014 年 3 月，公安部组织开展信息技术领域等级保护主要标准的申报、修订工作，等级保护正式迈向 2.0 时代。等级保护 2.0 时代，简称"等保2.0"，是 2014 年后行业内对等级保护工作的简称。等保 2.0 主要经历了以下两个阶段。

1. 法制化阶段

2017 年 6 月以来，等级保护制度正式进入法制化阶段。《网络安全法》（第二十一条）规定国家实行网络安全等级保护制度。网络安全等级保护制度自 2017 年 6 月 1 日起上升至法律地位，网络安全等级保护工作进入法制化阶段。

2. 等保 2.0 实施阶段

2017 年初，全国信息安全标准化技术委员会发布《网络安全等级保护基本要求》《网络安全等级保护测评要求》等系列标准的"征求意见稿"，经过两年多时间的反复修改，在综合采纳和吸收各方意见的基础上，国家市场监督管理总局和国家标准化管理委员会于 2019 年 5 月 10 日正式发布网络安全等级保护的三大核心标准：《信息安全技术 网络安全等级保护基本要求》（GB/T 22239—2019）、《信息安全技术 网络安全等级保护安全设计技术要求》（GB/T 25070—2019）、《信息安全技术 网络安全等级保护测评要求》（GB/T 28448—2019）。这标志着等级保护正式进入 2.0 时代，正式开启网络安全等级保护 2.0 工作的新实施阶段。

2020 年 7 月，为进一步推进等级保护工作的开展、实施，公安部研究并制定了公网安〔2020〕1960 号《贯彻落实网络安全等级保护制度和关键信息基础设施安全保护制度的指导意见》，提出深入贯彻落实等级保护制度的要求。

👤：课堂小知识

网络安全等级保护系列核心标准 [《信息安全技术 网络安全等级保护基本要求》（GB/T 22239—2019）、《信息安全技术 网络安全等级保护安全设计技术要求》（GB/T 25070—2019）、《信息安全技术 网络安全等级保护测评要求》（GB/T 28448—2019）、《信息安全技术 网络安全等级保护定级指南》（GB/T 22240—2020）等标准] 的发布意味着等级保护 2.0 时代开启，等级保护 1.0 时代成为历史，同时《信息安全技术 信息系统安全等级保护基本要求》（GB/T 22239—2008）、《信息安全技术 信息系统安全等级保护定级指南》（GB/T 22240—2008）、《信息安全技术 信息系统安全等级保护测评要求》（GB/T 28448—2012）、《信息安全技术 信息系统等级保护安全设计技术要求》（GB/T 25070—2010）等系列等级保护 1.0 时代的标准被宣布废止。

【本章小结】

本章主要介绍了国内外的网络安全形势、我国当前面临的网络安全问题、等级保护的意义，以及等级保护 1.0 时代和等级保护 2.0 时代的发展历程等背景知识。等级保护制度作为我国网络安全工作的一项基本制度，经历了从无到有、从理论到实践、从行政规定到法律要求的发展过程，可以划分为等级保护 1.0 和等级保护 2.0 两个阶段，对加强我国网络安全保障工作，提升网络安全保护能力具有重要意义。通过本章学习，读者应能对等级保护制度有基本了解，为后续章节的学习打下基础。

1.6 思考与练习

一、填空题

1. 1994 年，国务院颁布的 147 号令_____规定我国计算机信息系统实行_____。

2. 网络安全等级保护是指对网络实施_____ 、_____ ，对网络中使用的网络安全产品实行_____ ，对网络中发生的安全事件_____ 。

3. 网络安全等级保护制度是党中央、国务院在网络安全领域实施的_____ ，是网络安全工作的_____ 。

4. 网络安全等级保护工作是在国家政策的_____ 下，依据国家制定的网络安全等级保护管理规范和技术标准，组织公民、法人和其他组织对网络及信息系统_____ 实行安全保护。

5. 开展网络安全等级保护工作包括定级、备案、_____ 、_____ 和监督检查。

二、判断题

1. （　　　） 我国是世界上唯一一个实施安全等级保护的国家。

2. （　　　） 网络安全等级保护工作包括识别、定级、备案、建设整改、等级测评 5 个规定动作。

3. （　　　） 等级保护的核心是对等级保护工作中的保护对象分等级、按标准进行建设、管理和监督。

4. （　　　）《网络安全法》规定，国家实行网络安全等级保护制度。

5. （　　　） 实施网络安全等级保护工作有利于在信息化建设过程中逐步开展网络安全工作。

三、选择题

1.《网络安全法》自（　　　）起施行。

A. 2016 年 11 月 7 日　　　　　　　　　　B. 2016 年 12 月 1 日

C. 2017 年 1 月 1 日　　　　　　　　　　D. 2017 年 6 月 1 日

2. 首次提出 "等级保护" 这一概念，确定计算机信息系统实行安全等级保护的政策文件是（　　　）。

A.《中华人民共和国计算机信息系统安全保护条例》

B.《网络安全法》

C.《网络安全等级保护基本要求》

D.《关于信息安全等级保护工作的实施意见》

3. （　　　） 负责 "监督、检查、指导" 网络安全等级保护工作。

A. 国家网信部门　　B. 国务院电信主管部门　　C. 公安部　　D. 工业和信息化部

4.《网络安全法》中明确网络运营者义务，将网络安全等级保护制度上升到（　　　）。

A. 规定　　　　　　B. 法律　　　　　　C. 规则　　　　　　D. 密保

5. 国家实施网络安全等级保护制度的原因是（　　　）。

A. 网络发展的要求　　B. 网络安全形势严峻　　　C. 个人需求　　D. 社会需求

四、简答题

1. 什么是等级保护？

2. 国家为什么要实施等级保护制度？

3. 确立等级保护制度的意义有哪些？

4. 如何理解网络安全等级保护？

5. 开展等级保护工作的意义有哪些？

第2章
网络安全等级保护标准体系

网络安全等级保护政策体系和标准体系是各地区、各部门开展等级保护工作的政策保障。网络安全等级保护标准可以有效指导网络运营者、网络安全企业、网络安全服务机构开展网络安全等级保护安全技术方案的设计和实施，指导测评机构更加规范化和标准化地开展等级测评工作，从而全面提升网络安全防护能力。本章介绍了网络安全等级保护的有关政策和标准，阐述了网络安全等级保护的法律地位，并对有关政策文件和标准的应用进行了简要说明，同时对等级保护 2.0 时代主要标准的变化和特点进行了说明。

2.1 网络安全等级保护的法律地位

网络安全属于国家安全的范畴，是基础性、全局性的安全。为保障网络安全、维护网络空间主权和国家安全、促进经济社会信息化健康发展，我国高度重视网络安全的法制建设。2016 年 11 月 7 日，全国人民代表大会常务委员会正式发布《网络安全法》，并于 2017 年 6 月 1 日起施行。《网络安全法》是我国第一部全面规范网络空间安全管理方面问题的基础性法律，属于国家基本法律范畴，是我国网络安全法治体系的重要基础，对我国网络空间安全法治建设具有里程碑意义。

《网络安全法》共 7 章 79 条，包括总则、网络安全支持与促进、网络运行安全、网络信息安全、监测预警与应急处置、法律责任和附则，其确立了网络空间主权原则、网络安全与信息化发展并重原则、共同治理原则。为了深化落实网络安全等级保护制度，《网络安全法》第二十一条和第五十九条以网络安全领域基本法的形式确立了网络安全等级保护制度，要求网络运营者根据网络安全等级保护制度的要求来履行网络安全保护义务，保障网络免受干扰、破坏或者未经授权的访问，防止网络数据泄露或者被窃取、篡改。第五十九条明确指出网络运营者未落实网络安全等级保护制度的，由有关主管部门责令改正、给予警告，拒不改正或者导致危害网络安全等后果的，处一万元以上十万元以下罚款，对直接负责的主管人员处五千元以上五万元以下罚款。可以说网络安全等级保护在《网络安全法》的指导下，已上升至法律地位，是《网络安全法》的重要抓手。对于网络和信息系统运营者而言，不开展等级保护工作相当于违法，要面临监管部门的处罚。

2.2 网络安全等级保护的主要标准

自 1994 年以来，国家通过制定一系列网络安全等级保护标准来推动网络安全等级保护工作的开展，目前已形成了完整的网络安全等级保护标准体系。体系化的等级保护标准为开展网络安全等级保护工作提供了有效保障，其中与网络安全等级保护相关的标准及文件见表 2-1。

表 2-1　网络安全等级保护相关标准及文件

序号	标准分类	标准编号	标准名称
1	等级保护上位 标准文件	GB 17859—1999	《计算机信息系统 安全保护等级划分准则》
2		——	《网络安全等级保护条例》（征求意见稿）
3	等级保护应用 类标准	GB/T 22240—2020	《信息安全技术 网络安全等级保护定级指南》
4		GB/T 25058—2019	《信息安全技术 网络安全等级保护实施指南》
5		GB/T 22239—2019	《信息安全技术 网络安全等级保护基本要求》
6		GB/T 25070—2019	《信息安全技术 网络安全等级保护安全设计技术要求》
7		GB/T 20270—2006	《信息安全技术 网络基础安全技术要求》
8		GB/T 20269—2006	《信息安全技术 信息系统安全管理要求》
9		GB/T 21052—2007	《信息安全技术 信息系统物理安全技术要求》
10		GB/T 28449—2018	《信息安全技术 网络安全等级保护测评过程指南》
11		GB/T 28448—2019	《信息安全技术 网络安全等级保护测评要求》
12	产品类标准	GB 40050—2021	《网络关键设备安全通用要求》
13		GB/T 20272—2019	《信息安全技术 操作系统安全技术要求》
14		GB/T 20273—2019	《信息安全技术 数据库管理系统安全技术要求》
15		GB/T 21053—2007	《信息安全技术 公钥基础设施 PKI 系统安全等级保护技术要求》
16	等级保护相关 的其他标准	GB/T 20984—2022	《信息安全技术 信息安全风险评估方法》
17		GB/Z 20986—2007	《信息安全技术 信息安全事件分类分级指南》
18		GB/T 20988—2007	《信息安全技术 信息系统灾难恢复规范》

网络安全等级保护主要标准及文件的简要介绍如下。

1.《网络安全等级保护条例》（征求意见稿）

《网络安全等级保护条例》（征求意见稿）作为《网络安全法》的配套法规，是网络运营者开展网络安全等级保护工作的上位文件。该条例明确了等级保护的适用范围，其主要内容和适用场景见表 2-2。

表 2-2　《网络安全等级保护条例》（征求意见稿）介绍

文件名称	主要内容	适用场景
《网络安全等级保护条例》（征求意见稿）	对网络安全等级保护的适用范围、各监管部门的职责、网络运营者的安全保护义务以及网络安全等级保护建设提出了更加具体、操作性也更强的要求，为开展等级保护工作提供了重要的法律支撑	在我国境内建设、运营、维护、使用网络均应根据该条例要求，贯彻落实等级保护制度，用于指导网络运营者确定等级保护对象、指导用户在信息化建设的同时开展网络安全工作，帮助各角色明确各自职责，为有效开展等级保护工作提供重要的指导作用

2.《计算机信息系统 安全保护等级划分准则》

《计算机信息系统 安全保护等级划分准则》是网络安全等级保护系列标准中唯一一个国家强制性标准，是等级保护系列标准的基础。该标准界定了计算机信息系统的基本概念和安全等级。计算机信息系统是指由计算机及其相关和配套的设备、设施（含网络）构成的，按照一定的应用目标和规则对信息进行采集、加工、存储、传输、检索等处理的人机系统。《计算机信息系统 安全保护等级划分准则》介绍见表 2-3。

表 2-3 《计算机信息系统 安全保护等级划分准则》介绍

标 准 名 称	主 要 内 容	适 用 场 景
《计算机信息系统 安全保护等级划分准则》	《计算机信息系统 安全保护等级划分准则》是国家强制性标准，是等级保护的基础性标准，是开展等级保护工作的上位标准。本标准界定了计算机信息系统的基本概念，即计算机信息系统是由计算机及其相关和配套的设备、设施（含网络）构成的，按照一定的应用目标和规则对信息进行采集、加工、存储、传输、检索等处理的人机系统。该标准规定了计算机系统安全保护能力的 5 个等级：第一级为用户自主保护级，第二级为系统审计保护级，第三级为安全标记保护级，第四级为结构化保护级，第五级为访问验证保护级	规范和指导与计算机信息系统安全保护有关标准的制定；为安全产品的研究开发提供技术支持；为计算机信息系统安全法规的制定和执法部门的监督检查提供依据

3.《信息安全技术 网络安全等级保护基本要求》

《信息安全技术 网络安全等级保护基本要求》（简称《基本要求》）包括安全技术要求和安全管理要求，安全技术要求参考了《计算机信息系统 安全保护等级划分准则》《信息保障技术框架》（Information Assurance Technical Framework，IATF）等标准，采纳了身份鉴别、数据完整性、自主访问控制、强制访问控制、审计、安全标记、剩余信息保护、可信路径 8 个安全机制，并将这些机制根据各级的安全目标映射到纵深防御的架构里，从安全物理环境到安全通信网络、安全区域边界、安全计算环境，再到安全管理中心。该标准的安全管理要求部分则充分借鉴了 ISO/IEC 27002:2013 等国际标准。该标准的主要内容和适用场景介绍见表 2-4。

表 2-4 《信息安全技术 网络安全等级保护基本要求》介绍

标 准 名 称	主 要 内 容	适 用 场 景
《信息安全技术 网络安全等级保护基本要求》	规定了网络安全等级保护的第一级~第四级等级保护对象的安全通用要求和安全扩展要求等。安全通用要求是针对不同安全保护等级对象应该具有的安全保护能力提出的安全要求。安全技术要求与提供的技术安全机制有关，主要通过部署软硬件并正确配置其安全功能来实现；安全管理要求与各种角色参与的活动有关，主要通过控制各种角色的活动，从政策、制度、规范、流程及记录等方面做出规定来实现。安全通用要求针对共性化保护需求提出，无论等级保护对象以何种形式出现，都必须根据安全保护等级实现相应级别的安全通用要求	适用于指导分等级的非涉密对象的安全建设和监督管理，提出了各级网络应当具备的安全保护能力，并从技术和管理两方面提出了相应的措施，为网络运营者、网络安全企业、网络安全服务机构在网络安全建设中提供参照

4.《信息安全技术 网络安全等级保护定级指南》

《信息安全技术 网络安全等级保护定级指南》（简称《定级指南》）明确了非涉及国家秘密的等级保护对象的安全保护等级定级方法和定级流程。《定级指南》主要内容包括定级原则、定级方法及等级变更等内容。

1）定级原则。标准中明确了网络和信息系统 5 个安全保护等级的具体定义，将网络受到破坏时被侵害的客体和对客体造成侵害的程度两方面因素作为信息系统的定级要素，并给出了定级要素与网络安全保护等级的对应关系。

2）定级方法。网络安全包括业务信息安全和系统服务安全，与业务信息和系统服务相关的受侵害客体和对客体的侵害程度可能不同。因此，网络定级可以分别确定业务信息安全保护等级和系统服务安全保护等级，并取两者中的较高者作为网络的安全保护等级。

3）等级变更。网络的安全保护等级会随着网络所处理信息或业务状态的变化而变化，当网络发生变化时应重新定级并备案。

《定级指南》给出了确定网络安全保护等级的基本方法，适用于指导网络运营者开展非涉及国家秘密等级保护对象的定级工作，能够为确定网络和信息系统安全等级提供有效支持。在开展等级保护定级工作时，网络运营者可依据《定级指南》梳理等级保护对象，自主确定安全保护等级。

5.《信息安全技术 网络安全等级保护安全设计技术要求》

《信息安全技术 网络安全等级保护安全设计技术要求》（简称《设计要求》）针对等级保护对象提出安全技术设计要求、系统安全保护环境结构化设计技术要求、系统互联设计技术要求，以及云计算、物联网、工业控制系统、移动互联等新技术、新应用的安全设计要求。该标准的主要内容和适用场景介绍见表 2-5。

表 2-5 《信息安全技术 网络安全等级保护安全设计技术要求》介绍

标 准 名 称	主 要 内 容	适 用 场 景
《信息安全技术 网络安全等级保护安全设计技术要求》	规定了网络安全等级保护第一级到第四级等级保护对象的安全设计技术框架、设计目标、设计策略和设计技术要求。第五级等级保护对象的安全设计技术要求不在本标准中描述	适用于指导运营使用单位、网络安全企业、网络安全服务机构开展网络安全等级保护安全技术方案的设计和实施，也可作为网络安全职能部门进行监督、检查和指导的依据

6.《信息安全技术 网络安全等级保护实施指南》

《信息安全技术 网络安全等级保护实施指南》（简称《实施指南》）规定了网络安全等级保护实施的过程，对等级保护对象定级、总体安全规划、安全设计与实施、安全运行与维护和系统终止 5 个阶段进行了详细阐述。该标准介绍见表 2-6。

表 2-6 《信息安全技术 网络安全等级保护实施指南》介绍

标 准 名 称	主 要 内 容	适 用 场 景
《信息安全技术 网络安全等级保护实施指南》	以网络安全等级保护建设为主线，介绍了等级保护实施基本原则、参与角色、实施流程和主要的工作阶段，定义了等级保护对象在主要阶段和过程中的工作过程及相关活动目标、参与角色、输入条件、活动内容、输出结果等，将网络和信息系统生命周期与等级保护实施流程相结合，给出了新建信息系统等级保护的实施过程和已建信息系统的等级保护实施过程	适用于指导网络和信息系统安全等级保护的实施，是网络和信息系统实施等级保护的指南性文件。作为等级保护的指引性文档，该标准贯穿于等级保护工作的所有阶段，同时明确了开展等级保护工作的方法以及不同角色在不同阶段的作用

7.《信息安全技术 网络安全等级保护测评要求》

《信息安全技术 网络安全等级保护测评要求》（简称"测评要求"）是依据《基本要求》规定了等级保护测评的内容和方法，主要内容包括等级测评方法、单项测评和整体测评。该标准的主要内容和适用场景介绍见表 2-7。

表2-7 《信息安全技术 网络安全等级保护测评要求》介绍

标准名称	主要内容	适用场景
《信息安全技术 网络安全等级保护测评要求》	该标准确定等级测评方法、测评对象、测评指标、测评内容，并介绍单项测评和整体测评结论判定的方法	该标准可为等级测评机构、等级保护对象的运营使用单位及主管部门对等级保护对象的安全状况进行等级保护测评提供指南，也可为网络安全职能部门依法进行网络安全等级保护监督检查提供参考 网络运营者可依据本标准开展等级保护自评估工作，发现网络和信息系统不符合项，及时进行安全整改；网络安全职能部门可利用本标准对等级保护测评机构开展等级测评时，从测评对象、测评指标、测评内容、测评结论等方面的准确性进行检查；同时，还可利用该标准对网络运营者的网络和信息系统的安全性进行检测评估

8. 《信息安全技术 网络安全等级保护测评过程指南》

《信息安全技术 网络安全等级保护测评过程指南》（简称《测评过程指南》）规范了网络安全等级保护测评（简称"等级测评"）的工作过程、等级测评结论的准确性和公正性，为推动我国等级测评工作的开展以及等级测评体系的质量管理提供了有力的指导。该标准的主要内容和适用场景介绍见表2-8。

表2-8 《信息安全技术 网络安全等级保护测评过程指南》介绍

标准名称	主要内容	适用场景
《信息安全技术 网络安全等级保护测评过程指南》	该标准从受委托测评机构对定级对象首次开展等级测评的角度，描述了非常全面的工作流程和任务，包括测评准备活动、方案编制活动、现场测评活动、分析与报告编制活动。该标准还对等级测评的风险进行了描述，并针对每一个活动环节介绍了工作流程、工作任务、测评工作输出结果及参与方的职责，同时对于每个工作任务，描述了任务内容和输入/输出产品等	该标准为网络运营者开展安全自查以及等级测评机构开展等级测评起到了很好的指导作用，有力支撑了等级保护测评体系建设。对于等级保护测评机构，应依据该标准开展流程化、规范化的等级测评工作，保证各活动环节输入和输出内容的完备性与有效性。对于网络运营者，可参考该标准开展等级保护自评估工作，以及时发现网络和信息系统存在的安全风险

2.3 网络安全等级保护标准的变化与特点

网络安全等级保护经过十多年的发展从等级保护1.0时代进入到2.0时代。等级保护系列标准的修订，使得等级保护发生了变化，并呈现出一些新的特征。

2.3.1 等级保护2.0的变化

与等级保护1.0相比，等级保护2.0在名称、保护对象、基本要求、结构、控制点、等级测评结论、定级及测评方式等多方面都有变化。

1. 名称变化

为与《网络安全法》中的相关法律条文保持一致，等级保护的全称由"信息系统安全等级保护"更名为等级保护2.0时代的"网络安全等级保护"。

2. 保护对象变化

在等级保护2.0时代，等级保护对象由1.0时代的信息系统变为网络和信息系统，由传统信息系统转向以云计算、物联网、大数据、人工智能、移动互联网等新一代IT技术设施为支撑的新一代信息化和业务系统。具体包括网络基础设施（广电网、电信网、专用通信网络等）、传统信息系统、云计算平台、大数据平台、物联网、工业控制系统和采用移动互联技术的系统等。

3. 基本要求变化

在等级保护 2.0 时代，《信息安全技术 网络安全等级保护基本要求》中的安全要求变为安全通用要求和安全扩展要求，其中，安全通用要求是任何形态的等级保护对象必须满足的要求；安全扩展要求是针对"云大物移工"等新技术的特性提出的特殊要求。

4. 结构变化

等级保护 1.0 时代的安全防护体系以"层层防护"为核心，进入等级保护 2.0 时代后，网络安全防护架构更侧重于网络整体防护。等级保护 2.0 时代，安全防护模式为顺应新时期网络安全需求变被动到主动、静态到动态，层层防护到纵深防御；安全防护理念保持"安全技术+安全管理"，但安全技术基于"安全通信网络""安全区域边界""安全计算环境"和"安全管理中心"支持的"一个中心，三重防护"的纵深防御体系；安全管理体系结合管理三要素"机构、制度和人员"，对系统建设整改过程中和运行维护过程中的重要活动实施控制与管理。

网络安全等级保护结构变化见表 2-9。

表 2-9　网络安全等级保护结构变化

序　号	安全分类	等级保护 1.0 时代	等级保护 2.0 时代
1	安全技术	物理安全	安全物理环境
2		网络安全	安全通信网络
3			安全区域边界
4		主机安全	安全计算环境
5		应用安全	
		数据安全	
		—	安全管理中心
6	安全管理	安全管理制度	安全管理制度
7		安全管理机构	安全管理机构
8		人员安全管理	安全管理人员
9		系统建设管理	安全建设管理
10		系统运维管理	安全运维管理

5. 控制点变化

从等级保护 1.0 到等级保护 2.0，基本要求结构发生了变化，新增了一些新的安全控制点，主要的变化有下列几个。

1）基于等级保护 2.0"主动防御、综合防控"的安全理念，在等级保护 2.0 中新增了"安全管理中心"这一安全类，以此将"系统管理员、审计管理员、安全管理员"的职责落实到技术层面，并新增集中管控这一控制点。

2）随着个人信息监管风险的日益加重，企业应当依据《网络安全法》及其配套法律法规中对个人信息保护的相关规定来开展个人信息保护合规治理工作，等级保护 2.0 中新增了个人信息保护方面的要求。

3）等级保护对象的变化，使得覆盖"云大物移"、工业互联网新技术的等级保护 2.0 在传统安全防护控制点的基础上基于新应用的特性新增了部分控制点。

① 基于云计算的特性，新增的安全要求点有"基础设施的位置""供应链管理""镜像和快照保护""云服务商选择"和"云计算环境管理"。

② 基于移动互联的特性，新增的安全要求点有"无线接入点的物理位置""移动终端管控""移动应用管控""移动应用软件采购"和"移动应用软件开发"。

③ 基于物联网的特性，新增的安全要求点有"感知节点设备物理防护""感知节点设备安全""网关节点设备安全""感知节点的管理"和"数据融合处理"。

④ 基于工业控制系统的特性，新增的安全要求点有"室外控制设备物理防护""工业控制系统网络架构安全""拨号使用控制""无线使用控制"和"控制设备安全"。

6. 等级测评结论变化

网络安全等级保护等级测评结论发生了变化，由"符合、部分符合、不符合"变为"优、良、中、差"。当等级保护对象存在高风险或等级测评综合得分低于 70 分时，可判定等级保护对象安全防护能力无法满足网络安全等级保护的基本要求。

7. 定级及测评方式变化

在等级保护 1.0 时代，等级保护对象网络运营者可"自主定级、自主保护"，进入等级保护 2.0 时代后，定级过程中加强了主管部门审核及第三方专家评审的作用。此外，等级保护 1.0 对于第四级系统每半年进行一次测评的要求，变为每年进行一次测评，与第三级系统的测评要求保持一致。

2.3.2　等级保护 2.0 的特点

等级保护 2.0 的主要特点包括两个全覆盖、结构统一、强化可信计算这 3 部分。

1. 两个全覆盖

国家实行网络安全等级保护制度，等级保护实现了对行业的全覆盖；等级保护 2.0 将云计算、移动互联、物联网、工业控制系统、大数据等列入标准范围，实现了等级保护对象的全覆盖。

2. 结构统一

基于"同步规划、同步建设、同步使用"的原则，等级保护 2.0 的基本要求、设计要求、测评要求同步修订、同时发布，并统一结构，即"一个中心，三重防护"的体系架构。

3. 强化可信计算

等级保护 2.0 强化可信计算技术使用的要求，将可信验证列入各安全保护级别，第一级~第四级均在"安全通信网络""安全区域边界"和"安全计算环境"中增加了"可信验证"控制点，利用可信计算 3.0 来夯实网络安全等级保护。

2.4　网络安全等级保护主要标准间的关系

网络安全等级保护工作的开展主要依据国家的系列标准，涉及的核心标准有：

- 《网络安全等级保护条例》（征求意见稿）。
- 《计算机信息系统 安全保护等级划分准则》（GB 17859—1999）。
- 《信息安全技术 网络安全等级保护定级指南》（GB/T 22240—2020）。
- 《信息安全技术 网络安全等级保护实施指南》（GB/T 25058—2019）。
- 《信息安全技术 网络安全等级保护基本要求》（GB/T 22239—2019）。
- 《信息安全技术 网络安全等级保护安全设计技术要求》（GB/T 25070—2019）。
- 《信息安全技术 网络安全等级保护测评要求》（GB/T 28448—2019）。

●《信息安全技术 网络安全等级保护测评过程指南》（GB/T 28449—2018）。

其中，《网络安全等级保护条例》（征求意见稿）和《计算机信息系统 安全保护等级划分准则》是各行业开展等级保护工作的上位文件，其他几个标准对于实施网络安全等级保护工作具有指导意义，各标准间的关系如图 2-1 所示。

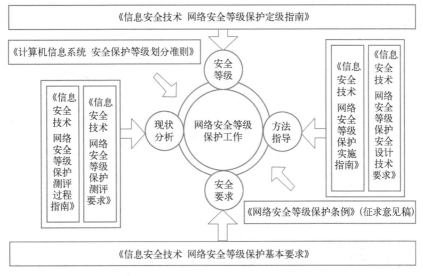

图 2-1　等级保护核心标准间的关系

![课堂小知识图标] : 课堂小知识

以某单位对 OA（办公自动化）系统开展等级保护工作为例，该单位该如何规范化开展？又该如何有效利用网络安全等级保护系列标准呢？

【标准使用参考】

当用户在建设 OA 系统时，网络安全应与信息化建设进行同步规划，为保障建设的 OA 系统满足等级保护合规要求，应根据下列流程执行建设过程。

1）基于《信息安全技术 网络安全等级保护实施指南》进行安全实施。

2）对于网络安全的建设，首先需要明确 OA 系统的安全需求，在确定安全需求前需要基于《信息安全技术 网络安全等级保护定级指南》和《计算机信息系统 安全保护等级划分准则》确定 OA 系统的安全等级。

3）依据《信息安全技术 网络安全等级保护基本要求》明确系统的安全需求，细化系统所需的安全防护措施和能力。

4）在《信息安全技术 网络安全等级保护安全设计技术要求》的指导下完成 OA 系统的安全建设，并在 OA 系统正式投入运营前基于《信息安全技术 网络安全等级保护测评要求》开展安全差距分析、等级测评等工作，及时发现 OA 系统存在的安全问题，便于及时整改。

5）基于《网络安全等级保护条例》（征求意见稿）对网络运营者的安全责任要求，第三级以上的系统应委托第三方测评机构定期开展等级测评工作，等级测评工作的开展主要依据《信息安全技术 网络安全等级保护测评过程指南》和《信息安全技术 网络安全等级保护测评要求》。

【本章小结】

本章主要介绍了网络安全等级保护主要标准的主要内容和适用场景、等级保护 2.0 的变化和特点，以及等级保护核心标准间的关系，并通过案例对标准的使用进行了简要介绍。通过开展等级保护工作，可以发现企业网络和信息系统与国家安全标准之间存在的差距，找到目前系统存在的安全隐患和不足，通过安全整改，提高信息系统的安全防护能力，降低被攻击的风险。与等级保护 1.0 对比可发现，等级保护 2.0 在保护范围、法律效力、技术标准、安全体系、定级流程、定级指导等方面均发生了变化。

2.5　思考与练习

一、填空题

1. _____是我国第一部全面规范网络空间安全管理方面问题的基础性法律，对我国网络空间安全法治建设具有里程碑意义。

2.《网络安全法》规定对于未落实网络安全等级保护制度的运营者，由有关主管部门_____、_____，拒不改正或者导致危害网络安全等后果的，处_____罚款，对直接负责的主管人员处_____罚款。

3. 2019 年 5 月，正式发布的等级保护三大核心标准分别是_____、_____、_____。

4. 等级保护 2.0 时代，《信息安全技术 网络安全等级保护基本要求》中的安全要求变为_____和_____。

5. 网络安全等级保护测评结论分为_____、_____、_____、_____。

二、选择题

1. 按照《网络安全法》的规定，网络运营者未落实网络安全等级保护制度，由有关主管部门责令改正、给予警告，拒不改正或者导致危害网络安全等后果的，对直接负责的主管人员处（　　）罚款。

A. 五千元以上五万元以下　　　　　　　B. 一万元以上五万元以下

C. 一万元以上十万元以下　　　　　　　D. 五万元以上十万元以下

2. （　　）是等级保护的上位标准文件。

A.《计算机信息系统 安全保护等级划分准则》

B.《信息安全技术 网络安全等级保护定级指南》

C.《信息安全技术 网络安全等级保护基本要求》

D.《信息安全技术 网络安全等级保护实施指南》

3. 在等级保护 2.0 中，等级保护对象不存在高风险时，等级测评的合格分是（　　）。

A. 60　　　　　　B. 65　　　　　　C. 70　　　　　　D.75

4. （　　）是网络安全等级保护 2.0 新增的安全类。

A. 安全计算环境　　B. 安全管理中心　　　C. 安全通信网络　　　　D. 安全建设管理

5. 在等级保护 2.0 中，（　　）是网络安全等级保护从第一级到第四级均在"安全通信网络""安全区域边界"和"安全计算环境"中新增的控制点。

A. 集中管控　　　　B. 安全审计　　　　C. 可信验证　　　　D. 恶意代码防范

三、简答题

1. 网络安全等级保护上位标准文件及核心标准有哪些？

2. 等级保护在 1.0 时代和 2.0 时代，安全类有什么变化？

3. 相比等级保护 1.0，等级保护 2.0 主要的变化有哪些？

4. 等级保护 2.0 的特点有哪些？

5. 等级保护 2.0 和 1.0 在等级测评结论判定上有什么不同？

第 3 章
网络安全等级保护工作

等级保护制度提出了一整套安全要求，贯穿网络和信息系统的设计、开发、实现、运维、废弃等系统工程的整个生命周期，引入了测评技术、风险评估、灾难备份、应急处置等技术。按照网络安全等级保护制度中的 5 项规定动作（定级、备案、建设整改、等级测评、监督检查），各工作阶段都有不同的目标任务，并且由不同的角色参与。本章主要介绍网络安全等级保护对象和工作范围、参与等级保护工作的角色和职责，以及网络安全等级保护工作流程。

3.1 等级保护对象和工作范围

等级保护对象是开展网络安全等级保护工作直接作用的对象。在落实网络安全等级保护制度时需明确等级保护工作范围、确定等级保护对象。等级保护对象通常是指由计算机或者其他信息终端及相关设备组成的按照一定的规则和程序对信息进行收集、存储、传输、交换、处理的系统，主要包括基础信息网络、云计算平台/系统、大数据应用/平台/资源、物联网（IoT）、工业控制系统和采用移动互联技术的系统等。在网络安全等级保护 2.0 时代，等级保护对象大致可以分为 3 类，如图 3-1 所示。

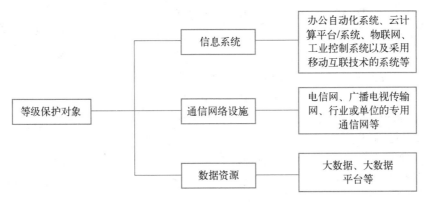

图 3-1　网络安全等级保护对象分类

网络安全等级保护制度是我国网络安全领域的一项基本制度、基本方法，各类网络和信息系统都应按照网络安全等级保护管理规范和技术标准进行等级保护。在等级保护 2.0 时代，等级保护对象范围见表 3-1。

表3-1 等级保护对象范围

类 别	涉及对象范围
通信网络设施	全面覆盖电信、广电行业的公用通信网、广播电视传输网等基础信息网络
数据资源	电子形式存在的数据集合，各类大数据、大数据平台等
信息系统	经营性公众互联网信息服务单位、互联网接入服务单位、数据中心等单位的重要信息系统；全面覆盖铁路、银行、海关、税务、民航、电力、证券、保险、外交、科技、发展改革、国防科技、公安、人事、劳动和社会保障、财政、审计、商务、水利、国土资源、能源、交通、文化、教育、统计、工商行政管理、邮政等行业和部门的生产、调度、管理、办公等重要信息系统；全面覆盖县、市（地）级以上党政机关的重要网站和办公信息系统

3.2 等级保护角色与职责

网络安全等级保护工作涉及的主要角色包括网络安全主管部门，网络安全等级保护工作领导（协调）小组办公室，行业主管部门，网络安全等级保护专家组，网络和信息系统运营、使用单位，网络安全等级保护测评机构，网络安全服务商，网络安全产品供应商。各角色在网络安全等级保护工作中承担不同的工作职责，本节将对各角色的工作职责进行简要介绍。

1. 网络安全主管部门

网络安全主管部门有公安机关、国家保密行政管理部门、国家密码管理局、国务院信息化工作办公室、地方信息化工作领导小组办事机构及其他有关职能部门，主要负责制定网络安全等级保护管理规范和技术标准，组织公民、法人和其他组织开展网络安全等级保护工作，并对等级保护工作的实施进行监督、管理。

公安机关负责网络安全等级保护工作的监督、检查和指导，主管网络安全等级保护工作；国家保密行政管理部门负责网络安全等级保护工作中有关保密工作的监督、检查、指导；国家密码管理局负责网络安全等级保护工作中有关密码工作的监督、检查、指导；国务院信息化工作办公室及地方信息化工作领导小组办事机构负责等级保护工作的部门间协调；根据国家法律法规的规定，其他有关职能部门在各自范围内开展网络安全等级保护工作。

2. 网络安全等级保护工作领导（协调）小组办公室

网络安全等级保护工作领导（协调）小组办公室（简称"等保办"）包含国家等保办和各省（市）级等保办，主要是推进当地等级保护工作的开展，通常设在公安部（厅）网络警察总队。等保办主要负责网络安全等级保护工作的组织及领导，制定本地区、本行业开展网络安全等级保护工作的部署和实施方案，并督促有关单位落实、研究、协调、解决等级保护工作中的重要工作事项，及时通报和报告等级保护实施工作的相关情况。

3. 行业主管部门

行业主管部门负责按照网络安全等级保护管理规范和技术标准，对本行业、本部门或者本地区的网络和信息系统运营、使用单位的网络安全等级保护工作开展情况进行监督检查与指导。

:课堂小知识

网络安全包括信息安全和运行安全。网络运营者在确定行业主管部门时，应综合网络属性和安全属性进行。例如，国家网信部门负责互联网信息内容管理工作，主要负责网络的信息安全管理工作；国务院电信主管部门主要负责电信和互联网的网络安全管理工作。因此，对于电信和互联网领域的网络运营者而言，其"信息安全"主管部门为网信部门，"运行安全"主管部门为电信主管部门。

4. 网络安全等级保护专家组

网络安全等级保护专家组主要负责等级保护相关政策、标准的编制和宣贯解读。等级保护专家组的工作内容包括但不限于下列几类：

- 指导网络和信息系统运营、使用单位研究、拟定、贯彻落实等级保护制度的实施意见、建设规划和技术标准的行业应用。
- 参与网络运营者等级保护对象的定级评审和安全建设方案的论证、评审。
- 协助行业内等级保护标杆项目的典型树立、经验总结并进行推广。
- 跟踪国内外网络安全技术的最新研究成果，推进等级保护核心技术的研究、攻关。
- 提出并完善网络安全等级保护政策体系和标准体系的意见和建议，保障行业健康发展。

5. 网络和信息系统运营、使用单位

网络和信息系统运营、使用单位是等级保护对象的主要安全责任方，负责按照国家网络安全等级保护管理规范和技术标准开展等级保护工作。网络运营者可通过设立网络安全等级保护领导机构、制定等级保护工作考核指标来推进网络安全等级保护工作的开展。

6. 网络安全等级保护测评机构

网络安全等级保护测评机构是指依据国家网络安全等级保护制度规定，符合《网络安全等级保护测评机构管理办法》规定的基本条件，经省级以上网络安全等级保护工作领导（协调）小组办公室审核推荐，从事等级测评工作的机构。表 3-2 所示为部分网络安全等级保护测评机构。

表 3-2　部分网络安全等级保护测评机构

认证证书编号	机 构 名 称
SC202127130010001	公安部信息安全等级保护评估中心
SC202127130010002	国家信息技术安全研究中心
SC202127130010003	中国信息安全测评中心
SC202127130010012	中国电子科技集团公司第十五研究所（信息产业信息安全测评中心）
SC202127130010013	公安部第一研究所信息安全等级保护测评中心
SC202127130010014	国家信息中心（电子政务信息安全等级保护测评中心）

等级保护测评机构完整名单可在网络安全等级保护网（www.djbh.net）查询，其中测评机构联合成立了中关村信息安全测评联盟。该测评联盟在国家等保办的指导下开展工作。

网络安全等级保护测评机构的主要工作职责是按照网络安全等级保护管理规范和技术标准，受网络和信息系统运营、使用单位的委托对等级保护对象开展等级测评工作，并按照公安部制定的统一模板出具网络安全等级测评报告，测评报告只有具备等级测评资质的机构才有权利出具。

在开展网络安全等级保护的工作中，主管单位、系统运营、使用单位和测评机构在各阶段的职责关系见表 3-3。

表 3-3　等级保护角色各阶段职责关系

流程/职责/角色	运营、使用单位	公安机关	测评机构
定级	确定系统安全保护等级，填写备案表、编制定级报告	—	协助运营、使用单位完成定级工作
备案	准备备案材料，到当地公安机关备案	公安机关审核并受理备案材料	协助运营、使用单位完成备案工作

（续）

流程/职责/角色	运营、使用单位	公安机关	测评机构
建设整改	建设符合等级保护的安全防护体系	—	协助运营、使用单位完成建设整改工作
等级测评	委托和配合第三方测评机构开展测评工作	指导测评机构开展工作，审查测评机构工作规范性	对等级保护对象符合性状况进行测评
监督检查	接受公安机关定期检查	公安机关监督检查运营、使用单位是否按要求开展等级保护工作	配合公安机关开展监督检查工作

7. 网络安全服务商

网络安全服务商包括网络安全企业、系统安全集成商、等级测评机构等安全服务机构，主要负责协助网络和信息系统运营、使用单位完成等级保护工作。

网络安全服务商能够开展的工作有：等级保护对象的梳理、等级保护对象安全保护等级的确定、定级对象安全需求分析、安全总体规划和安全方案详细设计、安全建设整改工程实施，以及协助网络和信息系统运营、使用单位开展等级测评工作，并针对测评中发现的问题进行整改。为保证定级对象安全、合规、稳定地运行，网络安全服务商开展的工作需接受主管部门的监督管理。

8. 网络安全产品供应商

网络安全产品供应商主要负责根据网络和信息系统运营、使用单位的委托，按照网络安全等级保护建设方案，根据安全需求或安全规划设计，基于网络安全等级保护相关标准来开发网络安全产品、接受安全检测评估，获取经国家专业检测机构审批核发的安全专用产品销售许可证书并提供相关安全服务。

👤：课堂小知识

本课堂案例以某高校办公自动化（OA）系统为例，介绍在开展等级保护过程中各等级保护角色的职责。

某高校为提升师生办公、学习效率，利用现代通信技术、办公自动化设备和电子计算机系统或工作站来实现事务处理、信息处理和决策支持的综合自动化，拟建设一套 OA 系统。为保证 OA 系统的安全性、稳定性及可用性，需对 OA 系统开展网络安全等级保护工作。网络安全等级保护工作各阶段中各角色的参与情况如下：

【定级】为保证 OA 系统的安全性，学校信息中心（网络运营使用者）需根据 OA 系统的受众和将来所处理信息的重要性来确定系统安全等级，完成定级工作，学校信息中心可邀请网络安全服务机构（网络安全集成商、安全厂商或测评机构）协助办理该阶段的工作。

【备案】学校信息中心负责人在完成定级工作后，邀请等级保护专家组进行定级评审，需报主管部门审核，如教育部所属高校可报教育部科学技术与信息化司进行审核，最后报公安机关审核，如学校属地网安大队。

【建设整改】对 OA 系统完成定级、备案工作后，根据相应等级安全需求设计安全建设方案，可邀请第三方网络安全服务机构进行设计，并完成由网络安全产品供应商提供的网络安全产品的采购和部署，结合安全管理制度的设计，完成 OA 系统等级保护建设整改工作。

【等级测评】在 OA 系统上线验收或运行过程中，需根据公安机关或其他主管部门的要求定期开展等级测评工作，学校信息中心可委托第三方等级测评机构对 OA 系统开展测评工作。

【监督检查】OA 系统通过等级测评投入运营后，可由学校信息中心或第三方网络安全服务商对 OA 系统进行安全运维以保证系统的安全性、稳定性和可用性，同时公安机关或教育部科学技术与信息化司会对学校网络安全等级保护的执行情况进行定期的监督检查。

3.3 网络安全等级保护工作流程

网络安全等级保护工作流程如图 3-2 所示，包括定级、备案、建设整改、等级测评和监督检查 5 项规定动作。本节对网络安全等级保护工作流程的各工作阶段进行介绍。

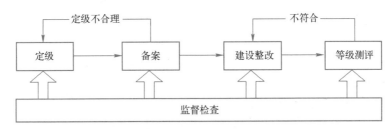

图 3-2 网络安全等级保护工作流程

3.3.1 网络安全等级保护定级

网络安全等级保护定级是确定等级保护对象的安全保护等级，等级保护对象即网络安全等级保护工作的作用对象。网络安全等级保护定级需要按照定级流程、依据标准对等级保护对象进行等级划分与等级确定。

1. 网络安全等级保护定级流程

网络安全等级保护定级是开展网络安全等级保护的首要工作，定级是否合理对网络安全等级保护工作的开展具有决定性作用。网络安全等级保护定级流程如图 3-3 所示。

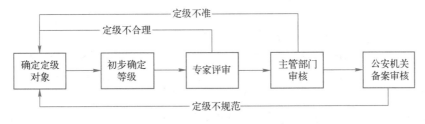

图 3-3 网络安全等级保护定级流程

网络安全等级保护定级流程各阶段的具体工作内容如下：

1）网络运营者信息化管理部门协同其他有关单位（如数据中心、软件开发中心）摸清单位网络和信息系统资产信息，识别定级对象、定级对象系统边界和边界设备，进而确定定级对象。

2）明确系统的边界和安全保护等级，初步确定网络和信息系统等级，以书面的形式说明某个系统所确定安全保护等级的方法和理由，拟定《信息系统安全等级保护定级报告》《系统定级管理制度》《信息系统基本情况表》，包括系统处理的信息、密级的说明、服务器部署情况、拓扑结构及其说明、是否使用密码设备及其装备情况、系统安全保密组织机构和负责人、管理制度情况、系统设计实施方案或整改实施方案及其他说明的问题。

3）组织相关部门和有关安全技术专家进行专家评审，对定级结果的准确性和合理性进行论证审定，形成《系统定级专家评审意见》。（安全保护等级初步确定为第二级及以上的等级保护对象，其网络运营者依据定级指南组织专家评审、主管部门核准和备案审核，最终确定其安全保护等级）。

4）确保系统的定级结果经主管部门审核批准，使用单位应将初步定级结果上报行业主管部门或上级主管部门进行审核。

5）公安机关备案审查，使用单位应将初步定级结果在 10 日内提交公安机关进行备案审查。审查不通过，其使用单位应组织重新定级；审查通过后，最终确定定级对象的安全保护等级。

当网络和信息系统安全等级发生变更（业务状态和系统服务范围发生变化）时，应根据标准要求重新确定定级对象和安全保护等级。

2. 网络安全保护等级划分与确定

网络安全等级保护定级时，应对等级保护对象的安全保护等级进行划分与确定。

（1）等级划分

《计算机信息系统 安全保护等级划分准则》（GB 17859—1999）和《信息安全技术 网络安全等级保护定级指南》（GB/T 22240—2020）这两个标准都对网络和信息系统进行了等级划分。其中，GB 17859—1999 作为网络安全等级保护工作开展的上位标准，是等级保护系列标准制定的依据和参考。通常情况下，网络和信息系统安全保护的等级划分依据 GB/T 22240—2020 进行。网络安全等级保护等级划分情况见表 3-4。

表 3-4　网络安全等级保护等级划分情况

安 全 级 别	级 别 描 述
第一级	等级保护对象受到破坏后，会对相关公民、法人和其他组织的合法权益造成一般损害，但不危害国家安全、社会秩序和公共利益
第二级	等级保护对象受到破坏后，会对相关公民、法人和其他组织的合法权益造成严重损害或者特别严重损害，或者对社会秩序和公共利益造成危害，但不危害国家安全
第三级	等级保护对象受到破坏后，会对社会秩序和公共利益造成严重损害，或者对国家安全造成危害
第四级	等级保护对象受到破坏后，会对社会秩序和公共利益造成特别严重危害，或者对国家安全造成严重危害
第五级	等级保护对象受到破坏后，会对国家安全造成特别严重危害

（2）等级确定

网络安全保护的等级确定根据《信息安全技术 网络安全等级保护定级指南》标准开展，在确定安全等级时应遵循"不追求绝对安全，也不为逃避监管而降低系统等级"的基本要求。网络和信息系统的安全保护等级是根据在其上运行的信息系统的等级、网络的服务范围和自身的安全需求确定的，遵循"不就高、不就低"的原则进行定级。实际定级时，可参考表 3-5 所示的示例进行网络和信息系统等级确定。

表 3-5　网络安全等级保护等级确定示例

安 全 级 别	级 别 描 述
第一级	小型私营及个体企业、中小学，以及乡镇所属网络系统、县级单位中重要性不高的网络系统
第二级	县级某些单位中的重要网络系统，以及地市级以上国家机关、企事业单位内部一般的网络系统，如非涉及工作秘密、商业秘密、敏感信息的办公系统和管理系统等
第三级	适用于地市级以上国家机关、企事业单位内部重要的网络系统。如涉及工作秘密、商业秘密、敏感信息的办公系统和管理系统，跨省或全国联网运行的用于生产、调度、管理、指挥、作业、控制等方面的重要信息系统及这类系统在省、地市的分支系统，中央各部委、省（区、市）门户网站和重要网站，跨省连接的网络系统，大型云平台、工业控制系统、物联网、移动网络、大数据等
第四级	适用于国家重要领域、重要部门中的特别重要的网络系统及核心系统。如电力、电信、广电、铁路、民航、银行、税务等重要部门的生产、调度、指挥等涉及国家安全、国计民生的核心系统，超大型的云平台、工业控制系统、物联网、移动网络、大数据等
第五级	适用于国家重要领域、重要部门中的极端重要系统

《信息安全技术 网络安全等级保护定级指南》中明确了等级保护对象的安全保护等级确定是由两个要素决定：业务信息安全和系统服务安全。从业务信息安全角度反映的定级对象安全保护等级称为业务信息安全保护等级；从系统服务安全角度反映的定级对象安全保护等级称为系统服务安全保护等级。

等级保护对象的定级要素包括受侵害的客体和对客体的侵害程度。其中受侵害的客体包括公民、法人和其他组织的合法权益，社会秩序、公共利益，国家安全；对客体造成侵害的程度可归结为一般损害、严重损害和特别严重损害。网络安全等级保护等级确定见表 3-6。

表 3-6　网络安全等级保护等级确定表

受侵害的客体	对客体的侵害程度		
	一 般 损 害	严 重 损 害	特别严重损害
公民、法人和其他组织的合法权益	第一级	第二级	第二级
社会秩序、公共利益	第二级	第三级	第四级
国家安全	第三级	第四级	第五级

定级对象最终等级是业务信息安全等级和系统服务安全等级的较高者，如图 3-4 所示，具体步骤如下：

- 确定定级对象。
- 确定业务信息安全受到破坏时所侵害的客体。
- 根据不同的受侵害客体，从多个方面综合评定业务信息安全被破坏对客体的侵害程度。
- 得到业务信息安全等级。
- 确定系统服务安全受到破坏时所侵害的客体。
- 根据不同的受侵害客体，从多个方面综合评定系统服务安全受到破坏时对客体的侵害程度。
- 得到系统服务安全等级。
- 由业务信息安全等级和系统服务安全等级的较高者确定定级对象的安全保护等级。

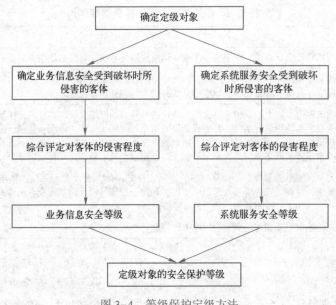

图 3-4 等级保护定级方法

3.3.2 网络安全等级保护备案

网络安全等级保护备案工作包括网络和信息系统备案、受理、审核和备案信息管理等。在备案时需要提交备案所需资料，并遵从备案工作流程。

1. 网络安全等级保护备案工作要求

网络运营者在完成网络和信息系统定级之后，第二级以上网络运营者应当在网络的安全保护等级确定后 10 个工作日内，到当地县级以上公安机关（网监部门）备案。网络运营者办理备案手续时，应提前准备好备案表和备案文件，再到指定地点办理备案手续。

（1）备案地点

关于网络和信息系统定级备案的地点要求如下：

1）区县——先将资料交到区县网安大队，再由区县网安大队转交地级市网安支队进行备案。

2）地级——各地级市的单位将定级资料交给各自地级市的网安支队。

3）省级——省级单位将资料交给省公安网安总队。

隶属于中央的在京单位，其跨省或者全国统一联网运行并由主管部门统一定级的网络和信息系统，由主管部门向公安部办理备案手续；其他网络和信息系统向北京市公安局备案。跨省或者全国统一联网运行的网络系统在各地运行、应用的分支系统，应当向当地社区的地市级以上公安机关备案。各部委统一定级的网络和信息系统在各地的分支系统（包括终端连接、安装上级系统运行的没有数据库的分系统），即使是上级主管部门定级的，也要到当地公安机关备案。

由于云计算资源具有分散、管理统一的特点，针对云计算平台，无论是云服务商还是云服务客户的系统，都可能存在注册经营地址和运维办公地址不一致的情况。对于这种情况，为了方便对系统进行监管，系统应当在系统实际运维办公所在地市的网安部门进行系统备案。

（2）备案文件

在准备备案文件时，准备的文件目录见表 3-7。

表 3-7 备案所需文件

序号	备案所需文件	备注（说明）
1	《信息系统安全等级保护备案表》（备案时需提供两份原件） 《信息系统安全等级保护定级报告》（备案时需提供两份原件） 《某单位备案证明使用承诺书》 《某单位 XX 系统—专家评审意见》 《行业主管部门（或上级主管部门）定级审核意见》	定级阶段输出文档
2	《XX 单位网络与信息安全承诺书》 被授权人身份证复印件 XX 单位办公地证明 XX 单位服务器托管协议 网络安全等级保护应急联系登记表	系统单位相关情况
3	单位系统使用的安全产品清单及认证、销售许可证明 单位—信息安全工作管理制度 单位系统网络结构拓扑图及说明	第三级及以上系统必须提供

（3）公安机关受理备案工作要求

受理备案的公安机关公共信息网络安全监察部门会设立专门的备案窗口，并配备必要的设备和警力，专门负责受理备案工作。此外，公安机关受理等级保护定级备案的地点、时间、联系人和联系方式等需通过一定的方式向社会公布。

网安大队在收到备案单位提交的备案材料后，需对下列内容进行严格审核。

1）备案材料填写是否完整，是否符合要求，其纸质材料和电子文档是否一致。

2）信息系统所定的安全保护等级是否准确。

对属于本级公安机关受理范围且备案材料齐全的，应向备案单位出具《信息系统安全等级保护备案材料接收回执》；备案材料不齐全的，应当场或者在 5 日内一次性告知其补正内容；对不属于本级公安机关受理范围的，应书面告知备案单位到有管辖权的公安机关办理。

经审核符合网络安全等级保护相关要求的，公安机关应当在自收到备案材料之日起的 10 个工作日内，将加盖本级公安机关印章（或专用章）的《信息系统安全等级保护备案表》中的一份反馈给备案单位，另一份存档；对不符合等级保护要求的，公安机关公共信息网络安全监察部门应当在 10 个工作日内通知备案单位进行整改，并出具《信息系统安全等级保护备案审核结果通知》。受理备案的公安机关应建立管理制度，对备案材料按照等级进行严格管理，严格遵守保密制度，未经批准不得对外提供查询。此外，公安机关受理备案时不收取任何费用。

对于拒不备案的网络运营者，公安机关应依据《网络安全法》等法律法规要求网络和信息系统运营、使用单位限期整改，逾期仍不备案的，予以警告并向上级主管部门通报。

2. 网络安全等级保护备案流程

网络安全等级保护备案流程如下：

1）网络和信息系统运营、使用单位根据备案工作要求，将《信息系统安全等级保护备案表》《信息系统安全等级保护定级报告》及要求的配套材料提前准备好，提交至属地公安机关网安部门审核。

2）公安机关受理本辖区备案单位的等级保护备案，受理备案单位提交的备案材料。

3) 公安机关接收到备案材料后，对备案材料进行审核。

对符合等级保护要求的，在收到备案材料之日起的 10 个工作日内颁发信息系统安全等级保护备案证明；对不符合等级保护要求的，在收到备案材料之日起的 10 个工作日内通知备案单位予以纠正。

📖：课堂小知识

网络运营者获得信息系统安全等级保护备案证明说明等级保护对象所确定的网络安全保护等级及其他相关备案材料均已报到公安机关（县级以上网监部门）并经审核通过，网络运营者定级备案工作已完成。网络和信息系统获得备案证明不等同于其具备相应级别的安全防护能力，而是其应按照相应级别的安全防护要求进行能力建设并开展等级测评工作。信息系统安全等级保护备案证明是等级测评阶段出具等级测评报告的前提条件，未获得备案证明的网络和信息系统则无法出具等级测评报告。

3.3.3　网络安全等级保护建设整改

网络安全等级保护建设整改工作是开展等级保护工作的核心和落脚点，无论是定级、等级测评还是监督检查工作，都要依赖于建设整改工作。网络安全等级保护建设整改工作可采取"分区、分域"的方法，基于"整体防护、综合防控"的原则进行建设整改方案的设计。

1. 建设整改原则

网络安全等级保护的核心是对网络和信息系统分等级及按标准进行建设、管理和监督，在《信息安全技术 网络安全等级保护实施指南》（GB/T 25058—2019）中明确了以下等级保护实施的基本原则：

1) 自主保护原则。等级保护对象运营、使用单位及其主管部门自主确定等级保护对象的安全保护等级，自主实施安全保护。

2) 重点保护原则。对等级保护对象根据其重要程度、业务特点，划分成不同安全保护等级的等级保护对象，实现不同强度的安全保护，集中资源重点保护涉及核心业务或关键信息资产的等级保护对象。

3) 同步建设原则。等级保护对象在新建、改建、扩建时应同步规划和设计安全方案，投入一定的资金来建设网络安全设施，保障网络安全与信息化相适应。

4) 动态调整原则。跟踪等级保护对象的变化情况，调整安全保护措施。定级对象的应用类型、范围等条件的变化及其他原因，安全保护等级变更的需重新定级，根据安全保护等级，重新实施安全保护。

2. 工作内容

已建系统与新建系统在安全建设整改阶段的工作内容有所区别。对于已经建成的系统，立足于网络和信息系统安全加固整改，缺什么，补什么；对于新建系统，等级保护安全建设工作需要伴随信息系统的全生命周期，并遵循"同步规划、同步建设、同步运行"的原则，从安全技术和安全管理的角度全面落实等级保护安全防护措施。

（1）网络安全等级保护安全管理制度建设

进行安全管理制度建设时，需要落实下列内容：

1) 开展安全管理制度建设的依据。按照《信息安全技术 网络安全等级保护基本要求》

（GB/T 22239—2019），参照《信息安全技术　信息系统安全管理要求》（GB/T 20269—2006）和《信息安全技术　信息系统安全工程管理要求》（GB/T 20282—2006）等标准规范要求，建立健全并落实符合相应等级要求的安全管理制度。

2）开展安全管理制度建设的内容。

一是落实责任制。成立工作领导机构，明确工作的主管领导。成立专门的管理部门或落实责任部门，确定安全岗位，落实专职人员及兼职人员。明确落实领导机构、责任部门和有关人员的责任。

二是落实人员安全管理制度。制定人员录用、离岗、考核、教育培训等管理制度，落实管理的具体措施。对安全岗位人员进行安全审查，定期进行培训、考核和安全保密教育，提高安全岗位人员的专业水平，逐步实现安全岗位人员持证上岗。

三是落实系统建设管理制度。建立信息系统定级备案、方案设计、产品采购使用、密码使用、软件开发、工程实施、验收交付、等级测评、安全服务等管理制度，明确工作内容、工作方法、工作流程和工作要求。

四是落实系统运维管理制度。建立机房环境安全、存储介质安全、设备设施安全、监控安全、系统安全、恶意代码防范、备份与恢复、事件处置等管理制度，制定应急预案并定期开展演练，采取相应的管理技术措施和手段，确保系统运维管理制度的有效落实。

3）开展安全管理制度建设的要求。在具体实施过程中，可逐项建立管理制度，也可以进行整合，形成完善的安全管理体系。要根据具体情况，结合系统管理实际，不断健全完善管理制度。同时，将管理制度与管理技术措施有机结合，确保安全管理制度得到有效落实。

应建立并落实监督检查机制。备案单位定期对各项制度的落实情况进行自查，行业主管部门组织开展督导检查，公安机关会同主管部门开展监督检查。

（2）网络安全等级保护安全技术措施建设

进行安全技术措施建设时，也需要从建设依据、建设内容、建设要求等方面进行落实。

1）开展安全技术措施建设的依据。按照《信息安全技术　网络安全等级保护基本要求》，参照《信息安全技术　网络安全等级保护实施指南》《信息安全技术　信息系统通用安全技术要求》《信息安全技术　信息系统安全工程管理要求》《信息安全技术　网络安全等级保护安全设计技术要求》等标准规范要求，建设信息系统安全保护技术措施。

2）开展安全技术措施建设的内容。结合行业特点和安全需求，制定符合相应等级要求的信息系统安全技术建设整改方案，开展技术措施建设，落实相应的物理安全、主机安全、应用安全等安全保护技术措施。在信息系统安全技术建设整改中，可以采取"一个中心、三重防护"（即安全管理中心和计算环境安全、区域边界安全和通信网络安全）的防护策略，实现相应级别信息系统的安全保护技术要求，建立并完善信息系统综合防护体系，提高信息系统的安全防护能力和水平。

3）开展安全技术措施建设的要求。备案单位要开展信息系统安全保护现状分析，确定信息系统安全技术建设整改需求，制定信息系统安全技术建设整改方案，组织实施信息系统安全建设整改工程，开展安全自查和等级测评，及时发现信息系统中存在的安全隐患和威胁，进一步开展安全建设整改工作。

3. 工作方法

网络安全等级保护建设整改工作以《信息安全技术　网络安全等级保护基本要求》为基本目标，可以根据通过安全现状分析发现的安全问题进行安全整改，对安全防护薄弱环节进行补充，也可以从总体安全的角度进行安全建设设计。安全建设使不同区域、不同安全类的安全保护措施形成完整的安全保护体系，落实《信息安全技术 网络安全等级保护基本要求》所需的安全防护能力，最大限度地落实安全措施，形成有效的安全保护能力。安全建设整改工作的实施可以根据网络和信息系统的实际情况进行，将安全管理制度建设和安全技术措施建设内容一并或分步实施，将安全建设整改工作与业务工作、信息化建设工作有机结合，利用网络安全等级保护综合工作平台，使网络安全等级保护工作日常化、常态化。

4. 工作流程

网络安全等级保护对象备案单位开展安全建设整改的工作流程如图 3-5 所示。

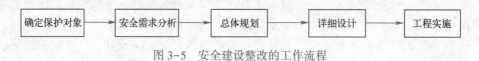

图 3-5　安全建设整改的工作流程

网络安全等级保护建设整改共包括 5 部分内容，具体情况如下：

1）确定保护对象。落实安全建设整改工作部门，由责任部门牵头制订本单位建设整改工作规划，对安全建设整改进行总体部署。

2）安全需求分析。从安全技术和安全管理两方面确定定级对象的网络安全建设需求并论证，可通过现状与差距分析确定定级对象的安全防护措施与等级保护标准间的差距，确定相应等级所需要的安全措施，保证设计、规划的安全防护措施能够满足网络安全等级保护的基本要求。同时，针对业务特殊性的场景需求，网络运营者基于重点保护原则需规划较强的安全防护措施来保障业务应用安全性。

3）总体规划。在网络安全需求分析的基础上，确定安全防护策略，制定网络安全建设整改方案。安全建设整改方案包括总体设计和详细设计，需进行等级保护安全建设项目投资概算，制订工程实施计划，为后续建设整改工程的实施提供依据。期间，安全建设方案需经专家评审论证，三级以上报公安机关审核。

4）详细设计。详细设计包括安全技术实现框架设计、安全产品组件功能及性能设计、安全产品组建部署、安全策略配置、安全管理建设和具体的工程实施计划。

5）工程实施。根据网络安全建设整改方案，实施安全建设工程。安全建设实施的主要内容有：基于安全防护措施确定安全产品或服务，明确安全组件功能及性能；选购、部署安全产品（服务）；基于等级保护对象安全需求和实际运行情况设置安全策略、安全参数；制定安全管理体系，落实安全管理制度和安全责任制，保障安全防护措施落实到位。此外，在实施安全建设整改工程时，需加强投资风险控制、实施流程管理、控制进度规划、控制工程质量和管理保密信息等。

3.3.4　网络安全等级保护等级测评

等级测评是指通过邀请专业第三方测评机构，依据网络安全等级保护制度规定，依据《信息安全技术 网络安全等级保护测评要求》（GB/T 28448—2019）等标准，按照有关管理规范和技术标准，对网络安全等级保护状况进行检测评估的活动。

等级测评是验证信息系统是否满足相应安全保护等级的评估过程。等级测评一方面通过在安全技术和安全管理上选用与安全等级相适应的安全控制来实现；另一方面，分布在信息系统中的安全技术和安全管理上的不同安全控制，通过连接、交互、依赖、协调、协同等相互关联关系，共同作用于信息系统的安全功能，使信息系统的整体安全功能与信息系统的结构以及安全控制间、层面间和区域间的相互关联关系更加密切。

1. 网络安全等级保护测评方法

网络安全等级保护等级测评的主要工作方法有访谈、文档审查、配置检查、工具测试和实地查看。

访谈是指测评人员与被测系统有关人员（个人/群体）进行交流、讨论等活动，获取相关证据，了解有关信息。访谈的对象是人员，对于访谈涉及的技术安全和管理安全测评的测评结果，要提供记录或录音。典型的访谈人员包括网络安全主管、信息系统安全管理员、系统管理员、网络管理员、资产管理员等。

文档审查主要是依据技术和管理标准，对被测评单位的安全方针文件、安全管理制度、安全管理的执行过程文档、系统设计方案、网络设备的技术资料、系统和产品的实际配置说明、系统的各种运行记录文档、机房建设相关资料、机房出入记录等进行审查，审查信息系统建设必须具有的制度、策略、操作规程等文档是否齐备，制度执行情况记录是否完整，以及文档内容完整性和这些文件之间的内部一致性等问题。

配置检查是指利用上机验证的方式检查网络和信息系统的配置是否正确，是否与文档、相关设备和部件保持一致，对文档审查的内容进行核实（包括日志审计等）并记录测评结果。配置检查是衡量一家测评机构实力的重要体现。检查对象包括系统、中间件、网络设备、网络安全设备。

工具测试是利用各种测试工具，通过对目标系统的扫描、探测等操作，使其产生特定的响应等活动，通过查看、分析响应结果获取证据来证明信息系统安全保护措施是否得以有效实施的一种方法。

实地查看指根据被测系统的实际情况，测评人员到系统运行现场通过实地观察人员行为、技术设施和物理环境状况来判断人员的安全意识、业务操作、管理程序和系统物理环境等方面的安全情况，测评其是否达到了相应等级的安全要求。

2. 网络安全等级保护测评过程

网络安全等级保护等级测评工作包括 4 个基本测评活动：测评准备活动、方案编制活动、现场测评活动、分析与报告编制活动。等级测评流程如图 3-6 所示。

等级测评过程中各测评活动的目的和主要工作任务如下。

（1）测评准备活动

测评准备活动是开展等级测评工作的前提和基础，是整个等级测评过程有效性的保证。测评准备工作是否充分直接关系到后续工作能否顺利开展。该活动的主要任务是掌握被测系统的详细情况、准备测试工具，为编制测评方案做好准备。

（2）方案编制活动

方案编制活动是开展等级测评工作的关键活动，为现场测评提供最基本的文档和指导方案。该活动的主要任务是确定与被测信息系统相适应的测评对象、测评指标及测评内容等，并根据需要开发测评实施手册，形成测评方案。

（3）现场测评活动

现场测评活动是开展等级测评工作的核心活动，该活动的主要任务是按照测评方案的总

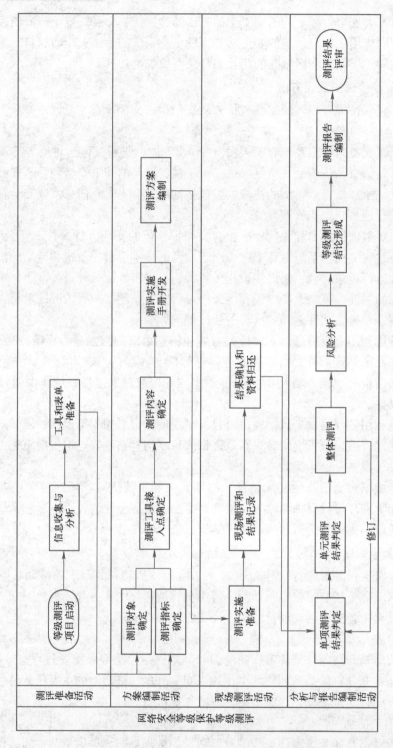

图3-6 网络安全等级保护测评流程图

体要求，严格按照测评实施手册执行，分步实施所有测评项目，包括单元测评和整体测评两个方面，以了解系统的真实保护情况，获取足够证据，发现系统存在的安全问题。

（4）分析与报告编制活动

本活动是给出等级测评工作结果的活动，是总结被测系统整体安全保护能力的综合评价活动。本活动的主要任务是根据现场测评结果和 GB/T 28448—2019 的有关要求，通过单项测评结果判定、单元测评结果判定、整体测评和风险分析等方法，找出整个系统的安全保护现状与相应等级的保护要求之间的差距，并分析被测系统面临的风险，从而给出等级测评结论，形成《网络安全等级保护系统等级测评报告》。

3.3.5　网络安全等级保护监督检查

监督检查工作是指公安机关依据有关规定，会同主管部门对非涉密重要信息系统运营、使用单位的等级保护工作开展和落实情况进行检查、督促，检查其建设安全设施、落实安全措施、建立并落实安全管理制度、落实安全责任、落实责任部门和人员等。

1. 定期自查与监督检查

等级保护监督检查工作主导单位有网络运营者（备案单位）、行业主管部门和监管部门。各级单位应建立并落实监督检查机制，定期对网络安全等级保护制度各项要求的落实情况进行自查和监督检查。各级单位监督检查的形式和内容见表 3-8。

表 3-8　各级单位监督检查的形式和内容

序号	检查单位	监督检查形式	内　　　容
1	网络运营者	定期自查	备案单位按照相关要求对网络安全情况、等级保护工作落实情况进行自查，及时发现安全风险，有效进行针对性整改，建议第三级网络每年进行一次自查，第四级网络每半年进行一次自查
2	行业主管部门	督导检查	行业主管（监管）部门督促网络运营者开展网络定级备案、等级测评、风险评估、建设整改、安全自查等工作
3	监管部门	监督检查	以公安机关为例，需对第三级以上网络运营者按照网络安全等级保护制度落实网络基础设施安全、网络运行安全和数据安全保护的责任及义务，实行重点监督管理；每年至少开展一次安全检查。检查时，可会同相关行业主管（监管）部门开展。必要时，公安机关可组织技术支持队伍开展网络安全专门技术检测

2. 检查主要内容

《公安机关信息安全等级保护检查工作规范（试行）》对公安机关的检查工作进行了定义，明确了具体的检查内容及方法，具体情况见表 3-9。

表 3-9　公安机关检查内容及方法

序号	类　　别	内　　　容
1	检查对象	非涉密重要信息系统运营、使用单位
2	检查内容	等级保护工作开展和落实情况
3	检查目的	督促、检查其建设安全设施、落实安全措施、建立并落实安全管理制度、落实安全责任、落实责任部门和人员
4	工作划分	谁受理备案，谁负责检查
5	检查方法	采取询问情况，查阅、核对材料，调看记录、资料，现场查验等方式进行

👤：课堂小知识

根据等级保护管理部门对等级保护对象定级、规划设计、建设实施和运行管理等过程的监督检查要求，网络安全等级保护监督检查的主要内容有：

1）等级保护工作的组织开展、实施情况，安全责任落实情况，网络安全岗位和安全管理人员设置情况。

2）按照网络安全法律法规、标准规范的要求制定具体实施方案和落实情况。

3）网络和信息系统定级备案情况，信息系统变化及定级备案变动情况。

4）网络和信息系统安全设施建设情况与整改情况。

5）信息安全管理制度建设和落实情况。

6）网络安全防护措施建设和落实情况。

7）基础软硬件和网络安全产品供应链安全情况。

8）聘请测评机构按规范要求开展技术测评工作情况，根据测评结果开展整改情况。

9）自行定期开展自查情况。

10）开展网络安全教育培训情况。

3. 检查工作要求

公安机关开展检查工作，应当按照"严格依法，热情服务"的原则，遵守检查纪律，规范检查程序，主动、热情地为网络运营者提供服务和指导。在监督检查过程中，若发现重要行业或本地区存在严重威胁国家安全、公共安全、社会公共利益的重大网络安全风险隐患的，应报告同级人民政府、网信部门和上级公安机关。接到报告的人民政府、网信部门、上级公安机关应当及时核实情况，组织或者责成有关部门、单位采取处置和整改措施。公安机关要按照"谁受理备案，谁负责检查"的原则，对跨省或者全国联网运行、跨市或者全省联网运行等跨地域的信息系统，由部、省、市级公安机关分别对所受理备案的信息系统进行检查。对在辖区内独自运行的信息系统，由受理备案的公安机关独自进行检查。

对于有主管部门的网络和信息系统，公安机关要积极会同主管部门对其开展检查，充分发挥主管部门的作用，建立监督检查的配合机制，因故无法会同的，公安机关可以自行开展检查。网络安全等级保护监督管理部门及其工作人员必须对在履行职责中知悉的国家秘密、商业秘密、重要敏感信息和个人信息严格保密，不得泄露、出售或者非法向他人提供。

【本章小结】

本章介绍了等级保护对象、工作范围、涉及的主要角色和职责，以及等级保护工作流程。网络安全等级保护工作流程包括定级、备案、建设整改、等级测评和监督检查5项规定动作。等级保护工作需要各参与角色依据等级保护相关标准和流程，做好各环节工作，保障安全管理手段和安全技术措施的落实，切实提升网络和信息系统的安全防护能力。

3.4 思考与练习

一、填空题

1. 网络安全等级保护工作包括＿＿＿、＿＿＿、＿＿＿、＿＿＿和监督检查5项规定动作。

2.《信息安全技术 网络安全等级保护定级指南》中明确了等级保护对象的安全保护等

级确定由＿＿＿＿＿和＿＿＿＿＿两个要素决定。

3. 网络安全等级保护备案制度要求，第二级以上网络运营者应当在网络的安全保护等级确定后＿＿＿＿＿个工作日内，到＿＿＿＿＿公安机关（网监部门）备案。

4. 网络安全等级保护等级测评的主要工作方法有访谈、＿＿＿＿＿、＿＿＿＿＿、工具测试和实地查看。

5. 网络安全等级保护等级测评工作包括＿＿＿＿＿、＿＿＿＿＿、现场测评活动、分析与报告编制活动4个基本测评活动。

二、选择题

1. 对于中央各部委、省（区、市）门户网站和重要网站，通常网络安全防护等级为第（　　）级。

A. 一　　　　　　B. 二　　　　　　C. 三　　　　　　D. 四

2. 等级保护安全建设工作需遵循"同步规划、（　　）、同步运行"的原则。

A. 同步实施　　　B. 同步建设　　　C. 同步验收　　　D. 同步管理

3. 对于电力行业重要部门的生产、调度系统，通常网络安全防护等级为第（　　）级。

A. 一　　　　　　B. 二　　　　　　C. 三　　　　　　D. 四

4. 等级保护对象受到破坏后，会对社会秩序和公共利益造成特别严重危害，或者对国家安全造成严重危害，等级保护对象判定为第（　　）级。

A. 一　　　　　　B. 二　　　　　　C. 三　　　　　　D. 四

5. 安全保护等级初步确定为第（　　）级及以上的等级保护对象，需进行专家评审。

A. 一　　　　　　B. 二　　　　　　C. 三　　　　　　D. 四

三、简答题

1. 简要阐述网络安全等级保护的工作流程。

2. 简要概述网络安全等级保护对象的安全保护等级确定方法。

3. 简要阐述网络安全等级保护工作的备案流程。

4. 网络安全等级保护建设整改的原则是什么？

5. 概述开展安全建设整改工作时的主要工作流程。

第 2 篇　网络安全等级保护实践

引言

2019 年 5 月 10 日，网络安全等级保护系列标准正式发布，标志着网络安全等级保护正式进入等级保护 2.0 实施阶段。《信息安全技术 网络安全等级保护基本要求》（GB/T 22239—2019）是开展网络安全等级保护工作的核心指导性标准。深入理解网络安全等级保护基本要求条款的含义对开展等级保护工作具有重要的意义。

《信息安全技术 网络安全等级保护基本要求》（GB/T 22239—2019）包括安全技术和安全管理两大类。安全技术包括安全物理环境、安全通信网络、安全区域边界、安全计算环境和安全管理中心，安全管理包括安全管理制度、安全管理机构、安全管理人员、安全建设管理和安全运维管理。在等级保护 2.0 时代，针对共性化保护需求提出了安全通用要求，并基于云计算、物联网、工业控制、移动互联、大数据等新应用、新技术的特性，形成了安全扩展要求。本篇对网络安全等级保护基本要求中的安全通用要求和云计算安全扩展要求、物联网安全扩展要求、工业控制系统安全扩展要求条款进行深度解读，并与网络安全基础知识相结合，通过原理和案例分析，介绍如何对网络安全等级保护基本要求条款进行实践。

本篇内容

第 4 章 安全物理环境
第 5 章 安全通信网络
第 6 章 安全区域边界
第 7 章 安全计算环境
第 8 章 安全管理中心
第 9 章 安全管理
第 10 章 云计算安全
第 11 章 物联网安全
第 12 章 工业控制系统安全

学习目标

1. 掌握网络安全等级保护基本要求条款含义。
2. 掌握网络安全基础知识。
3. 具备网络安全等级保护基本要求项的实践能力。

第4章
安全物理环境

安全物理环境是网络安全等级保护基本要求安全技术方面的一类要求，物理环境安全防护的目的是使计算机网络通信具备一个良好的电磁兼容工作环境，并防止非法用户进入物理机房和各种非法破坏、偷盗行为的发生。本章介绍了《信息安全技术 网络安全等级保护基本要求》（GB/T 22239—2019）中安全物理环境的第三级要求项，并对其进行解读，为物理机房在建设时提供参考及明确建设要点。

4.1 安全物理环境要求

物理环境安全是对物理基础设施、物理设备和物理访问控制的安全防护，是保护网络和信息系统稳定、可靠运行的前提。物理环境面临的安全威胁包括自然灾害、事故、盗窃、破坏等，面临的风险有实体设备被盗、服务中断、实体损坏、系统完整性丧失等。安全的物理环境可确保系统在对信息进行采集、传输、存储、处理等过程中，不会因为自然因素或人为因素导致服务中断、数据丢失、破坏等问题。

安全物理环境主要针对主机房、辅助机房和异地备份机房等在建设和运行过程中需满足的安全要求，包括物理位置选择、物理访问控制、防盗窃和防破坏、防雷击、防火、防水和防潮、防静电、温湿度控制、电力供应和电磁防护共 10 个控制点。

本节以网络安全等级保护第三级要求为例，对安全物理环境要求条款进行解读。

1. 物理位置选择

【条款】

1）机房场地应选择在具有防震、防风和防雨等能力的建筑内。

2）机房场地应避免设在建筑物的顶层或地下室，否则应加强防水和防潮措施。

【条款解读】

机房选择安全的物理位置和环境是保证等级保护对象安全的前提和基础。为避免因自然灾害引发机房、设备等实体损坏的安全风险，在机房物理位置选择时，针对机房建筑物，条款1）要求物理机房在进行位置选择时，应选择在具有防震、防风和防雨等能力的建筑内。条款2）要求机房选址时应避开容易渗水或漏水的区域，不宜设在用水设备的周围，避免选择建筑物顶层、地下室，以及四面角落易漏雨、渗水和易遭雷击的厂房或大楼内；当机房设立在建筑物顶层、地下室以及用水设备的下层或隔壁时，要格外加强防水和防潮措施。

2. 物理访问控制

【条款】

机房出入口应配置电子门禁系统，控制、鉴别和记录进入的人员。

【条款解读】

机房通常仅限于指定人员物理访问机柜中的设施，为避免非授权人员擅自进入机房进行恶意操作，导致机房内设备及设施被破坏和数据丢失，该条款要求在机房出入口安装电子门禁系统来控制人员进出机房的行为，并确保通过电子门禁系统可以识别和记录进出的人员，机房电子门禁系统如图4-1所示。

电子门禁系统的另一个重要的用途是对进出的人员进行记录，以便于进行事件追溯，其日志记录应保存6个月以上。此外，针对大型数据中心或包含敏感信息的系统，还要使用摄像头进行永久性监控。

图4-1　机房电子门禁系统

3. 防盗窃和防破坏

【条款】

1）应将设备或主要部件进行固定，并设置明显的不易除去的标识。

2）应将通信线缆铺设在隐蔽安全处。

3）应设置机房防盗报警系统或设置有专人值守的视频监控系统。

【条款解读】

网络和信息系统关联的大部分设备都放置在物理机房内，重要业务应用系统和业务数据也都存放在服务器上或存储器内。机房内的有些设备可能用来处理机密信息，这类设备一旦丢失、被盗或破坏，将产生极其严重的后果。

为防止机房内设备、设施和线缆由于人为或非人为因素而发生偷盗风险或被损坏，条款1）要求对设备、设施永久固定或放在某个位置，并在设备、设施和线缆上标记明显且不易除去的标识，机房设备标识如图4-2所示。条款2）要求将线缆铺设在桥架或管道内等安全隐蔽处。视频监控系统是一种可靠的防盗设备，可对机房内外围环境和操作环境进行实时全程监控，机房视频监控如图4-3所示。此外，值班守卫、出入口安全检测也是较好的防盗措施，条款3）要求在机房内安装防盗报警系统或设置有专人值守的视频监控系统，加强日常维护巡检，监测异常情况。

图4-2　机房设备标识

图4-3　机房视频监控

4. 防雷击

【条款】

1）应将各类机柜、设施和设备等通过接地系统安全接地。

2）应采取措施防止感应雷，例如设置防雷保安器或过压保护装置等。

【条款解读】

雷电的袭击，不但会造成经济损失，更严重的会对人的生命安全造成威胁。因为所有防雷设备都需要通过接地系统把雷电流泄入大地，从而保护设备和人身安全，所以在机房及各类弱电机房中必须有一个良好的接地系统。如果机房接地系统做得不好，那么不但会引起设备故障，烧坏元器件，严重的还将危害工作人员的生命安全。条款 1）要求将机房内的各类机柜、设备、设施采取接地处理。

为防止雷击产生的高电压和强电流而导致机房内设备、设施、线缆的故障或毁坏，条款 2）要求安装防雷装置和过压保护装置等进行保护。

5. 防火

【条款】

1）机房应设置火灾自动消防系统，能够自动检测火情、自动报警，并自动灭火。

2）机房及相关的工作房间和辅助房应采用具有耐火等级的建筑材料。

3）应对机房划分区域进行管理，区域和区域之间设置隔离防火措施。

【条款解读】

机房发生火灾，对整个信息系统和网络运营者都会是灾难性的损失。为预防和有效处置机房火灾，条款 1）要求机房安装火灾自动消防系统、火灾报警系统。

为防止机房发生火灾，烧坏、烧毁机房内的设备、设施和线缆，可采取系列防火措施。在等级保护中提出了两个要求：条款 2）要求机房使用防火的建筑材料，如采用防火地板、防火天花板、防火墙板和防火涂层，避免木质结构等易燃物质裸露，应选用耐火或阻燃电线、电缆；条款 3）要求通过防火墙或防火隔离带进行合理的区域划分和隔离，将火源控制在局部范围内，即便是发生火灾也可以将损失降到最低。

 课堂小知识

机房通常会安装烟雾探测器，在燃烧产生明火之前能够提前发现火警，在火势增大之前可以截断电源，使用灭火器手动灭火。需特别注意的是，物理机房内不能使用自动喷水灭火装置，因为电子元器件遇水后通常会发生故障，特别是电源未截断的情况下使用水灭火，情况会变得更糟。即使安装了自动喷水灭火系统，自动气体消防系统也应早于自动喷水灭火系统启动。

---

6. 防水和防潮

【条款】

1）应采取措施防止雨水通过机房窗户、屋顶和墙壁渗透。

2）应采取措施防止机房内水蒸气结露和地下积水的转移与渗透。

3）应安装对水敏感的检测仪表或元件，对机房进行防水检测和报警。

【条款解读】

机房发生水灾会造成设备损坏和信息丢失，导致无可挽回的经济损失。因此，机房选址时应尽量选择足够的海拔位置以及不易受到水淹的位置。为防止水患造成机房内设备、设施、线缆的腐蚀、短路或损坏，条款 1）要求对机房窗户、屋顶、墙壁进行防水处理，防止出现渗水、漏水；条款 2）要求做好建筑内外墙体、地面、屋顶的围护保温，防止室内水蒸

气结露，可在空调、用水管道、水暖式暖气片等周围设置防水槽、挡水板，在出现漏水情况时防止水的扩散，必要时在机房地面设置排水槽，防止地下积水；条款3）要求在窗口、空调、用水管道、水暖式暖气片等位置安装水敏感检测报警装置，如漏水检测绳，对机房进行防水检测和报警，机房漏水检测线报警装置如图4-4所示。

图4-4　机房漏水检测线报警装置

7. 防静电

【条款】

1）应采用防静电地板或地面并采用必要的接地防静电措施。

2）应采取措施防止静电的产生，例如采用静电消除器、佩戴防静电手环等。

【条款解读】

静电通过人体对计算机或其他设备放电时，当能量达到一定程度会给人以触电的感觉。静电是物理安全最难消除的危害之一，静电不仅会导致机房设备故障，而且还会导致某些元器件（如CMOS、MOS电路、双级性电路等）的击穿和毁坏。此外，静电还会对操作人员和运维人员的正常工作与身心健康造成影响。当机房内受到静电干扰时，会引起系统图像紊乱、模糊不清，还可能造成Modem、网卡等工作失常。

为防止静电对机房内的设备、设施、线缆产生干扰或击穿，条款1）要求在机房内铺设防静电地板或防静电地面来减少静电的产生；条款2）要求采取措施防止静电的产生，如在机房入口处安装静电消除器或进入机房操作时配备防静电手环进行静电释放和消除。机房防静电设备（防静电手环、静电消除器、防静电地板）如图4-5所示。

图4-5　机房防静电设备（防静电手环、静电消除器、防静电地板）

8. 温湿度控制

【条款】

应设置温湿度自动调节设施，使机房温湿度的变化在设备运行所允许的范围之内。

【条款解读】

机房环境温度过高会损坏电子设备或使其寿命缩短，温度过低会引起设备工作异常；机房环境湿度过高会造成电器触点腐蚀，湿度过低会导致静电过高而引起数据丢失和设备损坏。

为减少机房内的静电产生，防止水蒸气结露，保障设备正常运行，该条款要求在机房内配备专用空调，以便自动调节机房内的温湿度，机房精密空调如图 4-6 所示。根据《数据中心设计规范》（GB 50174—2017），国家把计算机机房分为 A、B、C 这 3 类，对 3 类机房的温湿度提出了要求，针对 A、B 类机房，要求温度范围是 22~25℃，湿度范围是 40%~55%；针对 C 类机房，要求温度范围是 18~28℃，湿度范围是 35%~75%。

图 4-6　机房精密空调

9. 电力供应

【条款】

1）应在机房供电线路上配置稳压器和过电压防护设备。

2）应提供短期的备用电力供应，至少满足设备在断电情况下的正常运行要求。

3）应设置冗余或并行的电力电缆线路为计算机系统供电。

【条款解读】

暴雨、狂风、雷电及设备故障等事件都可能引发电力故障。电力故障包括电源中断，电源频率、波幅和电压的变动。电力故障可导致设备宕机、系统无法正常运行，从而造成严重的损失。

为消减电源频率、波幅和电压方面的异常变化对电力供应的影响，条款 1）要求在机房线路上配置稳压器、电涌保护器、过电压防护设备等，机房稳压器如图 4-7 所示。为防止电力中断或电流变化对机房内的设备、设施造成损害，出现电力供应故障，条款 2）要求在机房内配备不间断电源（UPS）或发电机等短期电力供应备用系统来保证设备在断电情况下能够正常运行，UPS 设备如图 4-8 所示；条款 3）要求采用双路供电，可铺设冗余或并行的电力电缆线路来为计算机系统供电。

图 4-7　机房稳压器　　　　　　　图 4-8　UPS 设备

10. 电磁防护

【条款】

1）电源线和通信线缆应隔离铺设，避免互相干扰。

2）应对关键设备实施电磁屏蔽。

【条款解读】

电磁屏蔽是避免电磁辐射产生数据泄露和保护设备免受电磁干扰影响的有效方法。电磁屏蔽采取阻断电磁信息泄露的方式进行防护，并在设备与外部区域之间使用导电的屏蔽材料进行隔离。

为防止电磁辐射对机房内的设备、设施、线缆产生干扰和损害，条款 1）要求对机房内的电源线缆和通信线缆进行隔离铺设；条款 2）要求对有保密需求的数据中心机房等关键设备架设在电磁屏蔽区域的机柜内，或架设在电磁屏蔽机柜内。

4.2 安全物理环境建设

在安全物理环境建设时，对于不同安全保护等级系统各自独立使用机房或独立使用某个部分（区域）的情况，其独立部分可根据不同安全保护等级的要求和需求独立设计。对不同安全保护等级系统共用机房或共用某些部分（区域）的情况，其共用部分按照最高原则进行设计，也就是"就高不就低"的原则。

物理机房安全建设时主要参考的标准有《数据中心设计规范》（GB 50174—2017）、《信息安全技术 网络安全等级保护基本要求》（GB/T 22239—2019）中安全物理环境相关的要求条款。在物理机房安全建设时，首先需明确机房建设等级。

1）A 级，如国家信息中心机房、大中城市电信机房。

2）B 级，如省级政府办公楼机房、大学校园网络信息中心机房。

3）C 级，其他类机房。

在确定机房安全等级后，结合网络安全等级保护基本要求条款，可从机房选址安全、机房管理安全和机房环境安全 3 个方面进行重点建设。

4.2.1 机房选址

机房建设时，在机房选址方面应遵循下列原则：

1）机房场地选择时，选择在具有防震、防风和防雨等能力的建筑内，机房和办公场地所在建筑物具有建筑物抗震设防审批文档。

2）机房在多层建筑或高层建筑时，一般建设在 2 层或 3 层，并且选择的位置应远离强振源和强噪声源；当受条件限制必须将机房场地设置在建筑物的顶层或地下室时，必须加强防水和防潮措施：部署在顶层的，应特别加强房顶的防水处理；部署在地下室的，在加强防水处理的同时，在机房出入口处应设置 1~2 层防水挡板，并常备应急防水沙袋。

3）机房位置在选址时还需要分析的因素有：在此地点发生自然灾害（地震、洪水、飓风、龙卷风等）的概率和频率、环境危害因素（物理机房对于其所在地环境的影响程度）以及气候因素（如果有免费的外部空气冷却，则是非常好的优势资源），因此机房选址时应避开强电场、强磁场、重度环境污染以及易发生火灾、水灾和易遭受雷击的地区。

4.2.2 机房管理

在机房管理方面，应考虑进出机房的物理访问控制和设备、介质的防盗窃与防破坏。物理机房建设时，在机房管理方面应考虑的内容有以下几个方面。

1. 机房访问控制

应对机房划分区域进行管理，通常物理机房由主机房、辅助区（监控室、配电室）、支持区（资料室、维修室）和行政管理区（会议室、办公室等）组成。机房区域与区域之间应设置物理隔离装置，应在重要区域前设置交付或安装等过渡区域。机房在建设时应关注访问控制方面的下列几项：

1）机房出入口安排专人值守，控制、鉴别和记录进入的人员，限制未授权人员非法进入，进入机房的来访人员需要经过申请和审批，并限制和监控其活动范围。

2）机房重要区域应安装电子门禁系统以控制人员进出，并鉴别和记录进入的人员。同时，电子门禁系统日志记录应保存 6 个月以上，以便发生安全事件时对进出的人员进行事件追溯。

3）针对大型数据中心或包含敏感信息的系统，应使用摄像头进行 7×24 h 实时监控。

2. 防盗窃和防破坏

物理机房建设时，需对重要设备和存储介质采用严格的防盗窃与防破坏措施，具体如下：

1）机房设备固定。将机房内设备或主要部件安装在机房机架中，使用导轨、机柜螺丝等方式进行固定，并对设备采取唯一标识和 IP 地址的管理办法；对存储介质进行分类标识，并存储在介质库或档案室中。

2）机房通信线缆隐蔽铺设。机房通信线路采取直埋式（防静电地板下）布线或桥架式布线，实际建设时建议铺设在竖井、桥架中，以降低机房内设备、部件、线缆等被盗窃和被破坏的风险。

3）安装视频监控系统。在机房内安装利用光、电等技术的防盗报警系统、监控报警系统来阻止机房盗窃事件的发生，并制定严格的出入管理制度和环境监控制度。

4.2.3　机房环境

物理机房建设时，机房环境主要从温度、湿度、电源、防火、防雷击、供配电系统、空调系统等方面进行重点建设来保障物理环境安全。网络安全等级保护安全物理环境对于机房建设时重点关注的内容涉及防雷击、防火、防水和防潮、防静电、温湿度控制、电力供应和电磁防护 7 个控制点。

1. 防雷击

机房建设时，应采用接地防雷措施，如对各类机柜、设施和设备通过接地系统安全接地，接地设置时使用专用地线或交流地线。对于交流供电的系统设备的电源线，应使用三芯电源线，其中地线应与设备的保护接地端牢固连接。

机房内采取防雷措施，例如配电柜中安装防雷保安器或过压保护装置等，同时，防雷装置需要通过验收或国家有关部门的技术检测，机房内所有的设备和部件应安装在设有防雷保护的范围内。

2. 防火

物理机房建设时，重点采取下列防护措施防止机房火灾事件发生：

1）机房及相关的工作房间和辅助房土建施工及内部装修应采用具有耐火等级的建筑材料，且耐火等级不低于《数据中心设计规范》（GB 50174—2017）等相关规定的耐火等级。

2）对机房划分区域进行管理，可划分为脆弱区、危险区和一般要求区 3 个区域，各区域之间设置隔离防火措施。

3）机房内配备火灾自动消防系统，能够自动检测火情、自动报警，并自动灭火。同时，机房内应设有备用电源启动装置，保障在停电时依然能够正常使用灭火系统进行灭火。

3. 防水和防潮

物理机房建设时，为防止水患，应重点建设下列安全防护措施：

1）安装水管时不通过屋顶或不在活动地板下，防止水管破损造成水灾。

2）对机房窗户、屋顶和墙壁采取防水措施，以防止雨水渗透造成水灾。

3）为防止空调冷凝水渗水，可在冷凝水盘处接冷凝水管，将冷凝水就近排到合适的地方。

4）通过加大风量来减少送风温差，以防止机房内水蒸气结露和地下积水的转移与渗透。

5）机房安装对水敏感的检测仪表或元件检测系统，对机房进行漏水检测和报警。

4. 防静电

机房建设时应安装防静电地板或防静电地面。其中，防静电地面可用导电橡胶与建筑物地面粘牢，且防静电地面的体积电阻率应均匀，并采用必要的接地防静电措施。在机房投入使用后，为防止人体静电对机房内电子设备的影响，在机房作业时应采取措施防止静电的产生，如采用防静电工作台面、静电消除器，以及佩戴防静电手环等。

5. 温湿度控制

机房应配备温湿度自动调节设施（即空调系统），以保证机房各个区域的温湿度处于设备运行、人员活动和其他辅助设备运行所允许的范围之内。机房建设时，可采用机房专用的柜式精密空调将温湿度控制在 A、B 类机房要求的温湿度范围内，即机房环境温度建议保持在 22~25℃，环境湿度建议保持在 40%~55%。

6. 电力供应

机房建设时，机房应使用独立配电系统与其他供电分开，且机房供电线路上应配备稳压器和过电压防护设备，应保证机房供电电源质量符合相关规定要求；机房内应能够提供短期电力供应系统，如不间断供电系统 UPS，以保障信息设备在公用电网供电中断的情况下能保证关键业务服务的持续性。

👤：课堂小知识

UPS（Uninterruptible Power Supply，不间断电源）是将蓄电池（多为铅酸免维护蓄电池）与主机相连接，通过主机逆变器等模块电路将直流电转换成市电的系统设备，主要用于给单台计算机、计算机网络系统或其他电力电子设备（如电磁阀、压力变送器等）提供稳定、不间断的电力供应。当市电输入正常时，UPS 将市电稳压后供应给负载使用，此时的 UPS 就是交流式电稳压器，同时它还为机内电池充电；当市电中断（事故停电）时，UPS 立即将电池的直流电能通过逆变器切换的方法为负载继续供应 220 V 交流电，使负载维持正常工作，并保护负载软硬件不受损坏。UPS 设备通常对电压过高或电压过低的情况都能提供保护。

---

7. 电磁防护

机房建设时，机房内部综合布线的配置应满足实际的需求，电源线应尽可能远离通信线缆，避免并排铺设，当不能避免时，应采取相应的屏蔽措施，以避免互相干扰；建立屏蔽机房或机房采取屏蔽机柜等措施对关键设备或者关键区域实施电磁屏蔽，防止外部电磁场对计算机及设备的干扰，同时也抑制电磁信息的泄露；机房内的综合布线电缆与附近可能产生电磁泄露设备的最小平行距离应大于 1.5 m 及以上，机房到桌面的信息传输可采用光纤信道或六类屏蔽双绞线的布线方式。

【本章小结】

本章主要通过对等级保护安全物理环境条款进行解读，以及分析安全物理环境建设时在机房选址、机房管理和机房环境方面的要点，帮助读者理解等级保护安全物理环境建设的要点和要求。安全物理环境建设是整个网络和信息系统安全建设的第一步。为了实现信息系统的可靠运行，物理机房建设需要根据不同的机房建设等级选择机房建设位置，实现不同安全等级的访问控制功能，并且应采取防盗窃、防破坏措施，在温度、湿度、电源、防火、防雷击、供配电系统、空调系统等方面满足安全等级要求，从而保障物理环境的安全。

4.3 思考与练习

一、判断题

1. （　　）信息网络的物理安全要从环境安全和设备安全两个角度来考虑。
2. （　　）计算机场地可以选择在公共区域人流量比较大的地方。
3. （　　）计算机场地可以选择在化工厂生产车间附近。
4. （　　）计算机场地在正常情况下温度保持在 18～28℃。
5. （　　）机房供电线路和动力、照明用电可以用同一线路。

二、选择题

1. 在网络安全等级保护基本要求中，安全物理环境不包括下列（　　）控制点。

A. 防雷击　　　　　B. 防火　　　　　C. 防水防潮　　　　　D. 入侵防范

2. 根据网络安全等级保护对防静电的要求，下列（　　）行为是不恰当的。

A. 穿合适的防静电衣服和防静电鞋　　B. 用表面光滑平整的办公家具

C. 在机房内直接更衣梳理　　　　　　D. 经常用湿拖布拖地

3. 根据《数据中心设计规范》（GB 50174—2017），针对 C 类机房要求的温度范围为（　　）。

A. 23±2℃　　　　　B. 20±2℃　　　　　C. 18～28℃　　　　　D. 15～25℃

4. UPS 代表（　　）。

A. 统一邮政服务　　B. 不间断电源　　C. 无意的电源过剩　　D. 非间断电源过剩

5. 物理安全的管理应做到（　　）。

A. 所有相关人员都必须进行相应的培训，明确个人工作职责

B. 制定严格的值班和考勤制度，安排人员定期检查各种设备的运行情况

C. 在重要场所的进出口安装监视器，并对进出情况进行录像

D. 以上均正确

三、简答题

1. 简要阐述机房物理位置选择时需注意什么。
2. 按照网络安全等级保护的要求，物理机房安全包括哪些安全控制点？
3. 物理机房防盗窃和防破坏的措施有哪些？
4. 机房物理环境温湿度如何有效控制？
5. 如何理解机房电磁防护？

第5章
安全通信网络

安全通信网络可以保障等级保护对象关联的整个网络架构及网络设备的安全，是保障网络安全的重中之重。本章介绍了《信息安全技术 网络安全等级保护基本要求》（GB/T 22239—2019）中安全通信网络第三级要求条款，对其进行解读，并讲解了网络安全的相关基础知识，包括网络架构安全建设、密码学基础等，并在此基础上介绍了通信传输安全实践。

5.1 安全通信网络要求

安全通信网络主要针对通信网络（广域网、城域网或局域网）的网络架构和通信传输提出安全要求。网络安全等级保护基本要求对于安全通信网络有 3 个控制点：网络架构、通信传输和可信验证。

本节以网络安全等级保护第三级要求为例，对安全通信网络的要求条款进行解读。

5.1.1 网络架构

【条款】

1）应保证网络设备的业务处理能力满足业务高峰期需要。

2）应保证网络各个部分的带宽满足业务高峰期需要。

3）应划分不同的网络区域，并按照方便管理和控制的原则为各网络区域分配地址。

4）应避免将重要网络区域部署在边界处，重要网络区域与其他网络区域之间应采取可靠的技术隔离手段。

5）应提供通信线路、关键网络设备和关键计算设备的硬件冗余，保证系统的可用性。

【条款解读】

为实现网络高可用，保证网络带宽和网络设备的业务处理能力具备冗余空间，满足业务高峰期和发展需要，条款 1）要求网络设备业务处理能力冗余，能够支撑业务高峰期系统稳定运行。在网络建设时需部署高性能设备，对网络设备的性能参数进行实时监控，并设置阈值告警。

带宽和设备性能不足会带来延迟过高、服务稳定性差等风险，也可能因拒绝服务攻击而导致业务中断，设备性能和带宽使用情况的实时监控有助于网络运维人员及时做出相应调整，保证业务可用性。条款 2）要求网络各部分带宽满足业务高峰期需要，并对带宽进行实时监控，设置阈值告警。

条款 3）要求对网络合理划分安全域，对各安全域实施"分域分级防护"，合理规划网络 IP 地址，制定分配策略，以保证将网络设计为模块化、区域化的模式，各功能区域应相对独立，以保障任一区域的故障不会扩散到其他区域。

常见的网络安全分区分域如图 5-1 所示。

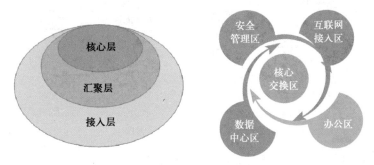

图 5-1　网络安全分区分域

为避免重要的安全域暴露在网络边界处，条款 4）要求在网络边界部署安全设备，在不同安全域间设置有效的访问控制策略和机制，保证各安全域间的数据通信安全可控，如部署数据流检测和控制的安全设备。

网络冗余包括配置网络线路冗余、网络重要设备和关键计算设备冗余措施，并制定网络重要系统和数据备份策略等。为保证系统高可用、网络冗余，条款 5）要求通信线路冗余。例如，采用不同电信运营商线路；网络设备及计算设备硬件冗余，如核心层、汇聚层的设备和重要的接入层设备采用双机热备的形式，计算设备采用双机热备或集群的方式。

📖 : 课堂小知识

安全域是一个逻辑区域，是在同一工作环境中具有相同或相似的安全保护需求和保护策略，相互信任、相互关联或相互作用的 IT 要素的集合。

5.1.2　通信传输

【条款】

1）应采用校验技术或密码技术保证通信过程中数据的完整性。

2）应采用密码技术保证通信过程中数据的保密性。

【条款解读】

通信传输应确保数据在网络通信过程中的完整性和保密性。对于通信数据的完整性，通常使用数字签名或散列函数对密文进行保护；对于保密性，则是采用加解密技术来保证通信过程中敏感信息字段或整个报文的保密性。

为避免数据在通信过程中被非法截获、非法篡改等破坏数据可用性风险的发生，保证远程安全接入，以及保证通信过程中数据的安全，条款 1）、条款 2）分别要求数据在通信过程中采用密码技术来保证数据的完整性、保密性。在进行实际网络安全设计时，分支机构可部署 VPN 设备，利用 VPN 技术建立一条安全隧道来保证分支机构与总部间数据通信的完整性和保密性，VPN 设备部署如图 5-2 所示。

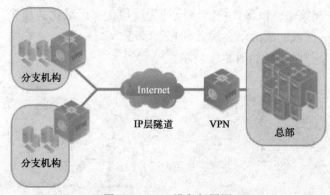

图 5-2 VPN 设备部署图

5.1.3 可信验证

【条款】

可基于可信根对通信设备的系统引导程序、系统程序、重要配置参数和通信应用程序等进行可信验证，并在应用程序的关键执行环节进行动态可信验证，在检测到其可信性受到破坏后进行报警，并将验证结果形成审计记录送至安全管理中心。

【条款解读】

本条款主要针对网络通信设备可信启动，应基于可信根实现静态度量阶段和动态度量阶段的完整性度量，即能够对网络设备基于可信根对度量对象进行验证。

5.2 网络架构安全建设

根据网络安全等级保护基本要求，网络架构安全建设主要是针对网络拓扑结构的设计。网络拓扑结构的设计需考虑下列几方面要素。

（1）网络冗余

冗余设计包括链路冗余设计和设备冗余设计，冗余设计的目的是避免单点故障和提高网络性能。

（2）网络性能

网络性能主要体现在网络带宽和网络服务质量上，可通过网络带宽、流量控制和负载均衡等技术提高网络性能。

（3）网络架构安全

网络架构的安全性设计主要包括下列内容：

1）划分网络安全区域，在网络区域边界部署安全网关或防火墙设备，并在区域内部署配套的安全防护措施。

2）划分安全域，将功能（应用）相近的设备群组划分到同一 VLAN，不同部门的设备划分到不同 VLAN 中，并合理规划 IP 地址。

3）通过访问控制列表（Access Control List，ACL）控制 VLAN 之间的流量。

本节以图 5-3 所示的网络拓扑图为例，介绍网络架构安全建设时需关注的重点内容。

5.2.1 网络冗余

冗余设计是网络架构建设的核心部分，是保障网络整体可靠性的重要举措。如图 5-3

所示，骨干链路采用电信和移动两个不同运营商的链路实现了链路冗余，提升了链路的可靠性；通过部署双核心交换机、双汇聚交换机实现网络设备的冗余；重要的安全设备（如出口防火墙、入侵检测系统等）通过双机热备的方式实现冗余；核心业务系统服务器通过集群部署的方式，保证关键计算设备的冗余性。

5.2.2　网络性能

网络带宽是网络性能的主要表现，网络带宽可通过网络设备流量控制、流量负载均衡等技术手段保证重要业务不受网络拥堵影响，保证网络设备的业务处理能力能满足业务高峰期需要，保证各个部分的带宽能满足业务高峰期需要，并按照业务系统服务的重要次序定义带宽分配的优先级，在网络拥堵时优先保障重要主机。具体实践方法如下：

1）部署流量管理系统：根据业务系统服务的重要次序来分配带宽，优先保障重要主机。

2）配置动态 QoS 功能：在路由器配置 QoS 策略，策略类型包括共享型和独享型，用户优先级分为高、中、低，服务类型包括应用层的多种协议。在网络带宽总量固定的情况下，高优先级用户将抢占中、低优先级用户带宽，中优先级用户将抢占低优先级用户带宽。当网络中存在空闲带宽时，空闲带宽会基于 QoS 策略根据当前网络带宽分配情况自动分配给重要业务，以保证重要业务的正常访问。

5.2.3　网络架构安全

基于三层网络（核心层、汇聚层和接入层）设计模型，从网络纵向划分的角度将网络安全域划分为 5 个区域：核心域、接入域、服务域、终端域和交换域，如图 5-3 所示。

（1）核心域

本案例的核心域主要部署核心业务系统，可在该安全域内根据业务系统功能、安全防护需求划分为不同的安全子域，从而对业务域进一步细化。安全子域划分的方法如下：

1）合理规划 IP 地址。

2）将功能（应用）相近的设备群组划分到同一 VLAN，不同部门的设备划分到不同VLAN 中，通过 ACL（访问控制列表）控制 VLAN 之间的流量。应注意，存放重要业务系统及数据的网段不能直接与外部系统连接，而是需要和其他网段隔离，单独划分区域。

（2）接入域

本案例中，接入域主要支撑网络整体架构，可划分为外网、无线网、专网和内网安全子域。其中，外网指连接互联网的逻辑分区，无线网指通过无线网络接入网络的逻辑分区，专网指通过专线网络或 VPN 与网络连接的逻辑分区，内网主要指内部网络的逻辑分区。

（3）服务域

服务域包括安全管理区和服务器区。安全管理区主要部署支撑系统安全防护的安全设备或组件，包括认证审计、日志审计、防病毒、补丁升级、IDS 监控等；服务器区可根据业务系统的重要性划分为不同的区域，如生产服务器区、办公服务器区、应用服务器区等。

（4）终端域

终端域包括外部、业务、管理三大类终端。其中，外部终端包括开发人员测试终端、访客终端、远程接入终端；业务终端用来访问业务应用系统；管理终端指对服务器、数据库、网络、存储以及应用系统等进行日常运维、管理的终端。

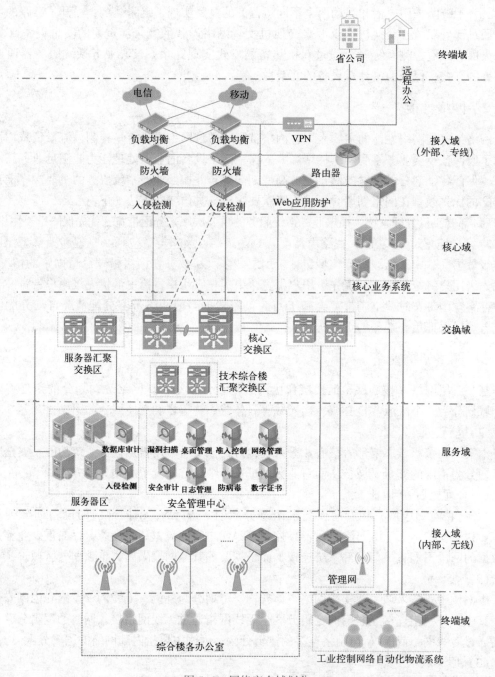

图 5-3　网络安全域划分

（5）交换域

交换域主要实现上述各个域之间的数据交换。

5.3　密码学基础与通信传输安全实践

密码学是研究如何隐秘地传递信息的学科，是支撑认证、完整性和保密性的基础。密码学的首要目的是隐藏信息的含义，并不是隐藏信息的存在。

5.3.1　密码学基础

密码学是大多数网络安全技术的核心。关于密码学的知识，本书仅做简要介绍，主要涉及密码学基本概念、密码体制、数字签名和认证技术等。

1. 密码学基本概念

密码学是研究密码的一类科学，是研究如何编写或解析密码报文的一门科学，主要涉及信息的加解密以及信息传递过程中密码技术的使用。密码学主要研究加密和解密算法及其在信息处理、存储和传输中的应用。密码系统通常是由明文、密文、密钥和算法组成的对信息进行加密、解密的系统，也称为密码体制。典型的密码系统通信模型如图 5-4 所示，发送方、接收方通过安全信道获得一对用于加密和解密的密钥，发送方通过加密密钥将明文加密成密文并通过公共信道发送给接收方，接收方用相应的解密密钥对密文进行解密，得到原始明文。密文在传输过程中可能面临主动或被动攻击。其中，主动攻击是指攻击者截获密文后进行篡改，然后发送给接收方；被动攻击是指攻击者截获密文后尝试分析、破解，企图得到明文。

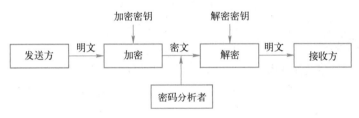

图 5-4　典型密码系统通信模型

密码技术可以将信息从明文变为密文并隐蔽起来，即使信息在传输、存储过程中被非法截获或窃取，攻击者也无法直接识别信息内容，使得信息在网络传输或存储过程中得到了有效的安全保证。

密码学可以分为密码编码学和密码分析学。密码编码学的主要目的是研究如何通过密码技术变换信息的形式，保护其安全性，使得编码后的信息仅能被接收者识别；密码分析学是在对密钥一无所知的情形下，企图利用技术手段通过分析密文来得到明文、密钥的全部或部分信息，相当于对密码系统（体制）的攻击。

密码学中涉及的基本元素见表 5-1。

表 5-1　密码学中涉及的基本元素

序号	名　　称	描　　述
1	明文（Plaintext）	指需要被隐藏和保护的数据，可能是比特流、文本文件、位图、数字化的语音流或者数字化的视频、图像等，通常用 M（Message，消息）或 P（Plaintext，明文）表示
2	密文（Ciphertext）	明文经过变换后得到的信息，通常用 C 表示
3	密钥（Key）	指对数据进行加密或解密时所使用的一种专用信息（工具），是密码系统中的一个参数，常用 K 表示。其中，加密时使用的密钥称为加密密钥，解密时使用的密钥称为解密密钥
4	密码算法（Algorithm）	指加密变换和解密变换的一些公式法则或程序，密码算法确定了明文和密文间的变换规则，其中，加密时使用的算法称为加密算法，解密时使用的算法称为解密算法
5	加密（Encryption）	指利用加密密钥对明文按照加密算法的规则进行变换的将明文变换成密文的过程
6	解密（Decryption）	指利用解密密钥对密文按照解密算法的规则进行变换的将密文还原为明文的过程

2. 密码体制

密码学经过多年的发展，密码体制可大致分为两类，即对称密码和非对称密码。**密码体制可以看作是由算法和密钥组成的。**对称密码体制是指加密和解密使用相同密钥的加密算法；非对称密码体制也称为公开密钥密码体制（公钥密码体制），是在加密和解密过程中使用不同密钥的加密算法。

对称密码体制使用的是对称加密算法，通常在通信前，信息的发送方和接收方会商定一个密钥，对称密码体制流程如图 5-5 所示。其安全性完全依赖于密钥，密钥一旦被泄露，就可能导致任何人都可以破解发送或接收的信息。这使得对称加密算法呈现算法公开、加密速度快、加密效率高、密钥管理难的特点，常用于对大量数据的加密和解密。

图 5-5　对称密码体制流程

常见的对称加密算法有 DES 算法、3DES 算法、RC5 算法、IDEA 算法、AES 加密算法。本节以 DES 算法为例，介绍对称密码体制。

DES 以 64 位的分组长度对数据进行加密，即将明文按 64 位分成一组，对每组明文在 64 比特的密钥控制下进行加密变化，输出 64 比特长度的密文，其中，64 比特的密钥中含有 8 比特的奇偶校验比特，故实际有效密钥长度为 56 比特。DES 算法加解密的过程如图 5-6 所示。

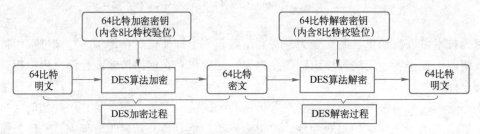

图 5-6　DES 算法加解密的过程

公钥密码体制中包括两个密钥，两个密钥可以任意公开一个，可公开的密钥称为公钥，另一个不公开的称为私钥。公钥和私钥都可以用于加密，并用另一个进行解密，**因此加密和解密使用的是两个不同的密钥，公钥密码体制流程如图 5-7 所示，**故公钥体制采用的算法称为非对称加密算法，加密和解密算法都是公开的。

图 5-7　公钥密码体制流程

公钥密码体制通常被用于实现数据完整性、保密性、不可否认性以及发送者认证。常见的公钥加密算法包括 RSA、ECC（椭圆曲线加密算法）、背包算法、DSA（数字签名算法）和散列函数算法（SHA、MD5），其中，ECC 和 RSA 是使用最广泛的公钥加密算法。RSA 是首个被同时用于加密和数字签名的算法，**易于操作和理解，**通常用于加密少量数据；ECC

算法是 RSA 的强有力竞争者，其安全性更高、计算量小、处理速度快、存储空间占用少、带宽要求低。

公钥密码体制的基本工作原理如下：

1）用户 A 生成一对密钥（包括公钥和私钥），用来对信息进行加密和解密。

2）用户 A 把公钥放在可公开的机构或文件中，而私钥由自己保存，其他任何用户可收集用户 A 的公钥。

3）当用户 B 给用户 A 发送加密信息时，用户 B 可使用用户 A 的公钥进行加密。

4）当用户 A 收到加密信息时，可通过自己的私钥进行解密，因为只有用户 A 知道私钥，所以其他收到这条加密信息的人无法进行解密。

3. 数字签名与认证技术

在网络环境中，数字签名与认证技术被认为是保证数据完整性和可审查性的最好方法，是公钥密码体制的重要应用。

（1）数字签名

数字签名就是附加在数据单元上的一些特殊数据或对数据单元所做的密码变换，这种数据或变换能使数据单元的接收者确认数据单元来源和数据单元的完整性，并保护数据，防止被人伪造。数字签名的作用是确保 A 发送给 B 的信息就是 A 本人发送的，并且没有篡改，可有效防止交易的抵赖行为。

数字签名体制包括施加签名和验证签名两个过程，数字签名及完整性验证的过程如图 5-8 所示。

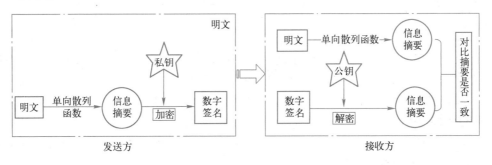

图 5-8　数字签名及完整性验证的过程

数字签名生成和验证的具体过程如下：

1）发送方 A 对明文使用单向散列函数计算其信息摘要，并用自己的私钥对信息摘要进行加密，形成发送方 A 的数字签名。

2）发送方 A 将数字签名作为附件和明文一起发送给接收方 B。

3）接收方 B 根据收到的原始明文计算出信息摘要，并用发送方 A 的公钥对明文附加的数字签名进行解密，得到原信息摘要。

4）接收方 B 对得到的两个信息摘要进行比较，如果两者相同，就能确认收到的信息未被篡改，并且该数字签名是发送方 A 的，这样就保证了信息来源的真实性和数据传输的完整性。

由图 5-8 可见，数字签名是用户用自己的私钥对原始数据的信息摘要进行加密后所得到的数据，即加密后的信息摘要。信息摘要（也称数字摘要、数字指纹）是指采用单向散列函数将需要加密的明文"摘要"成一串固定长度（如 128 位）的密文。它有固定的长度，且不同的明文"摘要"成密文后的结果总是不同的，而同样的明文其摘要必定一致。

目前常用的两种单向散列函数是 MD5 和 SHA 序列函数，其中，MD5 的散列值长度为 128 位，SHA-1 的散列值长度为 160 位，SHA-2 的散列值长度为 256 位、384 位和 512 位。

（2）认证技术

为了从技术上解决身份认证、数据完整性、保密性和可审查性等安全问题，保证网络和信息系统提供安全、可靠的服务，可使用公钥基础设施（Public Key Infrastructure，PKI）。根据国际电信联盟制定的 X.509 标准，PKI 是包括硬件、软件、人员、策略和规程的集合，用来实现基于公钥密码体制的密钥和证书的产生、管理、存储、分发与撤销等功能，可为网络应用提供信任、加密以及密码服务等解决方案，实现网络行为主体身份的唯一性和真实性认证。PKI 架构如图 5-9 所示。

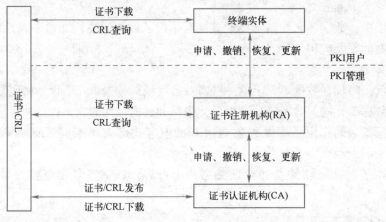

图 5-9　PKI 架构

PKI 通过数字证书和数字证书认证机构（Certificate Authority，CA）来确保用户身份与其持有公钥的一致性，从而解决了网络环境中的信任问题。典型的 PKI 架构包括认证机构（CA）、注册机构（Registration Authority，RA）、终端实体、数字证书库、密钥备份及恢复系统、证书撤销系统和应用接口等。

1）CA。也称数字证书管理中心，主要负责管理用户证书的生成、发放、更新和撤销等工作，是 PKI 体系的核心。

2）RA。又称数字证书注册中心，是用户和 CA 交互的纽带，负责对证书的申请、审核和注册。如果审查通过，RA 会向 CA 提交证书签发申请，由 CA 颁发证书。

3）终端实体。指拥有公私密钥对和相应公钥证书的用户，可以是用户个体、设备、进程等。

4）数字证书库。主要用来发布、存放 CA 颁发的证书和证书撤销列表（CRL），是在网上可供公众查询的公共信息库。

5）密钥备份及恢复系统。数字证书可用于签名，也可用于加密。如果用户申请的证书是用于加密的，则可请求 CA 备份其私钥。当用户丢失密钥时，通过可信任的密钥恢复中心或 CA 可完成密钥的恢复。

6）证书撤销系统。当证书由于某些原因需要作废时，如用户姓名改变、私钥被盗或泄露、与所属企业的关系发生变更等，PKI 需要使用一种方法警告其他用户不要继续使用该用户的公钥证书，这种警告机制称为证书撤销。证书撤销主要通过周期性发布机制（如证书撤销列表）和在线查询机制（如在线证书状态）来实现。

7）应用接口。为了使各种应用能够安全、可靠地与 PKI 进行交互，PKI 提供 API（应用程序接口）系统，包括公钥证书管理接口、CRL 的发布和管理接口、密钥备份和恢复接口、密钥更新接口等。因此，用户可通过 API 方便地使用 PKI 提供的加密、数字签名等服务。

5.3.2　通信传输安全实践

网络安全建设时，可通过数字签名技术和数据加密技术实现数据在网络通信过程中的完整性与保密性。实际网络安全建设时，通常利用 VPN 技术建立专用的数据通信网络来保障数据在网络通信过程中的安全。

VPN（虚拟专用网）是指物理上分布在不同地点的网络通过公用网络连接而构成的逻辑上的虚拟子网。采用 VPN 技术的下列功能可保证数据在"加密"管道中进行数据通信传输。

1）数据加密：保证通过公用网络传输的信息即使被其他人截获也不会泄露。

2）认证：保证信息的完整性、合理性，并能鉴别用户的合法性。

3）访问控制：不同的用户有不同的访问权限。

4）地址管理：为用户分配专用网络上的地址并确保地址的安全性。

5）密钥管理：能够生成并更新客户端和服务器的加密密钥。

6）多协议支持：能够支持公共网络上普遍使用的基本协议（包括 IP、IPX 等）。

VPN 综合利用了隧道技术、加解密技术、密钥管理技术、身份认证技术和访问控制技术等，通过建立虚拟安全通道实现两个网络间的安全连接，保证了数据在网络间通信的完整性和保密性。

这里以 VPN 设备为例，介绍如何通过 VPN 设备实现数据的完整性和保密性。

【案例背景】

2015 年，银保监会向保险公司和保险资产公司印发了《保险行业密码应用实施方案》的通知（保监发〔2015〕74 号文），明确要求保险公司在 2015 年实现国产密码在电子保单中的广泛应用，在 2020 年实现国产密码在保险业务中的全面应用。其中，VPN 安全网关要求在 2018 年实现 50% 的国家商用密码改造，2020 年完成 100% 改造。

【问题描述】

针对保险行业的核心业务，如何保障数据的安全接入是首要的。针对重要业务系统的加密工作，需要有更加安全的密码技术保障，那么如何通过统一的方案进行多级分支组网，实现各分支网点和移动办公的数据安全接入？

【分析与对策】

当前业务应用与需要满足的要求如下：

1）业务应用：OA 系统，保单系统，出差人员需要通过互联网访问 OA 系统、邮件办公系统等。

2）没有技术支持的末梢网点需要安全、便捷地接入保单系统。

3）在非工作时间，运维人员需要临时性的远程运维。

【处理结果】

如图 5-10 所示，通过部署 IPSec 和 SSL 二合一的 VPN 安全网关，可实现保险公司多级分支之间的 VPN 安全组网，并能满足代理网点的安全接入、移动办公需求。VPN 接入方案具有下列特征：

1）安全：支持多因素身份认证、全面专业的终端基线接入检查、满足国密要求的 VPN 传输加密、可基于角色的分级授权管理，并实现全面的安全审计。

2）易用：PC 客户端 100%自动安装，支持主流桌面操作系统和 iOS、安卓等智能终端，支持 SDK 嵌入业务 App。

3）稳定：支持主备模式和集群负载均衡模式，支持操作系统备份，提升稳定性。

4）易管理：支持用户的分级管理，支持 VPN 设备集中管理系统，支持分支机构设备配置权限管控。

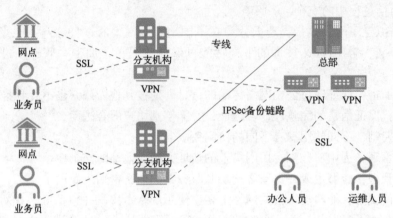

图 5-10　VPN 安全网关部署示意图

【总结提炼】

VPN 设备全面支持 SM1、SM2、SM3、SM4 等国家商用密码算法，用户可按需组建 SSL 和 IPSec 网络。基于 VPN 技术可满足各保险分支网点的安全组网和移动办公的安全接入需求，同时保证通信数据安全。此外，VPN 设备支持双机热备、集群部署，可保障业务网络高可用性。

【本章小结】

本章对网络安全等级保护安全通信网络要求条款进行了解读说明，并对网络架构安全建设、密码学基础等网络安全基础知识进行了介绍。安全通信网络针对网络架构和通信传输提出了安全控制要求，涉及的安全控制点包括网络架构、通信传输、可信验证。网络架构在进行规划设计时，应从网络冗余、网络性能、网络架构安全等方面进行考虑。通信传输时，应通过数据加密技术保护传输数据的保密性。通过本章学习，读者应在熟悉等级保护条款要求和网络安全基础知识的基础上，掌握网络架构和通信传输的安全实践方法及原理。

5.4　思考与练习

一、判断题

1.（　　）网络和信息都是资产，具有不可或缺的价值。

2.（　　）对称密钥体制的主要缺点是密钥的分配和管理问题。

3.（　　）网络的可靠性主要包括硬件可靠性、软件可靠性、人员可靠性和环境可靠性等。

4.（　　）DES 是非对称加密算法的典型代表。

5. (　　) VPN 的主要特点是通过加密, 使信息安全地通过 Internet 传递。

二、选择题

1. VPN 的中文含义是 (　　)。

A. 局域网　　　　　　B. 虚拟专用网　　　　C. 万维网　　　　　D. 入侵检测系统

2. 以下算法中属于非对称算法的是 (　　)。

A. DES　　　　　　　B. RSA　　　　　　　C. IDEA　　　　　　D. 3DES

3. DES 算法的密钥为 64 位, 由于其中一些位是用作校验的, 因此密钥的实际有效位是 (　　)。

A. 32 位　　　　　　B. 56 位　　　　　　C. 64 位　　　　　　D. 128 位

4. 网络安全属性不包括 (　　)。

A. 保密性　　　　　　B. 完整性　　　　　　C. 可用性　　　　　D. 透明性

5. 数字签名是 (　　) 和 (　　) 结合使用的实例。

A. 非对称加密和数字摘要　　　　　　　B. 对称加密和数字摘要

C. 非对称加密和数字凭证　　　　　　　D. 对称加密和数字凭证

三、简答题

1. 简要阐述网络结构设计时需注意什么。

2. 网络安全等级保护中的安全通信网络包括哪些安全控制点？

3. 简要概述网络安全域的划分方法。

4. 如何理解通信传输方面的安全要求？

5. 如何定义公钥密码体制？

第 6 章
安全区域边界

区域边界可保障等级保护对象关联的整个网络架构及网络安全设备的安全，安全区域边界是构建网络安全纵深防御体系的重要一环。本章介绍了《信息安全技术 网络安全等级保护基本要求》（GB/T 22239—2019）中安全区域边界第三级要求条款，对其进行解读，并对网络区域边界进行了概述，介绍了区域边界安全防护措施（包括边界安全防护、网络访问控制、网络入侵防范、网络恶意代码防范和网络安全审计等措施），并在此基础上介绍了如何对区域边界安全防护进行建设。

6.1 网络边界概述

上一章内容中提到，网络架构设计时，应该合理划分安全域，对各安全域实施"分域分级防护"，不同安全域间应设置有效的访问控制策略和机制，保证各安全域间的数据通信安全可控。本节对网络边界、网络边界的常见攻击方式及防范措施进行介绍。

6.1.1 网络边界

网络实现了不同系统的互联互通，不同安全级别间的网络相连接产生了网络边界，因此网络边界是指内部安全网络与外部非安全网络的分界线。在实际环境中，根据不同的安全需求对系统进行"分区分域"，形成不同的网络边界或不同的等级保护对象的边界，如图 6-1 所示。网络边界通常包括下列几类：

1）互联网接入边界：互联网接入区与核心交换区的互联边界。

2）第三方接入边界：外联网接入区与核心交换区的互联边界。

3）安全管理区边界：安全管理区与核心交换区的互联边界。

4）办公网边界：办公网区与核心交换区的互联边界。

5）无线接入边界：无线接入区与核心交换区的互联边界。

6）数据中心边界：数据中心区与核心交换区的互联边界。

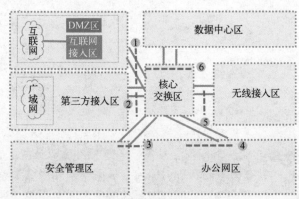

图 6-1　网络边界示意图

6.1.2　常见的网络边界攻击方式及防护

网络中的信息泄露、攻击、病毒等侵害行为首先要攻破网络边界，然后进入组织内部进行非授权操作、篡改数据、窃取数据等，或者通过技术手段降低网络性能，破坏网络可用性而导致网络瘫痪。常见的网络攻击类型和攻击方式见表 6-1。

表 6-1　网络边界安全威胁的攻击类型和攻击方式

序号	攻击类型	攻击描述	攻击方式
1	截获	攻击者（非授权人员）进入网络后获取信息，窃取他人通信内容	被动攻击
2	中断	攻击者（非授权人员）攻击网络系统，实施破坏行为，造成网络业务瘫痪，使其资源变得不可用或不能用	主动攻击
3	篡改	在进行正常业务往来时，信息被非法截获，故意篡改网络上传送的报文	
4	伪造	攻击者通过伪造源于可信任地址的信息，欺骗目标系统获得权限或操作目标系统	

被动攻击是指截获信息的攻击，主要是嗅探和收集信息而不进行访问；而主动攻击是指更改信息和拒绝用户访问资源。对网络的被动攻击和主动攻击示意图如图 6-2 所示。

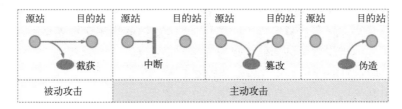

图 6-2　被动攻击和主动攻击示意图

针对网络边界的常见攻击方式和防护措施如下。

1. 拒绝服务攻击

拒绝服务（Denial of Service，DoS）攻击是一种让攻击目标瘫痪的攻击手段。攻击者利用协议中的某个弱点或者系统存在的漏洞，甚至合理的服务请求，对目标系统发起大规模进攻，使目标系统停止提供服务和资源。拒绝服务攻击的几种主要模式如下。

- 消耗资源，如磁盘空间、内存、进程和带宽等，从而阻止正常用户访问。
- 篡改设备配置信息，改变系统提供的服务方式。
- 破坏物理设施，使得被攻击对象拒绝服务。
- 利用处理程序错误，使得服务进入死循环。

拒绝服务攻击实现的方式比较多，常见的拒绝服务攻击有下列几类。

（1）SYN Flood

SYN 是 TCP 中的一个标记位，用于发起 TCP 会话的三次握手过程。三次握手是指客户端与服务器建立一个 TCP 连接共发送三个数据包。三次握手流程如下。

- 客户端向服务器发起连接请求，向服务器发出一个 SYN 被标记的数据包。
- 服务器收到客户端连接请求后，回应一个 ACK 和 SYN 都标记的数据包对连接请求进行确认。
- 客户端收到服务器的确认后，对服务器的回应再次确认，标志位 ACK 置位。确认完成后，TCP 连接被建立。

　　SYN Flood 攻击是指攻击客户端在短期内伪造大量虚假源 IP 地址，向服务器不断地发送虚假 SYN 包，服务器回复 ACK/SYN 确认包，并等待客户端的确认，由于源地址是伪造的，无法得到客户端确认，因此服务器需不断地重发直至连接超时。在服务器等待确认的过程中，伪造的 SYN 包会长时间占用连接，由于系统支持的连接数有限，因此正常的 SYN 请求会因连接数耗尽而被丢弃，无法被目标服务器接收，从而形成拒绝服务。

　　针对 SYN Flood 攻击的防护措施如下：
- 优化系统配置：减少超时等待时间，增加半连接队列长度，尽量关闭不需要的服务。
- 优化路由器配置：配置路由器的外网口，丢弃来自外网而源 IP 地址是内网地址的包。配置路由器的内网口，丢弃即将发到外网而源 IP 地址不是内网地址的包。
- 使用防火墙。
- 使用流量控制类设备。

（2）UDP Flood

　　UDP 为传输层协议，UDP Flood 是指攻击者针对使用 UDP 的应用，通过产生大量 UDP 数据报文占用网络带宽，使得目标网络堵塞，导致网络无法访问。

（3）TearDrop

　　TearDrop 的工作原理是向被攻击者发送多个分片的 IP 报文（IP 分片数据报文中包括该分片属于哪个数据包，以及在数据包中的位置等信息），某些操作系统收到含有重叠偏移的伪造分片数据报文时会出现系统崩溃、重启等现象。

　　TearDrop 的防御方法如下：
- 通过网络安全设备将接收到的分片报文放入缓存。
- 放入缓存后，根据报文的源 IP 地址和目标 IP 地址进行分组，将源 IP 地址和目标 IP 地址相同的报文划分在同一个组内。
- 对划分后的每组 IP 报文的相关分片信息进行检查，对于存在错误报文的分片信息进行丢弃。
- 为防止缓存溢出，当缓存快要存满时，直接丢弃后续分片报文。

（4）分布式拒绝服务攻击（Distributed Denial of Service，DDoS）

　　很多 DoS 攻击源一起攻击某台服务器就形成了 DDoS 攻击。攻击者预先控制大量的服务器，在服务器上安装攻击程序或者控制程序，并利用这些程序实现多个服务器对目标计算机的协同攻击，导致目标计算机系统耗尽网络资源、性能资源，造成网络堵塞而无法正常运行或提供服务。

　　DDoS 攻击分为以下 3 个步骤：
- 利用攻击技术侵入相关计算机。
- 在被侵入的计算机内植入木马程序，使其变为"傀儡机"。
- 利用"傀儡机"对目标服务器发送大量数据包，导致其无法响应访问请求。

　　目前防范 DDoS 和 DoS 攻击的措施有根据 IP 地址对特征数据包进行过滤、寻找数据流中的特征字符串、统计通信的数据量、IP 逆向追踪、监测不正常的高流量、使用更高级别的身份认证。

　　2. 欺骗攻击

　　欺骗攻击是一种攻击类型的统称，是指利用假冒、伪装后的身份与其他主机进行合法通信或发送假的报文，使得受到攻击的目标主机出现错误。常见的欺骗攻击方式有 ARP 欺骗、

DNS 欺骗、IP 欺骗、Web 欺骗和 E-mail 欺骗。

6.2 安全区域边界要求

在网络安全等级保护基本要求中，安全区域边界针对网络边界提出了安全控制要求，涉及的安全控制点包括边界防护、访问控制、入侵防范、恶意代码和垃圾邮件防范、安全审计、可信验证。

本节以网络安全等级保护第三级要求为例，对安全区域边界的要求条款进行解读。

6.2.1 边界防护

【条款】

1）应保证跨越边界的访问和数据流通过边界设备提供的受控接口进行通信。

2）应能够对非授权设备私自联到内部网络的行为进行检查或限制。

3）应能够对内部用户非授权联到外部网络的行为进行检查或限制。

4）应限制无线网络的使用，保证无线网络通过受控的边界设备接入内部网络。

【条款解读】

边界防护是构建网络安全纵深防御体系的重要一环，缺少边界安全防护就无法实现网络安全。为保障数据通过受控边界进行通信，条款 1）要求边界要有访问控制设备，并明确边界设备物理端口，跨越边界的访问和数据流仅能通过指定的设备端口进行数据通信。

👤: 课堂小知识

网络边界设备端口有物理意义上的端口和逻辑意义上的端口，物理意义上的端口一般指交换机、路由器等设备与其他网络设备连接的端口；逻辑意义上的端口是指 TCP/IP 中已经被相关组织定义好的业务端口。

非授权设备私自联到内部网络的"非法接入"行为可能破坏原有的边界防护策略，条款 2）要求通过技术手段和管理措施对"非法接入"行为进行检查、限制。可通过部署内网安全管理系统、终端准入控制系统等，关闭网络设备未使用的端口或进行 IP/MAC 地址绑定等措施，实现"非法接入"行为控制。

为防止内网用户非法建立通路连接到外部网络，条款 3）要求通过技术手段和管理措施对"非法外联"行为进行检查、限制。"非法外联"行为绕过边界安全设备的通用管理，使得内部网络面临的风险增大，可通过部署全网行为管理系统的非授权外联管控功能或者防止非法外联系统对"非法外联"行为进行控制，从而减少安全风险的引入。

无线网络信号的开放性使得网络安全隐患变大，条款 4）要求限制非授权的无线网络接入，无线网络可通过无线接入网关等受控的边界防护设备接入内部有线网络。可通过部署无线网络管控措施，对非授权无线网络进行检测、屏蔽。

6.2.2 访问控制

【条款】

1）应在网络边界或区域之间根据访问控制策略设置访问控制规则，默认情况下除允许通信外受控接口拒绝所有通信。

2）应删除多余或无效的访问控制规则，优化访问控制列表，并保证访问控制规则数量最小化。

3）应对源地址、目的地址、源端口、目的端口和协议等进行检查，以允许/拒绝数据包进出。

4）应能根据会话状态信息为进出数据流提供明确的允许/拒绝访问的能力。

5）应对进出网络的数据流实现基于应用协议和应用内容的访问控制。

【条款解读】

安全区域边界访问控制是指通过技术措施防止对网络资源进行未授权的访问，主要通过网络边界或网络区域间的访问控制措施实现，如路由器、防火墙、网闸等边界访问控制设备上的访问控制策略。

条款1）要求在网络边界或区域间部署访问控制设备或组件，根据访问控制策略设置有效的访问控制规则，访问控制规则采用白名单机制，仅允许被授权的对象访问网络资源。条款2）要求删除过多的、冗余的、逻辑关系混乱的访问控制规则，根据实际业务需求配置访问控制策略，保障访问控制规则数量最小化。

网络边界访问控制设备的策略规则基本匹配项有源地址、目的地址、源端口、目的端口和协议等，条款3）要求访问控制规则列明这些控制元素，实现端口级的访问控制功能。条款4）要求边界访问控制设备在端口级访问控制粒度的基础上，具有基于状态检测和会话机制的方式对数据流进行控制的能力。条款5）要求访问控制设备具有应用层的应用协议及应用内容的控制功能，如能对实时通信流量、视频流量、Web服务等进行识别与控制，保证跨边界访问的安全。

6.2.3 入侵防范

【条款】

1）应在关键网络节点处检测、防止或限制从外部发起的网络攻击行为。

2）应在关键网络节点处检测、防止或限制从内部发起的网络攻击行为。

3）应采取技术措施对网络行为进行分析，实现对网络攻击特别是新型网络攻击行为的分析。

4）当检测到攻击行为时，记录攻击源IP、攻击类型、攻击目标、攻击时间，在发生严重入侵事件时应提供报警。

【条款解读】

入侵防范是一种可识别潜在的威胁并迅速做出应对的网络安全防范办法。入侵防范技术作为一种积极主动的安全防护技术，能够提供对外部攻击、内部攻击和误操作的实时保护，在网络系统受到危害之前拦截和响应入侵。入侵防范被认为是防火墙之后的第二道安全闸门，在不影响网络和主机性能的情况下能对网络和主机的入侵行为进行监测。安全区域边界入侵防范主要指在关键网络节点处对从外部或内部发起的网络攻击进行入侵防范。

条款1）、2）要求对网络边界内部或外部发起的攻击行为进行有效检测、防止或限制，要求在网络边界、核心等关键网络节点处部署入侵检测系统（Intrusion Detection System，IDS）、入侵防御系统（Intrusion Prevention System，IPS）、包含入侵防范功能模块的防火墙等，并结合流量分析系统进行综合监控。条款3）要求对网络行为进行检测分析，并能够发现新型网络攻击行为，用户可通过部署高级持续性威胁（Advanced Persistent Threat，APT）攻击监测与防护系统、安全态势感知系统、网络全流量分析系统等，实现对新型网络攻击行为进行检测和分析。

👤：课堂小知识

新型攻击行为，如 APT，其本质是针对性攻击。APT 可绕过传统的基于代码的安全方案（如防火墙、IPS、防病毒软件）长时间地潜伏在系统中，使得传统的防御体系难以侦测。

条款4）要求在检测到攻击行为时能够准确地记录攻击信息，包括攻击源 IP、攻击类型、攻击目标和攻击时间等。通过记录详细的攻击信息，可以对攻击行为进行深度分析，及时做出响应，当发生严重入侵事件时，应能够及时向相关人员通过短信、邮件、手机 App 联动、声光控制等方式告警。

6.2.4　恶意代码和垃圾邮件防范

【条款】

1）应在关键网络节点处对恶意代码进行检测和清除，并维护恶意代码防护机制的升级和更新。

2）应在关键网络节点处对垃圾邮件进行检测和防护，并维护垃圾邮件防护机制的升级和更新。

【条款解读】

恶意代码是一种可执行程序，以普通病毒、木马、网络蠕虫、移动代码和复合型病毒等多种形态存在，具有非授权可执行性、隐蔽性、传染性、破坏性、潜伏性及变化快等多种特性，主要通过网页、邮件等网络载体进行传播。因此，在关键网络节点处（网络边界和核心业务网）部署防病毒网关、统一威胁管理（Unified Threat Management，UTM）或其他恶意代码防范产品，是最直接、最高效的恶意代码防范方法。

条款1）要求在网络关键节点部署的防恶意代码产品至少应具备的功能包括恶意代码分析检查能力、恶意代码清除或阻断能力以及发现恶意代码后的日志记录能力。由于恶意代码变化较快，因此恶意代码特征库应定期升级、更新。

垃圾邮件是指电子邮件使用者事先未提出要求或同意接收的电子邮件。为防止恶意代码通过垃圾邮件进入网络，条款2）要求在关键网络节点部署垃圾邮件网关或其他相关措施来对垃圾邮件进行识别和处理，并保证反垃圾规则库和病毒库定期更新到最新。

6.2.5　安全审计

【条款】

1）应在网络边界、重要网络节点进行安全审计，审计覆盖到每个用户，对重要的用户行为和重要安全事件进行审计。

2）审计记录应包括事件的日期和时间、用户、事件类型、事件是否成功及其他与审计相关的信息。

3）应对审计记录进行保护，定期备份，避免受到未预期的删除、修改或覆盖等。

4）应能对远程访问的用户行为、访问互联网的用户行为等单独进行行为审计和数据分析。

【条款解读】

网络区域边界安全审计重点关注的是网络边界、重要节点（安全设备、核心设备、汇聚层设备等）的网络用户行为和安全事件的审计。

条款1）要求在网络边界和重要网络节点进行安全审计，可部署综合安全审计系统、上网行为管理或其他技术措施，对所有跨网络边界访问的用户行为、各类安全事件进行收集、分析，以日志的形式进行审计。为保证事后分析事件的准确性，条款2）要求审计记录内容包括事件的日期和时间、用户、事件类型、事件是否成功及其他与审计相关的信息。条款3）要求对审计记录进行定期的备份、转存，防止未授权修改、删除和破坏，并限制非授权人员对审计记录的访问。远程访问和互联网访问增加了网络安全风险，对于这两类网络访问行为，条款4）要求强化审计并对这两类用户行为进行单独的审计和分析。

6.2.6 可信验证

【条款】

可基于可信根对边界设备的系统引导程序、系统程序、重要配置参数和边界防护应用程序等进行可信验证，并在应用程序的关键执行环节进行动态可信验证，在检测到其可信性受到破坏后进行报警，并将验证结果形成审计记录送至安全管理中心。

【条款解读】

主要针对边界防护设备可信启动，边界设备包括路由器、交换机、防火墙、网闸或其他边界防护设备。

6.3 区域边界安全防护措施

网络边界安全对于信息系统的整体网络安全而言非常重要，区域边界可采取的安全防护措施包括边界安全防护、网络访问控制、网络入侵防范、网络恶意代码防范、网络安全审计等。通过这些安全防护措施，可实现对网络边界流量的过滤，对内外部网络攻击、恶意代码攻击具有发现、分析及防御能力，并保留相关网络安全审计日志。

6.3.1 边界安全防护措施

区域边界主要存在3个层面的安全风险：非法接入、非法外联和无线接入。

1. 非法接入

通常会采用内外网物理隔离的方式来阻断非授权设备连接至内部网络。随着网络信息化的迅速发展，合法外网用户随意篡改网络访问权限、未授权终端私自接入内部网络、未授权无线设备接入网络等导致信息泄露的安全事件时有发生，因此必须加强边界防护措施以确保内部网络安全，主要的技术手段有IP/MAC地址绑定、关闭网络设备端口等。

（1）IP/MAC绑定

为了防止外部人员非法盗用IP地址，可以将内部网络的IP地址与MAC地址绑定，IP/MAC绑定可有效防止外部人员非法盗用IP地址来仿冒内部人员接入内部网络，从而阻止非授权设备接入内部网络。IP/MAC绑定能解决大部分IP地址盗用，但仍存在一定安全风险。当前常用的解决方法是在IP/MAC绑定的基础上将交换机端口也绑定进去，即IP、MAC、

PORT 三者绑定在一起。此方式从物理通道上隔离了盗用者，即便盗用者获取到了 IP 和对应的 MAC 地址，也无法接入到内部网络。

（2）关闭网络设备端口

网络设备端口在不使用时会被黑客扫描捕获并加以利用，从而接入内部网络对系统造成安全隐患，引发安全风险，故应根据业务需要关闭网络设备未使用的物理端口和逻辑端口，从而降低网络安全风险。

课堂小知识

内网包含单位网络内部的所有网络设备和主机，一般情况下，该网络区域是可信的，内网发出的连接较少进行过滤和审计；外网针对的是单位外部访问用户、服务器和终端，外网发起的访问必须进行严格的过滤和审计，不符合条件的不允许访问。

---

2. 非法外联

非法外联行为通常是人为因素造成的，如内网终端通过拨号上网、即插即用的互联网接入设备或通过无线接入的方式连接至外网。内网终端私自连接至外网，会导致病毒、木马等趁机进入内网的风险，威胁到内网安全和系统稳定运行。阻断内部用户私自连接到外网的方法主要有关闭未使用的端口和采用非法外联监控设备等，如通常采用关闭红外、USB 接口、蓝牙等可以外接或外联的功能，或通过在内网服务器端和客户端安装接口监控软件来实现对终端计算机非法外联的监控、报警和处置。

3. 无线接入

无线接入设备是指通过无线接入技术将移动终端接入有线网络的设备，其中，无线接入技术是指通过无线介质将用户终端与网络节点连接起来，以实现用户与网络间的信息传递。常见的无线接入技术有无线局域网、4G/5G、蓝牙技术等。无线接入面临的安全威胁有伪基站/非法的 AP、未授权使用服务、地址欺骗和会话拦截、流量分析与流量侦听、高级入侵等，通常采用用户密码验证、扩展频谱技术、数据加密、端口访问控制等技术来提高无线网络的安全性。

6.3.2　网络访问控制安全措施

防火墙是常见的部署在区域边界的网络安全设备。通过在防火墙、路由器或交换机等网络设备上进行访问控制，能够实现对网络流量的过滤和控制。本小节对访问控制、防火墙及访问控制列表进行介绍。

1. 访问控制

访问控制是对资源的访问进行限制，明确哪些用户可以对资源进行访问、如何进行访问（读、写、执行、删除、追加等），是保证资源完整性和网络安全的主要措施。

（1）访问控制机制基本概念

访问控制包括 3 个基本要素，即主体、客体和访问控制策略。主体通常指用户、用户组、进程和应用程序等用来发出访问指令与存储请求的主动方；客体指主体的访问对象，包括系统、文件、数据及被调用的程序和进程等各种资源；访问控制策略是指主体对客体的访问规则集，是一种授权行为，明确了主体对客体的访问权限，保证所有的访问在合法范围内。主体、客体、访问控制策略间的关系如图 6-3 所示。

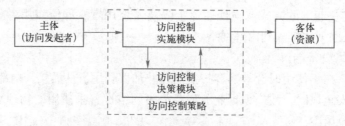

图 6-3　访问控制要素间的关系

访问权限是指主体对客体执行的操作，常见的权限有：读（R），允许主体对客体进行读访问操作；写（W），允许主体对客体进行修改，包括扩展、收缩和删除；执行（X），允许主体将客体作为一种可允许的文件而运行。

（2）访问控制机制概念模型

访问控制矩阵是实现访问控制机制的概念模型，通过二维矩阵规定了任意主体和任意客体间的访问权限，访问控制矩阵的形式见表 6-2。

表 6-2　访问控制矩阵形式

用　户	文　件　1	文　件　2	文　件　3
A	RW	X	W
B	W	—	R
C	R	—	R

注：R 代表可读；W 代表可写；X 代表可执行；—代表没有权限。

访问控制矩阵按列分解形成了访问控制列表（Access Control List，ACL），按行分解形成了权能表，如图 6-4 所示。

（3）访问控制的分类

访问控制主要有 3 类：自主访问控制、强制访问控制和基于角色的访问控制。

1）自主访问控制。自主访问控制（Discretionary Access Control，DAC）是常见的访问控制机制，由资源所有者（通常为资源创建者）来规定谁有权访问他们的资源。"自主"指拥有访问权限的主体，可以直接（或间接）地将访问权限赋予其他主体（除非受到强制访问控制的限制）。

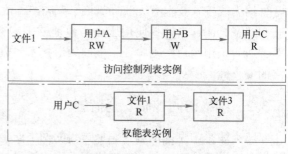

图 6-4　访问控制矩阵

2）强制访问控制。强制访问控制（Mandatory Access Control，MAC）是一种不允许主体干涉的访问控制类型，它是基于安全标识和信息分级等信息敏感性的访问控制。"强制"体现在每个进程、文件、IPC 客体都被 admin 或 OS 赋予了不可改变的安全属性，系统用该安全属性来决定一个用户是否可以访问某个文件。安全属性是强制性的规定，它由安全管理员或操作系统根据限定的规则来确定，用户或用户的程序不能加以修改，系统通过比较客体和主体的安全属性来决定主体是否可以访问客体。

强制访问控制和自主访问控制是两种不同类型的访问控制机制。自主访问控制较弱，而强制访问控制又太强，会给用户带来许多不便。因此，在实际应用中，往往将自主访问控制和强制访问控制结合在一起使用。其中，用户使用自主访问控制限制其他用户非法入侵自己的文件，强制访问控制则作为更有力的安全保护方式，使得用户无法通过意外事件或有意识的误操作进行越权操作。自主访问控制可作为基础的、常用的控制手段；强制访问控制可作为增强的、更加严格的控制手段，主要用于将系统中的信息分密级和类进行管理，适用于政府部门、军事和金融等领域。

3）基于角色的访问控制。基于角色的访问控制（Role-based Access Control，RBAC）通过分配和取消角色来完成用户权限的授予与取消。安全管理员根据业务需求定义各类角色，并制定访问权限，用户再根据职责进行角色指派。

2. 防火墙

防火墙是部署在不同网络或不同安全域之间的网络安全防护设备，常用于网络或安全域之间的安全访问控制，以保证网络内部数据流的合法性，防止外部网络用户以非法手段进入内部网络，从而访问内部网络资源。防火墙对流经它的数据流进行安全访问控制，只有符合防火墙策略的数据才允许通过，不符合策略的数据将被拒绝。防火墙可对常见的网络攻击（如拒绝服务攻击、端口扫描、IP 欺骗等）进行有效保护，并提供 NAT 地址转换、流量限制、IP/MAC 绑定、用户认证等安全增强措施。

根据防火墙所采用的技术，防火墙可以分为包过滤、代理型和状态检测型防火墙，如图 6-5 所示。其中，包过滤防火墙主要针对 OSI 模型中的网络层和传输层的信息进行分析，对通过防火墙的数据包进行检查，只有满足条件的数据包才能通过，检查内容一般包括源地址、目的地址和协议；代理型防火墙对应用层的数据进行检查，用户经过建立会话状态并通过认证及授权后，才能访问到受保护的网络；状态检测型防火墙检测每一个 TCP、UDP 之类的会话连接，基于状态的会话包含特定会话的源地址、目的地址、端口号、TCP 序列号信息以及与此会话相关的其他标识信息。

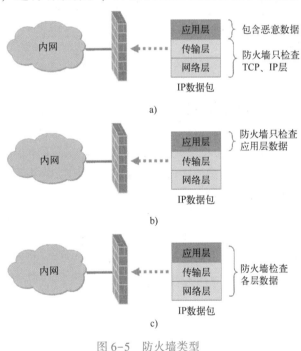

图 6-5　防火墙类型
a）包过滤防火墙　b）代理型防火墙　c）状态检测型防火墙

课堂小知识

OSI（Open System Interconnection，开放系统互联）是一个开放性的系统互联模型，OSI 模型有 7 层，从上到下分别是：7——应用层，6——表示层，5——会话层，4——传输层，3——网络层，2——数据链路层，1——物理层。上 4 层（第 4~7 层）定义了应用程序的功能，下 3 层（第 1~3 层）主要面向网络中段到段的数据流。

按照防火墙体系结构，防火墙可以分为筛选路由器、双宿主机、屏蔽主机、屏蔽子网以及其他类型。经典的防火墙体系结构见表 6-3。

表 6-3　经典的防火墙体系结构

体系结构类型	特　点
筛选路由器	通过对进出数据包的 IP 地址、端口、传输层协议及报文类型等参数进行分析，决定数据包过滤原则
双宿主机	以一台双重宿主主机作为防火墙系统的主体，分离内外网
屏蔽主机	由一台独立的路由器和内网堡垒主机构成防火墙系统，通过包过滤方式实现内外网隔离和内网保护
屏蔽子网	由 DMZ 网络、外部路由器、内部路由器以及堡垒主机构成防火墙系统，外部路由器保护 DMZ 和内网，内部路由器隔离 DMZ 和内网

3. 访问控制列表（ACL）

ACL 是常用的访问控制实现技术，其中，网络 ACL 是路由器和交换机接口的指令列表，用来控制端口进出的数据包。网络 ACL 的默认执行顺序是自上而下的，在配置时需遵循最小特权原则、最靠近受控对象原则及默认丢弃原则。网络 ACL 主要的功能有下列几种：

1）限制网络流量以提高网络性能，例如，某公司规定不允许在网络中传输视频流量，可以通过配置和应用 ACL 以阻止视频流量，降低网络负载并提高网络性能。

2）提供流量控制，ACL 可以限制路由更新的传输，如果网络状况不需要更新，则可从中节约带宽。

3）提供基本的网络访问安全性，如 ACL 可以允许一台主机访问部分网络，同时阻止其他主机访问同一区域。

4）决定在路由器接口上转发或阻止哪些类型的流量。如允许电子邮件流量、阻止所有 Telnet 流量。

5）屏蔽主机以允许或拒绝对网络服务的访问。如允许或拒绝用户访问特定文件类型。

ACL 的类型通常可以分为标准 ACL 和扩展 ACL 两大类。

（1）标准 ACL

标准 ACL 基于源 IP 地址过滤数据包（只检查从哪里来），数据包中包含的目的地址和端口无关紧要。标准 ACL 只能限制源 IP 地址，应用于离目标 IP 最近的路由器端口的出方向。以思科路由器的配置为例，标准 ACL 的列表号是 1~99，其配置命令为：

```
Router>enable
Router # config terminal     //准备进入全局配置模式
Router（config）#access-list access-list_num ｛permit｜deny｝ source_ip source_wildcard_mask
//access-list_num 的取值为 1~99；permit 表示允许，deny 表示拒绝，source_wildcard_mask 表示反掩码
```

启动标准 ACL，进入需要应用的接口时，使用 access-group 命令即可。

```
Router>enable
Router # config terminal          //准备进入全局配置模式
Router（config）#interface port_num   //进入要配置标准 ACL 的接口
Router（config-if）# ip access-group access-list_num in｜out
//在指定接口上启动标准 ACL,标明方向是 in 还是 out,in 和 out 是针对该端口上流量的方向而言的
```

例如拒绝 192.168.1.0/24 的访问，可进行下列配置：

```
Router（config）#access-list 1 deny 192.168.1.0 0.0.0.255
Router（config）#access-list 1 permit any
Router（config）#int f0/1
Router（config-if）#ip access-group 1 out
```

在配置 ACL 时需注意，ACL 匹配规则的最后一条隐含拒绝全部。如果语句中有 deny，

那么一定要有 permit 语句存在，否则所有数据通信都将被拒绝。

（2）扩展 ACL

扩展 ACL 根据多种属性（如协议类型、源 IP 地址、目的 IP 地址、源 TCP 或 UDP 端口、目的 TCP 或 UDP 端口）过滤 IP 数据包，并可依据协议类型信息（可选）进行更为精确的控制。

以思科路由器的配置为例，扩展 ACL 的列表号为 100~199，通用扩展访问控制列表配置命令为：

```
Router>enable
Router # config terminal//准备进入全局配置模式
Router（config）#access-list access-list_num {permit|deny} protocol source_ip source_wildcard_mask desti-
nation_ip destination_wildcard_mask
//access-list_num 的取值为 100~199,permit 表示允许,deny 表示拒绝
//协议包括 IP、ICMP、TCP、GRE、UDP、IGRP、EIGRP、IGMP、NOS、OSPF
//source_ip source_wildcard_mask 表示源地址及其反掩码
//destination_ip destination_wildcard_mask 表示目的地址及其反掩码
```

针对 TCP 和 UDP 的扩展 ACL 配置命令为：

```
Router（config）#access-list access-list_num {permit|deny} protocol source_ip source_wildcard_mask [op-
erator source_port] destination_ip destination_wildcard_mask [operator destination_port][established]

//[operator source_port]和[operator destination_port]是操作符+端口号方式,操作符可以是 lt(小于)、gt
(大于)、ne(不等于)、eq(等于)、range(端口号范围),关键词 established 仅用于 TCP 连接,此关键词可
以允许(拒绝)任何 TCP 数据段报头中 RST 或 ACK 位设置为 1 的 TCP 流量
```

启动扩展 ACL 的方式和启动标准 ACL 的方式一致，思科路由器上基于扩展 ACL 的实例如下：

```
Router(config)#access-list 100 deny tcp 192.168.0.0 0.0.0.255 host 192.168.2.100 eq 80
Router(config)#access-list 100 permit ip any any
Router(config)#interface f0/0
Router(config-if)#ip access-group 100 in
```

6.3.3 网络入侵防范安全措施

网络边界、核心等关键网络节点通常会部署入侵检测系统（Intrusion Detection System，IDS）、入侵防御系统（Intrusion Prevention System，IPS）或具有入侵防御模块的防火墙。入侵防御系统通过对网络流量进行监测与分析，能够识别网络攻击并在信息系统受到危害之前拦截和响应入侵。

1. 流量监测与分析基础

网络流量监测是网络管理中的一个关键环节，主要对网络数据进行连续的采集，在获得网络流量数据后对其进行统计、分析，得到网络及其主要成分的性能指标，并定期形成性能报表。网络管理员根据性能报表对网络及其主要成分的性能进行有效分析，了解性能的变化趋势，并分析制约网络性能的瓶颈问题。

（1）网络流量监测

网络流量监测中采集流量的方法有下列几种：

1）基于流量镜像协议分析。流量镜像协议分析是将网络设备的某个端口（链路）流量镜像给协议分析仪，通过 7 层协议解码对网络流量进行监测。镜像协议分析是网络流量监测

的基本手段，通常只针对单条链路，不适合全网监测，常用于网络故障分析。

2）基于 SNMP 的流量监测。基于 SNMP 收集的网络流量信息包括输入字节数、输入非广播包数、输入广播包数、输入包丢弃数、输入包错误数、输入未知协议包数、输出字节数、输出队长等，主要利用测试仪表提取网络设备 Agent 提供的 MIB（管理信息库）中收集的一些具体设备及与流量信息有关的变量。

3）基于 NetFlow 的流量监测。NetFlow 流量信息采集是基于网络设备提供的 NetFlow 机制实现的网络流量信息采集。基于 NetFlow 的流量监测技术主要针对全网流量进行采集，但无法分析网络物理层和数据链路层信息。

4）基于硬件探针的流量监测。将硬件探针串联在需要捕捉流量的链路中，通过分流链路上的数字信号而获取流量信息。基于硬件探针的监测方式能够提供丰富的从物理层到应用层的详细信息。基于硬件探针的监测方式受限于探针的接口速率，一般只针对 1000 Mbit/s以下的速率，且主要是针对单条链路的流量分析。

📖：课堂小知识

简单网络管理协议（Simple Network Management Protocol，SNMP）是在应用层上进行网络设备间通信的管理协议，可以进行网络状态监视、网络参数设定、网络流量统计与分析，并可发现网络设备故障等。SNMP 系统由 SNMP 协议、管理信息库（MIB）和管理信息结构（SMI）组成。

目前网络流量监测的主要技术手段有 NetFlow、SNMP 和 sFlow。各类技术的主要功能如下：

1）NetFlow 用于对经过交换机的 IP 数据流进行详细的测量和统计，通过在交换机内部对流经设备的所有包进行捕捉并依据流进行聚类，NetFlow 可将捕获到的网络流量信息发给流量服务器进行分析、统计。

2）SNMP 被普遍用于收集网络上被监管设备的信息，也可以监控网络设备的 CPU 负载和内存利用率、端口的带宽利用情况等。通过 SNMP 得到设备的流量信息，可直观地为用户显示流量负载。

3）sFlow 使用基于时间或者数据包采样的流量分析技术，不仅可以提供完整的第 2~4层甚至全网范围内的实时流量信息，而且可以适应超大网络流量（如大于 10 Gbit/s）环境下的流量分析，便于用户详细、实时地分析网络传输流的性能、趋势和存在的问题。

（2）网络流量分析

网络流量分析主要从带宽、网络协议、基于网段的业务、网络异常流量和应用服务异常5 个方面进行分析。

1）对于一个复杂的网络系统，为了保障重要应用的带宽需求，可通过基于带宽的网络流量分析来保障带宽满足业务需求。

2）对网络流量进行协议划分，针对不同的协议进行流量监控和分析，如果某一个协议在一个时间段内出现超常暴涨，那么就有可能是攻击流量或蠕虫病毒出现。

3）基于网段的业务流量分析，利用流量分析系统对不同的 VLAN 网络流量进行监控，大多数组织都把不同的业务系统通过 VLAN 来进行逻辑隔离，所以可以通过流量分析系统针对不同的 VLAN 对不同的业务系统流量进行监控，便于及时发现异常访问。

4）网络异常流量分析，引发异常流量的主要原因有病毒发作、黑客攻击、网络内部病毒、P2P 软件以及网络攻击。通过对网络异常流量监测分析，进行告警，便于网络安全管理员及时发现安全事件、分析安全事件的原因及发生位置。

目前主流的网络流量监测分析产品有网络流量分析（Network Traffic Analysis，NTA）和网络检测响应（Network Detection and Response，NDR）。NTA/NDR 类产品主要应用于网络流量的行为分析，强调对于异常流量行为的实时监测，以便更快发现威胁及溯源，如高频攻击、恶意软件入侵、内网横移、数据外泄和僵尸网络等产生的恶意流量。

2. 入侵检测技术基础原理

入侵检测技术是一种动态的网络检测技术，主要用于识别对服务器和网络资源的恶意使用行为，包括来自外部用户的入侵行为和来自内部用户的未经授权的活动，一旦发现网络入侵现象，则做出适当的反应。

入侵检测系统（IDS）是指任何使用了入侵检测技术手段来保护系统资源的硬件与软件，不仅能够检测、识别和隔离入侵企图，以及监视网上的访问活动，而且还能在发生攻击行为时进行告警。IDS 的主要功能包括检测并识别黑客常用的入侵与攻击手段、监控网络异常通信、鉴别对系统漏洞及后门的利用以及完善网络安全管理。

入侵检测的工作流程如图 6-6 所示。

入侵检测有异常入侵检测和误用入侵检测两种。

1）异常入侵检测是将系统在一段时间内的正常行为作为参照，

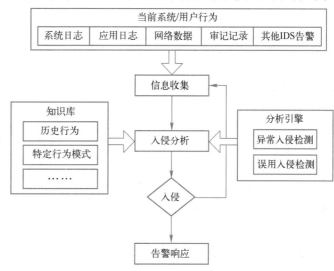

图 6-6　入侵检测的工作流程

当发现系统行为与参照不一致时就认为该行为是一次入侵。异常入侵检测在一定程度上能预测入侵行为，但是容易产生误报。

2）误用入侵检测可收集曾经的入侵行为，并将其作为参照，该方法类似于杀毒软件的病毒特征库，当发现系统行为符合参照标准时，将其认定为入侵。尽管此方法误报率不高，但是无法预测新的入侵行为。

根据原始数据来源的不同，IDS 可以分为基于主机的入侵检测系统（Host-based Intrusion Detection System，HIDS）和基于网络的入侵检测系统（Network Intrusion Detection System，NIDS），部署架构如图 6-7、图 6-8 所示。

基于网络的入侵检测系统（NIDS）将原始的网络包作为数据源，检测网络中是否存在入侵行为。NIDS 通常利用一个运行在混杂模式下的网络适配器来实时检测并分析通过网络的所有业务。基于主机的入侵检测系统（HIDS）收集的系统信息来自于系统运行所在的主机，检测保护的也是这台主机，大多数 HIDS 通过监听端口活动来发现特定端口的异常访问，并进行告警。HIDS 可以检测到 NIDS 察觉不到的攻击，如来自服务器键盘的攻击。

IDS 的工作方式有离线检测和在线检测。在线检测是指在异常行为或者攻击行为发生之

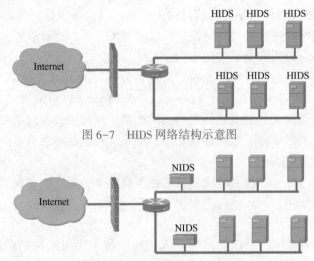

图 6-7 HIDS 网络结构示意图

图 6-8 NIDS 网络结构示意图

时，对系统中的证据实时采集，并进行分析、响应；离线检测是指在异常行为或者攻击行为发生之后，对遗留在系统中的痕迹进行采集，并进行分析、响应。

3. 入侵防御技术基础原理

IDS 只能被动地检测攻击，而无法将变化莫测的威胁阻止在网络之外。入侵防御系统（Intrusion Prevention System 或 Intrusion Detection Prevention，IPS 或 IDP）是一种智能化的入侵检测和防御产品，它不但能检测入侵的发生，而且能通过一定的响应方式实时地阻断入侵行为的发生和发展，实时保护网络和信息系统免遭攻击。IPS 在某个层面上可以被看作是增加了主动拦截功能的 IDS，以在线方式接入网络时就是一台 IPS 设备，而以旁路方式接入网络时就是一台 IDS 设备。当然，实际上，IPS 绝不仅仅是增加了主动拦截的功能，而是在性能和数据包的分析能力方面比 IDS 有了质的提升。

按照保护对象的不同，IPS 分为基于主机和基于网络两种类型。基于主机的 IPS 是在被保护的计算机上直接安装代理，与操作系统和内核服务进程相连，监视与截取系统的内核或API 调用，以便达到记录和阻止攻击的作用。它可以监视特定的应用环境，如网页服务器的文件位置、注册表条目、端口信息等，还可以阻断那些基于主机的攻击，从而有效地保护终端。基于网络的 IPS 综合了标准 IDS 的功能，被设置在保护的网络中，基于网络的 IPS 设备可以阻止通过该设备的恶意信息流。

6.3.4 网络恶意代码防范安全措施

恶意代码（Malicious Code）是指故意编制或设置对网络、系统产生威胁或造成潜在威胁的计算机代码，也可以被认为是无有效作用但会干扰或破坏网络、系统功能的程序、代码或一组指令。恶意代码的表现形式有病毒、蠕虫、后门程序、木马、流氓软件、逻辑炸弹等，主要通过抢占系统资源、破坏数据信息等方式破坏系统的正常运行，是当前网络安全面临的主要威胁之一。以病毒为例，1994 年，我国发布的《中华人民共和国计算机信息系统安全保护条例》第二十八条给出的病毒定义是"计算机病毒，是指编制或在计算机程序中插入的破坏计算机功能或者毁坏数据，影响计算机使用，并能自我复制的一组计算机指令或程序代码"。

恶意代码攻击过程如图 6-9 所示。

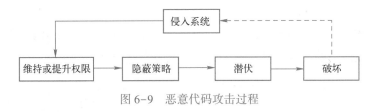

图 6-9　恶意代码攻击过程

恶意代码安全防护可关注下列几方面内容。

1. 恶意代码检测

恶意代码检测是恶意代码防护的重要技术，通过对软件的特征、行为等进行检测以发现恶意代码。恶意代码检测技术有特征码扫描、行为检测和沙箱技术。

（1）特征码扫描

特征码扫描是恶意代码检测中使用的一种基本技术，应用于各类恶意代码清除软件中，每种恶意代码中都包含某个特定的代码段，即特征码。在进行恶意代码扫描时，扫描引擎会将系统中的文件与特征码进行匹配，当发现系统中的文件存在与某种恶意代码相同的特征码时，将其认定为恶意代码。

特征码扫描技术是一种准确性高、易于管理的恶意代码检测技术，但也存在一些不足：随着恶意代码数量的增加，特征库需不断扩充、升级，使得扫描效率越来越低；适用于检测已知恶意代码，却无法发现新的恶意代码，存在滞后性。此外，当恶意代码采用了加密、混淆、多态变形等防护技术时，特征码扫描技术也无法对其进行有效检测。

（2）行为检测

行为检测技术根据程序的操作行为分析、判断其恶意性，可用于发现未知病毒。由于行为检测技术对用户行为难以全部掌握和分析，因而容易产生较大的误报率。

（3）沙箱技术

沙箱技术是指根据系统中每一个可执行程序的访问资源，以及系统赋予的权限建立应用程序的"沙箱"，限制恶意代码的运行。

沙箱技术能够解决变形恶意代码检测问题。经过加密、混淆或多态变形的恶意代码放入虚拟机后，将自动解码并开始执行恶意操作，由于运行在可控的环境中，通过特征码扫描等方法，可以检测出恶意代码的存在。

2. 恶意代码分析

恶意代码分析是指利用多种分析工具掌握恶意代码样本程序的行为特征，了解其运行方式及安全危害，是准确检测和清除恶意代码的关键环节。主要的恶意代码分析方法有静态分析和动态分析两种，具体情况见表 6-4。

表 6-4　恶意代码分析方法

恶意代码分析方法	描　　　述	优　　点	缺　　点
静态分析法	通过对恶意代码二进制文件进行分析（如对反汇编、源代码、二进制统计等进行分析），获得其基本结构和特征，查找二进制程序中嵌入的可疑字符串并进行分析判断	简单、实现快捷，时间复杂度低	无法实现动态代码加载，无法识别 0day 攻击
动态分析法	在虚拟运行环境中，使用测试及监控软件检测恶意代码的行为，分析其执行流程及处理数据的状态，从而判断恶意代码的性质及其行为特征	可以检测 0day 攻击，可以检测未知恶意软件	时间复杂度高，难以检测多路径恶意软件

3. 恶意代码防范与清除

恶意代码的清除是根据恶意代码的感染过程和感染方式将恶意代码从系统中剔除，是将被感染的系统或被感染的文件恢复正常的过程。恶意代码防范措施和清除步骤见表6-5。

表6-5　恶意代码防范措施与清除步骤

恶意代码防范措施	恶意代码清除步骤
1）使用杀毒软件查杀 2）分析启动项、进程、配置、日志等，找到异常 3）分析系统异常点（异常CPU使用率、网络利用率等），从而发现异常	1）停止恶意代码的行为（包括停止进程、停止服务、卸载DLL等） 2）删除恶意代码的所有新建文件（包括EXE、DLL、驱动等），清除被感染文件病毒 3）清理启动选项

6.3.5　网络安全审计措施

网络安全审计主要针对网络行为、流量和网络安全事件进行审计，可通过网络安全审计工具实现。网络安全审计主要有以下作用：

1）对安全事件进行检测、记录及分析，对系统的攻击进行及时预警处理。

2）记录网络和信息系统运行状况，当系统发生故障时，进行系统事件重建和故障分析。

3）调查取证，为安全事故后的取证与分析过程服务，确保相关用户可以对其行为负责。

6.4　安全区域边界建设

根据网络安全等级保护基本要求，网络边界安全建设主要是针对网络边界安全防护的设计。边界安全防护设计需考虑下列几方面要素：

1）明确区域间的安全边界。

2）强化边界安全防护策略。

3）明确边界安全防护设备。

4）恰当配置边界防护设备策略。

本节以图6-10所示的拓扑结构为例，介绍在网络安全建设时网络安全边界如何进行安全防护实践。

6.4.1　确定网络安全边界

在网络安全建设时，为保障网络结构安全，首先需清晰定义网络安全边界，并进行安全防护策略设置。如图6-10所示，网络划分了对外服务区、安全管理区、业务服务区、数据库区、办公区及外部网络区。各区域间形成了逻辑的网络边界，区域边界可确定为互联网出口边界、安全管理区边界、业务服务区边界、数据库区边界和办公区边界。

6.4.2　边界安全防护策略设计

为保障各区域间的网络边界安全，需制定有效的边界安全防护策略，详细策略见表6-6。

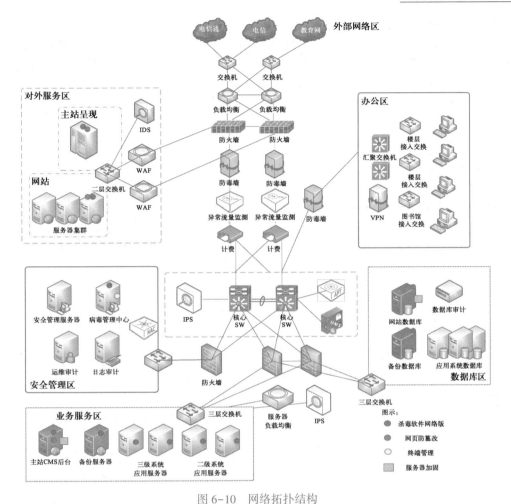

图 6-10 网络拓扑结构

表 6-6 网络边界安全防护策略

安 全 类	安 全 策 略	涉及安全产品类型
边界防护	• 物理设备端口级访问控制 • 控制非法联入内网（可使用安全设备或技术措施，如 MAC 绑定） • 控制非法联入外网 • 无线网络通过受控的边界设备接入内部网络	• 防火墙 • 安全网关 • 非法接入检查系统 • 内网安全管理系统 • 无线安全产品
访问控制	边界防护设备访问控制策略	• 路由器（核心交换机）ACL • 防火墙
入侵防范	• 网络边界进出口流量安全检测 • 网络边界攻击行为检测（监测） • 新型攻击行为安全检测、分析 • 网络攻击行为综合分析	• 异常流量管理与抗拒绝服务系统 • 入侵防御系统 • 入侵检测系统 • 高级持续性威胁检测系统
恶意代码防范	网络恶意代码检测、分析、清除	防毒墙
网络审计	对网络进行综合审计，并对审计记录进行保护	网络综合审计系统

6.4.3 边界安全防护设备部署

网络安全建设时，基于网络边界安全防护策略，需在网络中部署边界安全防护设备，如图 6-10 所示，边界安全防护设备部署情况如下。

1. 边界防护

在安全管理中心区域部署非法接入检查系统，对破坏网络边界的行为进行检测、定位、阻断、控制，并进行告警提示。常见的破坏边界的行为有网络中私自扩展网络、私自接入无线 AP 与随身 Wi-Fi 设备、网络中以 NAT 方式私自接入路由设备等。

在办公区所有终端上安装内网安全管理系统客户端，可实现终端安全加固、网络接入控制、非法外联、资产管理和终端审计监控等。

在办公区与互联网出口边界处部署上网行为管理系统，可对网络中的非法网站访问行为进行识别和控制。

2. 访问控制

在网络安全建设时，需对各区域的边界进行访问控制限制。如图 6-10 所示，对于互联网边界、重要业务区域，需采取部署防火墙的方式实现基于业务系统重要性来制定特定的访问规则，同时对网络异常流量、ARP 攻击、IP 异常流量等进行监控报警，并实现高级别的访问控制。各区域间的访问控制策略见表 6-7。

表 6-7　各区域间的访问控制策略

区 域 边 界	访问控制策略
对外服务区边界	采用双机的方式部署万兆防火墙，实现内部网络与互联网之间的访问控制，并根据会话状态信息在防火墙上配置有效的访问控制策略
安全管理区边界	通过防火墙实现安全隔离，严格控制其他各区域对安全管理区的访问
业务服务区边界	部署防火墙及入侵防御系统（IPS），对业务服务区进行严格的访问控制以及对来自内部网络的恶意行为、攻击手段进行防护
数据库区边界	数据库区与互联网之间通过防火墙、IPS（入侵防御系统）实现安全隔离；与业务服务区、安全管理区、办公区、对外服务区通过合理的访问控制策略及交换机的访问控制列表来加以隔离
办公区边界	通过边界的防火墙、防毒墙、流量监控等实现了办公区的主体安全防护，办公区作为使用权限最低的区域，与数据库区、安全管理区、业务服务区进行严格的访问控制，以防低安全等级区域向高安全等级区域跨权限访问，造成安全事件，并通过在核心交换机上进行严格的访问控制列表的设置，隔离办公区与其他各区域的访问

3. 入侵防范

在互联网出口边界处部署异常流量监测系统，对网络流量进行监测和过滤，去掉异常流量，保持正常的流量，可有效阻止流量型攻击，如 DDoS 攻击，同时可提升应用服务质量、带宽使用质量和优化网络应用等。

在互联网出口边界处部署 APT 防御系统，可对恶意代码等未知威胁进行安全检测；在核心交换机旁路部署入侵检测设备（IDS），可实时监测全网网络流量，及时发现内外部网络入侵行为并进行告警。

在业务服务区与数据库区边界出口处部署 IPS，可实现对定级系统的实时入侵防护。此外，要定期更新入侵攻击特征库，从而检测网络攻击行为，包括病毒、蠕虫、木马、间谍软件、可疑代码、探测与扫描等各种网络威胁。

4. 恶意代码防范

如图 6-10 所示，为实现网络恶意代码防范，需在互联网边界防火墙设备之后部署防毒墙，对夹杂在网络交换数据中的各类网络病毒进行过滤。其中，防毒墙需适应复杂的网络拓扑环境，具备对 HTTP、FTP、SMTP、POP3、IMAP 以及 MSN 等协议进行内容检查、清除病毒的能力。其中，支持的查杀病毒应包括文件型病毒、宏病毒、蠕虫病毒、特洛伊木马、后门程序、恶意脚本、恶作剧程序、键盘记录器、黑客工具、流氓软件及其他病毒（如远程攻击、网络钓鱼、P2P 方式传播木马、IM 病毒）等。此外，防毒墙病毒库定期更新策略可通过手动升级或自动升级。

5. 网络审计

在网络中旁路部署网络审计系统，可监视并记录网络中的各类操作，侦查系统中存在的现有和潜在威胁，分析网络中发生的安全事件，包含各种外部事件和内部事件。

6.4.4　边界安全防护设备配置实践

在网络安全建设中部署安全设备后，必须对安全设备进行有效的策略配置，才能保证边界安全防护措施落实到位。本小节以常见的安全防护设备（包括防火墙、IPS、IDS）为例，介绍边界安全防护设备的主要策略配置。

1. 防火墙

防火墙是网络安全的基础屏障。在网络安全等级保护安全区域边界建设中，防火墙是实现边界访问控制最有效的方式之一。基于网络安全等级保护要求，在建设实践时，为实现有效的访问控制，应对防火墙配置下列策略。

1）登录防火墙，在"网络"-"接口"-"物理接口"界面中配置与网络拓扑图一致的接口及相应的 IP 地址信息。物理接口配置示意图如图 6-11 所示。

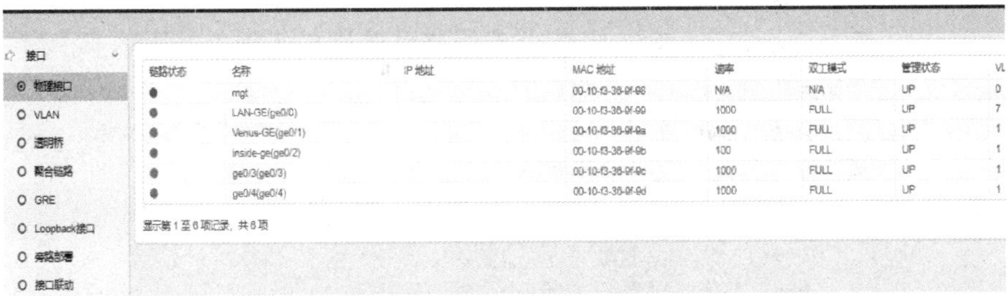

图 6-11　物理接口配置示意图

2）登录防火墙，在"策略"-"防火墙"-"策略"界面可按需配置指定的访问控制策略，对进出数据包的源地址、目的地址等进行细粒度配置，实现允许/拒绝数据包进出的操作，默认拒绝所有通信。防火墙访问控制策略配置示意图如图 6-12 所示。

图 6-12　防火墙访问控制策略配置示意图

3）在"策略"-"会话控制"-"策略"界面配置基于会话的控制策略，实现基于会话状态允许或拒绝数据进出，示意图如图6-13所示。

图6-13 防火墙基于会话状态访问控制策略配置示意图

4）在"策略"-"应用控制"-"应用控制策略"界面配置基于应用协议和应用内容的访问控制，示意图如图6-14所示。

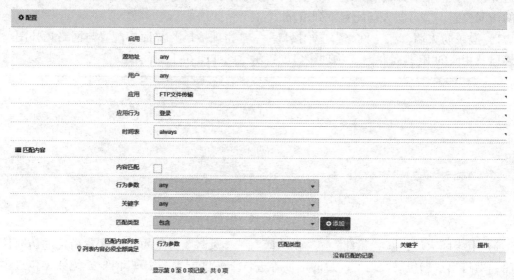

图6-14 防火墙基于应用协议和应用内容的访问控制策略配置示意图

2. 入侵防御系统（IPS）

1）在"入侵防御"-"安全策略"界面调整安全策略，以检测、防止或限制从外部或内部发起的网络攻击行为，示意图如图6-15所示。

图6-15 IPS安全策略配置示意图

2）在“入侵防御”-“安全策略”界面切换到“安全防护表”界面，编辑对应项，配置并开启安全事件记录功能按钮，实现攻击行为的日志记录，示意图如图 6-16 所示。

安全策略　安全防护表

日志 ☑

	本地日志	Syslog日志	E-mail报警
统一设置	☐	☐	☐
入侵防御	☑ 通知	☑ 信息	☐ 警示
防病毒	☑ 通知	☑ 信息	☐ 警示
Web过滤	☐ 通知	☐ 信息	☐ 警示
邮件过滤	☐ 通知	☐ 信息	☐ 警示
敏感信息防护	☐ 通知	☐ 信息	☐ 警示
DDOS防御	☐ 通知	☐ 信息	☐ 警示
应用行为管理	☐ 通知	☐ 信息	☐ 警示
VoIP	☐ 通知	☐ 信息	☐ 警示
恶意样本检测	☐ 通知	☐ 信息	☐ 警示
Web恶意扫描防护	☐ 通知	☐ 信息	☐ 警示

图 6-16　IPS 安全事件记录配置示意图

3. 入侵检测系统（IDS）

在“检测配置”-“组件管理”界面查看引擎是否正常连接、策略是否生效、事件是否正常上报，示意图如图 6-17 所示。

事件级别	安全类型	攻击类型	流行程度	事件名称	源IP	目的IP	引擎	发生时间	协议类型
中危	拒绝服务	系统破坏	不流行	DOS_ICMP_FLOOD_拒绝服务	192.168.1....	255.255.255....	10.5.40.185	2021-03-15 16:5...	ICMP
中危	木马后门	有害程序	不流行	TCP_后门_SatansBackdoor_1.0_...	192.168.1....	192.168.1.123	10.5.40.185	2021-03-15 16:5...	TCP
中危	木马后门	有害程序	不流行	TCP_后门_Wollf_所有版本_反应	192.168.1...	192.168.10.2...	10.5.40.185	2021-03-15 16:5...	TCP
中危	缓冲溢出	获取权限	不流行	UDP_MSSQL2000_远程溢出[MS...	192.168.3...	192.168.30.30	10.5.40.185	2021-03-15 16:5...	UDP
中危	安全扫描	获取权限	不流行	SMTP_expn_root_探测	10.0.0.163	10.0.0.158	10.5.40.185	2021-03-15 16:5...	SMTP
中危	安全扫描	获取权限	不流行	SMTP_vrfy_root_探测	10.0.0.163	10.0.0.158	10.5.40.185	2021-03-15 16:5...	SMTP
高危	缓冲溢出	获取权限	不流行	SMB_Microsoft_Windows_Mess...	192.168.1...	192.168.10.2...	10.5.40.185	2021-03-15 16:5...	NETBIOS-SSN
中危	拒绝服务	系统破坏	不流行	DOS_ICMP_FLOOD_拒绝服务	192.168.1....	255.255.255....	10.5.40.185	2021-03-15 16:4...	ICMP

图 6-17　IDS 安全事件检测示意图

【本章小结】

本章对网络安全等级保护安全区域边界要求条款进行了解读说明，对边界安全防护、网络访问控制、网络入侵防范、网络恶意代码防范和网络安全审计等安全措施的基础知识进行了简要介绍。网络规划时，通常根据不同的安全需求对网络进行划分，形成不同系统间的网络边界或不同等级保护对象的边界。在不同网络间实现互联互通时，需要在网络边界采取必要的访问控制、入侵防范等措施，实现对内部网络的保护。实际建设时，可通过防火墙、IPS、IDS 等边界防护设备进行配置实现。通过本章的学习，读者应在了解等级保护条款要求和网络边界安全防护基础知识的基础上，熟悉掌握网络安全区域边界的安全实践方法和原理。

6.5　思考与练习

一、判断题

1.（　　）实施网络边界安全防护，无须考虑安全域划分。

2. （　　） 自主访问控制（DAC）是基于对客体安全级别与主体安全级别间的比较来进行访问控制的。

3. （　　） 只要使用了防火墙，企业的网络安全就有了绝对保证。

4. （　　） 基于角色的访问控制（RBAC）是基于主体在系统中承担的角色进行访问控制，而不是基于主体身份。

5. （　　） 拒绝服务攻击的目的是利用各种攻击技术使服务器或主机等拒绝为合法用户提供服务。

二、选择题

1. IPS 的中文含义是（　　）。

A. 入侵检测系统　　　B. 入侵防御系统　　　C. 防火墙　　　　　D. 防毒墙

2. 下列（　　）不属于网络安全等级保护中安全区域边界的要求。

A. 安全审计　　　　　B. 访问控制　　　　　C. 身份鉴别　　　　D. 边界防护

3. 防火墙部署在（　　）。

A. 内网　　　　　　　B. 内外网之间　　　　C. 任意网络　　　　D. 不同网络区域边界

4. 包过滤防火墙工作在 OSI 模型的（　　）。

A. 应用层　　　　　　B. 表示层　　　　　　C. 会话层　　　　　D. 网络层和传输层

5. 下列（　　）不属于访问控制的基本要素。

A. 主体　　　　　　　B. 客体　　　　　　　C. 认证　　　　　　D. 控制策略

三、简答题

1. 简要阐述安全区域边界防护需关注哪些安全控制点。

2. 简述入侵检测系统与入侵防御系统的区别。

3. 防火墙有哪些安全防护用途？

4. 如何理解网络安全审计？

5. 简要概述边界安全防护通常需要哪些安全防护设备？分别部署在什么地方。

第7章

安全计算环境

计算环境安全是整个等级保护对象安全的基础，包括网络设备、安全设备、服务器（操作系统、数据库）、业务应用软件、系统管理软件、数据和终端等的安全，是保障企事业单位业务系统稳定、持续运行的前提。本章介绍了网络安全等级保护安全计算环境要求条款，还对安全计算环境建设、设备类安全基线、应用系统安全、数据安全进行了介绍，其中具体讲解了如何对操作系统、数据库、网络设备进行安全配置。

7.1 安全计算环境要求

安全计算环境针对网络边界内部提出了安全控制要求，涉及的安全控制点包括身份鉴别、访问控制、安全审计、入侵防范、恶意代码防范、可信验证、数据完整性、数据保密性、数据备份恢复、剩余信息保护和个人信息保护。

本节以网络安全等级保护第三级要求为例，对安全计算环境的要求条款进行解读。

1. 身份鉴别

【条款】

1）应对登录的用户进行身份标识和鉴别，身份标识具有唯一性，身份鉴别信息具有复杂度要求并定期更换。

2）应具有登录失败处理功能，应配置并启用结束会话、限制非法登录次数和当登录连接超时自动退出等相关措施。

3）当进行远程管理时，应采取必要措施防止鉴别信息在网络传输过程中被窃听。

4）应采用口令、密码技术、生物技术等两种或两种以上组合的鉴别技术对用户进行身份鉴别，且其中一种鉴别技术至少应使用密码技术来实现。

【条款解读】

登录用户与系统间必须建立联系，本地用户必须请求本地登录进行认证，远程用户必须请求远程登录进行认证。身份认证是网络设备、安全设备、服务器（操作系统、数据库、中间件）、终端（操作系统）、业务应用系统、系统管理软件等实体安全防护的第一道防线，标识是实体身份的一种计算机表达，鉴别是将实体标识和实体联系在一起的过程。条款1）要求对实体的登录用户进行身份标识和鉴别，且用于鉴别的标识具有唯一性，不会被复制。

使用用户名和口令进行登录验证的，条款1）要求登录实体的用户名具有唯一性，并提高口令强度：配置口令复杂度和定期更换口令。条款2）要求阻止口令被重复尝试的可能，使用口令尝试登录达到一定次数的账户被锁定一段时间或由管理员解锁，以及当用户连接到实体后，配置相关措施以保证登录连接超时后自动退出。条款3）要求在远程管理时，为防止口令嗅探攻击，对传输中的口令进行加密保护。

使用两种身份鉴别方式的组合（双因素鉴别）是常用的多因素鉴别形式，条款4）要求采用两种或两种以上的鉴别方式对用户进行身份鉴别，且其中一种鉴别方式应基于密码技术的鉴别机制，如基于密码技术的 UKey（实体所有）。

2. 访问控制

【条款】

1）应对登录的用户分配账户和权限。

2）应重命名或删除默认账户，修改默认账户的默认口令。

3）应及时删除或停用多余的、过期的账户，避免共享账户的存在。

4）应授予管理用户所需的最小权限，实现管理用户的权限分离。

5）应由授权主体配置访问控制策略，访问控制策略规定主体对客体的访问规则。

6）访问控制的粒度应达到主体为用户级或进程级，客体为文件、数据库表级。

7）应对重要主体和客体设置安全标记，并控制主体对有安全标记信息资源的访问。

【条款解读】

访问控制机制的正确执行依赖于对用户身份的正确识别，标识和鉴别作为访问控制的必要支持，可以实现对资源保密性、完整性、可用性及合法使用的支持。访问控制的实施一般包括两个步骤：第一步，鉴别主体（用户）的合法身份；第二步，根据当前系统的访问控制规则授予用户相应的访问权。

关于用户合法身份部分，条款1）要求为登录到实体的用户分配账号。条款2）要求对系统默认的账号进行重命名或删除，一般情况下，网络（安全）设备及业务应用系统后台的 admin 账号应删除，Windows 操作系统的 administrator 账号应进行重命名，Linux 系统的 root 账号无法删除，但应修改其口令。条款3）要求对多余、无效、长期不用的账户及时删除，定期对无用账户进行清理，此外不能存在共享用户，即一个账户被多人或多部门使用。

对于权限管理部分，首先就是遵循最小权限原则，给需要相应权限的用户对应的功能权限，不过分赋权。条款1）要求为用户分配权限。条款4）要求授予管理员最小权限，并实现不同的管理用户权限分离。

关于访问控制策略部分，条款5）要求授权主体配置访问控制策略，并依据访问控制策略限定主体对客体的访问控制规则。条款6）要求在制定的访问控制策略中，访问控制粒度主体为用户级或进程级，客体为文件级或数据库表级。

条款7）要求基于主客体的安全标记配置强制访问控制（Mandatory Access Control，MAC）策略。

3. 安全审计

【条款】

1）应启用安全审计功能，审计覆盖到每个用户，对重要的用户行为和重要安全事件进行审计。

2）审计记录应包括事件的日期和时间、用户、事件类型、事件是否成功及其他与审计相关的信息。

3）应对审计记录进行保护，定期备份，避免受到未预期的删除、修改或覆盖等。

4）应对审计进程进行保护，防止未经授权的中断。

【条款解读】

安全审计是对系统中有关安全的活动进行记录、检查及审核，主要目的是检测和阻止非法用户对计算机系统的入侵，显示合法用户的误操作，并为系统进行事故原因的查询、定位，为事故发生前的预测、报警以及事故发生之后的实时处理提供详细、可靠的依据和支持，以备有违反系统安全规则的事件发生后能够有效地追查事件发生的时间、地点、过程以及责任人。通过安全审计，一方面可以对受损的系统提供信息帮助以进行损失评估和系统恢复，另一方面可详细记录与系统安全有关的行为，从而对这些行为进行分析，发现系统中的不安全的因素。

安全审计包括审计事件、审计记录和审计日志等。审计事件是系统审计用户的最基本单位。条款 1）要求网络设备、安全设备、服务器（操作系统、数据库、中间件）、终端（操作系统）、业务应用系统、系统管理软件等实体启用审计功能或采取相关技术手段实现对系统中所有用户的审计全覆盖，且对重要的用户行为和重要的安全事件进行审计。用户重要行为至少应包括登录、退出、查询、修改、删除、创建等，安全事件应进行全覆盖。为保证审计记录的有效性和可利用性，条款 2）要求审计记录的内容至少应包括事件的日期和时间、用户、事件类型、事件是否成功等。条款 3）要求对审计记录进行定期的转存、备份，保证审计记录不被非法删除、修改或覆盖。审计一般是一个独立的过程，应当与系统的其他功能隔开，条款 4）要求对审计进程进行保护，防止非授权中断，导致审计内容不完善。

4. 入侵防范

【条款】

1）应遵循最小安装的原则，仅安装需要的组件和应用程序。

2）应关闭不需要的系统服务、默认共享和高危端口。

3）应通过设定终端接入方式或网络地址范围对通过网络进行管理的管理终端进行限制。

4）应提供数据有效性检验功能，保证通过人机接口输入或通过通信接口输入的内容符合系统设定要求。

5）应能发现可能存在的已知漏洞，并在经过充分测试评估后，及时修补漏洞。

6）应能够检测到对重要节点进行入侵的行为，并在发生严重入侵事件时提供报警。

【条款解读】

操作系统提供的很多服务及功能是为了方便用户和管理员，这些服务和功能可能默认开启，但并非必需。这些服务和功能可能被攻击者利用，从而给系统带来安全风险。因此，条款 1）要求最小化部署，服务器基于最小安装原则，仅安装需要的组件和应用程序。条款 2）要求关闭不需要的系统服务、无意义的端口、默认共享（如 Windows 会开启默认共享 C$、D$，为了避免默认共享带来的安全风险，应关闭 Windows 硬盘默认共享）以及一些常见的高危端口，如 445、135、139 等端口。

为防止外部网络攻击以及非法终端接入内部网络，条款 3）要求对管理终端的接入方式或网络地址范围进行限制，主要针对通过网络对网络设备、安全设备、服务器等进行远程管理的终端。

条款 4）要求业务应用系统能够对数据输入的有效性进行验证，主要对通过人机接口（如程序的界面）输入或通过通信接口输入的数据的格式或长度进行验证，保证输入的内容符合系统设定要求，防止个别用户因输入畸形数据导致系统出错（如 SQL 注入攻击等），影响系统安全。

条款 5）要求对网络设备、安全设备、服务器（操作系统、数据库、中间件）、业务应用系统等定期进行漏洞扫描，及时发现系统中存在的已知漏洞，并在经过充分测试评估后更新系统补丁，避免遭受由系统漏洞带来的风险。因此，系统管理员应该经常关注漏洞情况，及时下载和安装漏洞补丁，以增强操作系统的安全性。

条款6）要求能够检测到非法攻击者对网络设备、安全设备、服务器、业务系统的入侵攻击行为，当出现非法入侵行为时能够提供及时告警的功能。

5. 恶意代码防范

【条款】

应采用免受恶意代码攻击的技术措施或主动免疫可信验证机制及时识别入侵和病毒行为，并将其有效阻断。

【条款解读】

恶意代码可能破坏业务应用系统运行的计算环境。该条款主要针对服务器和终端提出的安全要求，要求在服务器和终端部署恶意代码防范软件或基于可信验证机制对恶意代码的入侵进行检测，并在检测到恶意代码攻击时对其进行查杀。

6. 可信验证

【条款】

可基于可信根对计算设备的系统引导程序、系统程序、重要配置参数和应用程序等进行可信验证，并在应用程序的关键执行环节进行动态可信验证，在检测到其可信性受到破坏后进行报警，并将验证结果形成审计记录送至安全管理中心。

【条款解读】

该条款主要针对计算设备（服务器）的可信启动。

7. 数据完整性

【条款】

1）应采用校验技术或密码技术保证重要数据在传输过程中的完整性，包括但不限于鉴别数据、重要业务数据、重要审计数据、重要配置数据、重要视频数据和重要个人信息等。

2）应采用校验技术或密码技术保证重要数据在存储过程中的完整性，包括但不限于鉴别数据、重要业务数据、重要审计数据、重要配置数据、重要视频数据和重要个人信息等。

【条款解读】

数据完整性是指在传输、存储信息或数据的过程中，确保信息或数据不被未授权篡改或在篡改后能够被迅速发现。条款1）要求基于校验技术或密码技术保证鉴别数据、重要业务数据、重要审计数据、重要配置数据、重要视频数据和重要个人信息在传输过程中的完整性，并能够在检测到完整性受到破坏时采取恢复措施，如重传或其他方式等。条款2）要求在数据存储过程中，基于校验技术或密码技术保证鉴别数据、重要业务数据、重要审计数据、重要配置数据、重要视频数据和重要个人信息在存储过程中的完整性，并在检测到完整性受到破坏时采取恢复措施。

8. 数据保密性

【条款】

1）应采用密码技术保证重要数据在传输过程中的保密性，包括但不限于鉴别数据、重要业务数据和重要个人信息等。

2）应采用密码技术保证重要数据在存储过程中的保密性，包括但不限于鉴别数据、重要业务数据和重要个人信息等。

【条款解读】

数据保密性是指数据不被泄露给非授权用户、实体或过程，或被其利用的特性，数据保密不仅包括数据内容保密，还包括数据状态保密。条款 1）要求对鉴别数据、重要业务数据和重要个人信息在传输过程中采取基于密码技术的加密措施，如通过密码算法对数据加密处理，使得数据以密文的形式进行传输或数据传输通道使用 HTTPS 等加密协议保证数据传输过程中的安全。条款 2）要求对鉴别数据、重要业务数据和重要个人信息在存储过程中采取基于密码技术的加密措施，如基于密码算法的数据加密机制和密钥管理机制。

9. 数据备份恢复

【条款】

1）应提供重要数据的本地数据备份与恢复功能。

2）应提供异地实时备份功能，利用通信网络将重要数据实时备份至备份场地。

3）应提供重要数据处理系统的热冗余，保证系统的高可用性。

【条款解读】

数据备份是容灾的基础，是指为防止系统出现操作失误或系统故障而导致数据丢失，将全部或部分数据集合从应用主机的硬盘或阵列复制到其他存储介质的过程。数据备份的类型可分为本地备份、异地热备、异地互备。条款 1）要求等级保护对象责任主体对重要数据进行本地备份，并且备份数据可恢复，通常可采用磁带机、光盘库、磁带库等存储设备进行本地备份存储。条款 2）要求在异地建立热备份点，并且通过网络同步的方式将主站的数据备份到备份站点。条款 3）要求数据处理系统（服务器、业务应用系统等）具备热冗余功能，如服务器采用集群或双机方式部署，业务应用系统采用双活的方式。

课堂小知识

数据备份分类：

1）按备份的数据量来划分，有完全备份、差量备份、增量备份和按需备份。

2）按备份的状态来划分，有物理备份和逻辑备份。

3）从备份的层次上划分，可分为硬件冗余和软件备份。硬件冗余技术有双机容错、磁盘双工、磁盘阵列（RAID）与磁盘镜像等多种形式。理想的备份系统应使用硬件容错来防止硬件障碍，使用软件备份和硬件容错相结合的方式来解决软件故障或人为误操作造成的数据丢失。

4）从备份的地点来划分，可分为本地备份和异地备份。

---

10. 剩余信息保护

【条款】

1）应保证鉴别信息所在的存储空间被释放或重新分配前得到完全清除。

2）应保证存有敏感数据的存储空间被释放或重新分配前得到完全清除。

【条款解读】

剩余信息保护是指对于用户使用过的信息，当用户不再使用或不再存在时，应当采取一定的措施保护。完全清除剩余信息的方式有覆盖、消磁和销毁 3 种。对于磁盘，可根据信息的敏感程度实施覆盖或消磁；对于内存，可通过断电的方式进行清除。条款1)、2) 要求将与鉴别信息和敏感数据相关的存储空间分配给其他用户或释放时，曾经存储在里面的信息要完全清除。

11. 个人信息保护

【条款】

1) 应仅采集和保存业务必需的用户个人信息。

2) 应禁止未授权访问和非法使用用户个人信息。

【条款解读】

个人信息保护控制点主要针对业务应用系统和系统管理软件。个人信息收集是指基于特定、明确、合法的目的获取个人信息，条款1) 要求业务应用系统和系统管理软件在个人信息收集阶段，仅采集业务应用必需的相关信息。条款2) 要求业务应用系统和系统管理软件在个人信息收集、处理、管理等过程中对个人信息进行保护，防止未授权访问和非法使用。

7.2 安全计算环境建设

安全计算环境的要求项主要针对服务器区的服务器，包括服务器上部署的操作系统、数据库和中间件等，以及全网的各类网络安全设备、业务系统（或系统管理软件）、运维终端和数据等。本节主要针对适用于设备类、业务系统（或系统管理软件）的要求条款进行安全实践，主要涉及的控制点有身份鉴别、访问控制、安全审计、入侵防范、恶意代码防范。

7.2.1 身份鉴别

身份鉴别的类型有下列 3 种：

1) 单向鉴别：当用户希望在实体上登录时，用户仅须被实体鉴别即可，通常是用户发送用户名和口令给实体，实体对收到的用户名和口令进行验证，确认用户名和口令是否由合法用户发出。

2) 双向鉴别：这是一种相互鉴别，其过程在单向鉴别的基础上增加了两个步骤，如服务器向客户发送服务器名和口令，客户确认服务器身份的合法性。

3) 第三方鉴别：每个用户或实体都向可信第三方发送身份标识和口令，第三方用于存储、验证标识和鉴别信息。

身份鉴别方式有实体所知、实体所有和实体特征 3 种。

1) 实体所知，即实体所知道的（密码信息），如目前广泛采用的使用用户名和口令进行登录验证。

2) 实体所有，即实体所拥有的物品（个人物品），如钥匙、IC 卡等。

3) 实体特征，即利用实体特征鉴别系统完成对实体的认证。实体特征鉴别系统通常由信息采集和信息识别两个部分组成，信息采集将光学、声学、红外等传感器作为采集设施，采集待鉴别的用户的生物特征（指纹、虹膜等）和行为特征（声音、笔迹、步态等），然后交给信息识别部分与预先采集并存储在数据库中的用户生物特征进行比对，根据比对的结果判断是否通过验证。

网络安全建设时，针对管理用户访问的身份鉴别主要通过堡垒机（安全运维网关）

实现,将各类设备、应用系统的管理接口,通过强制策略路由的方式转发至堡垒机,从而完成反向代理的部署模式,实现对管理用户的身份鉴别。常见的访问路径如图 7-1 所示。

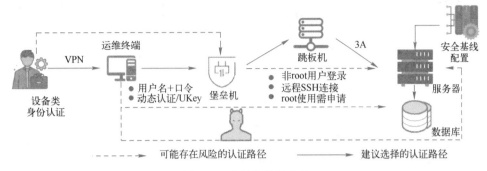

图 7-1　常见的访问路径

图 7-1 中,实线代表的路径通常为网络安全等级保护要求的安全路径,在网络安全建设时包括下列几个步骤:

1)管理者通过 VPN 登录到专用运维终端(如果使用专用管理区的运维终端,则无此步骤)。

2)通过运维终端以双因素认证的方式登录到堡垒机(安全运维网关),常见的认证方式有静态口令、一次性口令和生物特征等。实际建设中,建议采用基于静态口令+数字证书(采用密码技术的动态令牌或 UKey)的双因素认证方式。

3)通过权限限制的方式,授权管理员登录到服务器、网络安全设备或业务应用系统。

4)对于数据库,不建议通过远程直接连接,数据管理员通过认证登录到服务器(操作系统后),再从服务器本地对数据库进行运维管理。

5)对于网络安全设备、操作系统、数据库和业务系统(或系统管理软件)自身而言,应在本地进行安全基线加固。

本章第 7.3 节介绍了操作系统、数据库和网络设备的安全配置示例。

:课堂小知识

安全运维网关通常称作堡垒机,集成了特权账号管理、身份认证、协议代理、单点登录与会话记录等功能,可实现核心系统运维和安全审计管控;在技术层面,堡垒机切断终端计算机对网络和服务器资源的直接访问,而采用协议代理的方式接管了终端计算机对网络和服务器的访问。安全运维网关能够拦截非法访问和恶意攻击,对不合法命令进行阻断,过滤掉所有对目标设备的非法访问行为,并对内部人员的误操作和非法操作进行审计监控,以便事后责任追踪。

7.2.2　访问控制

安全计算环境访问控制主要针对网络安全设备、服务器和业务应用系统用户的创建、访问控制策略的制定,以及根据当前系统的访问控制策略授予用户相应的访问权。网络安全建设时,通常采用基于角色的访问控制模型,具体流程如图 7-2 所示。

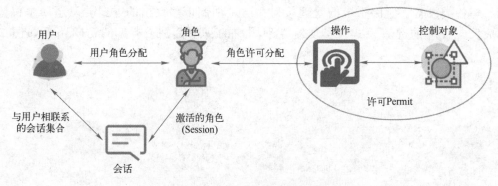

图 7-2　基于角色的访问控制模型的具体流程

图 7-2 所示的具体流程包括权限管理和访问控制策略配置两部分内容。

1. 权限管理

根据管理用户的角色分配权限，实现管理用户的权限分离，应遵循下列原则：

- 仅授予管理用户所需的最小权限。
- 设置不同的管理员对设备或系统进行管理，可设置系统管理员、安全管理员、安全审计员，保证特权用户的权限分离。
- 对各个账户在其工作范围内设置最小权限。

在网络安全建设时，可利用堡垒机（安全运维网关）的授权管理功能，对用户、角色及行为和资源进行授权，以达到对权限的细粒度控制，最大限度保护用户资源的安全。授权的对象包括用户、角色、资源（控制对象）和用户行为。

2. 访问控制

安全计算环境访问控制的方式通常有下列两种：

1）在交换机和防火墙上设置不同网段、不同用户对服务器的访问控制权限。授权服务器、业务系统主体配置访问控制策略，并依据访问控制策略限定主体对客体的访问控制规则。在制定的访问控制策略中，针对服务器，访问控制粒度主体为用户级或进程级，客体为文件级或数据库表级；针对业务应用系统，访问控制粒度主体为用户级，客体为文件级或功能模块级。

2）利用堡垒机提供细粒度的访问控制，最大限度保护用户资源的安全。细粒度的命令策略是命令的集合，可以是一组可执行命令，也可以是一组非可执行的命令。该命令集合用来分配给具体的用户，限制其系统行为，管理员会根据其自身的角色为其指定相应的控制策略来限定用户。

7.2.3　安全审计

安全计算环境的安全审计主要针对服务器操作系统、数据库和应用组件、安全设备、交换机等设备自身的操作日志。网络安全建设时，应关注下列两部分内容。

1. 设备安全加固

根据需求开启设备自身的审计功能，审计组件连接至单位网络时间协议（Network Time Protocol，NTP）服务器，保证了审计记录产生时的时间由系统范围内唯一确定的时钟产生，以确保审计分析的正确性。审计须覆盖到每个用户，对重要的用户行为和重要的安全事件进行审计。审计记录包括事件的日期和时间、用户、事件类型、事件是否成功及其他与审计相关的信息。

2. 日志审计

关于日志审计，应遵循下列原则：对审计记录进行保护，定期备份，避免受到未预期的删除、修改或覆盖等，如审计日志应保存 6 个月以上；对审计进程进行保护，防止未经授权的中断。

实际建设中，通过下列几种方式实现日志安全审计：

1）将操作系统、网络设备、中间件、数据库、安全设备运行和操作日志通过手工的方式定期转存、备份，保存 6 个月以上，同时保证存储日志数据的可用性，并对设备自身的审计进程进行监控。

2）部署日志审计系统，通过日志审计系统收集操作系统、网络设备、中间件、数据库、安全设备运行和操作日志，保存 6 个月以上，并集中管理，同时进行关联分析。

3）利用堡垒机操作审计功能，对各服务器主机、网络设备的访问日志记录都采用统一的账号、资源进行标识后，操作审计能更好地对账号的完整使用过程进行追踪。为了对字符终端、图形终端操作行为进行审计和监控，通常堡垒机对各种字符终端和图形终端使用的协议进行代理，实现多平台的操作支持和审计，如 Telnet、SSH、FTP、Windows 平台的 RDP 远程桌面协议，Linux/UNIX 平台的 X Window 图形终端访问协议等。堡垒机的审计数据提供专有的存储系统，进行集中存储保留，保留期在 6 个月以上。

：课堂小知识

日志是对信息系统产生事件的记录，包括了构成信息系统的主机、网络、安全设备或系统、应用等。通过日志可了解系统的运行情况，通过对安全日志的分析可检验安全机制的有效性。日志审计系统从功能组成上至少应该包括日志采集、日志分析、日志存储、信息展示 4 个基本功能。

1）日志采集功能：系统能够通过某种技术手段获取需要审计的日志信息。对于该功能，关键在于采集信息的手段种类、采集信息的范围、采集信息的粒度（细致程度）。

2）日志分析功能：是指对于采集的信息进行分析、审计。这是日志审计系统的核心，审计效果的好坏直接由此体现出来。在实现信息分析的技术上，简单的技术可以是基于数据库的信息查询和比较；复杂的技术则包括实时关联分析引擎技术，采用基于规则的审计、基于统计的审计、基于时序的审计及基于人工智能的审计算法等。

3）日志存储功能：对于采集到的原始信息及审计后的信息都要进行保存、备查，并可以作为取证的依据。在该功能的实现上，关键点包括海量信息存储技术及审计信息安全保护技术。

4）信息展示功能：包括审计结果展示界面、统计分析报表功能、告警响应功能、设备联动功能等。这部分功能是审计效果的最直接体现，审计结果的可视化能力和告警响应的方式、手段都是该功能的关键。

7.2.4　入侵防范

安全计算环境入侵防范包括下列内容。

1. 服务器操作系统服务方面

在服务器操作系统层面，防入侵及安全加固方面应遵循下列原则：

- 操作系统应遵循最小安装的原则，仅安装需要的组件和应用程序。
- 关闭不需要的系统服务、默认共享和高危端口。
- 通过设置终端安全管理系统或设备配置项，对终端接入范围进行限制。
- 对网络设备、服务器、业务系统定期进行漏洞扫描，及时发现系统存在的漏洞，并通过升级服务器或通过补丁分发系统确保系统补丁及时得到更新，增强抵御入侵的防护手段。

2. 软件容错性

应用系统要具备容错功能，需满足下列功能：

1）对用户输入数据的有效性进行检验，确保用户输入的数据能够按照系统规定的格式提交。对于非法的或可能损害系统的字符、语句，可针对性地进行过滤、转义或拒绝。

2）应用系统各功能模块对资源的需求能够实现相对独立，当资源出现抢占或发生其他不可预料的错误时，可将影响范围尽量缩小。如果故障无法避免，应用系统应自动保存故障发生时的系统、数据、业务等状态，保证系统能够恢复到正常的运行状态。

3. 入侵检测

部署主机层面的入侵检测系统，检测非法攻击者对网络设备、安全设备、服务器、业务系统的入侵攻击行为，在出现非法入侵行为时能够提供及时的告警功能。

7.2.5 恶意代码防范

安全计算环境恶意代码主要针对服务器和终端。实际网络安全建设时，要在服务器和终端部署恶意代码防范软件对恶意代码的入侵进行检测，并在检测到恶意代码攻击时对其进行查杀。

针对服务器（终端）恶意代码防范，可在安全管理中部署防病毒服务器，制定服务器（终端）防病毒策略。服务器防病毒系统必须重视集中的管理、监控和升级，提高管理效率，同时，因为服务器往往运行重要的应用服务，故应注意防病毒软件对服务器性能、功能以及稳定性的影响。

7.3 设备类安全基线

安全基线是系统最低安全要求的配置，是该系统最基本的需要满足的安全要求。本节介绍操作系统、数据库及网络设备的安全配置基线。

7.3.1 操作系统安全配置基线

基于网络安全等级保护基本要求中安全计算环境对服务器（操作系统）的要求，在网络安全建设时，应对操作系统基于自身安全策略进行安全配置。操作系统安全配置主要有以下几个方面的内容。

1. 账户及口令策略

以 Windows 和 CentOS Linux 系统为例，操作系统在账号及口令策略方面的安全配置示例见表 7-1。

表 7-1 操作系统在账号及口令策略方面的安全配置示例

序号	配置内容	操作系统类型	安全基线
1	不同的用户分配不同的账号	Windows	进入"控制面板→管理工具→计算机管理",在"系统工具→本地用户和组"界面中,根据系统的要求,设定不同的账户和账户组、管理员用户、数据库用户、审计用户、来宾用户
2		Linux(CentOS)	根据用户需求为用户创建账号: #useradd username #创建账号 #passwd username #设置密码
3	删除系统无用账号	Windows	在 Windows 操作系统中需删除账号 guest、Krbtgt 时,可参考以下配置: 进入"控制面板→管理工具→计算机管理",在"系统工具→本地用户和组"界面中可删除无用账号
4	重命名 Administrator,禁用 guest(来宾)账号	Windows	进入"开始→运行→gpedit.msc→计算机配置→Windows 设置→安全设置→本地策略→安全选项"界面: 按"重命名管理员账户→属性→修改管理员账户名"步骤重命名管理员账户 进入"控制面板→管理工具→计算机管理"界面,在"系统工具→本地用户和组"界面按"Guest 账号→属性→账号已禁用"步骤禁用 guest 账号
5	限制具备超级管理员权限的 root 用户远程登录	Linux(CentOS)	远程执行管理员权限操作,应先以普通权限用户远程登录,再通过 su 命令切换到超级管理员 root 账号,可参考以下配置。 SSH: #vi/etc/ssh/sshd_config 将配置: PermitRootLogin yes 修改为 PermitRootLogin no 重启 sshd 服务: #service sshd restart 修改配置仅允许管理员 CONSOLE 登录:在 etc/securetty 文件中配置:CONSOLE =/dev/tty01
6	不存在空口令账号	Linux(CentOS)	CentOS 参考配置操作: awk −F: '($2 == "") {print $1}' /etc/passwd 先查出口令为空的账户,然后用 root 用户登录,执行 passwd 命令,给用户增加口令
7	配置强制的口令复杂度策略,定期更换口令	Windows	首先进入"控制面板→管理工具→本地安全策略"界面,在"账户策略→密码策略"下进行如下配置: "密码必须符合复杂性要求"选择"已启动" "密码长度最小值"设置为"8" "密码最长使用期限"设置为"90 天"
		Linux(CentOS)	# vi/etc/login. defs 将 PASS_MIN_LEN 5 改为 PASS_MIN_LEN 8,如果没有这行,可以自行加入 加入 PASS_MAX_DAYS = 90 和 PASS_MIN_DAYS = 0 这两个配置项 或使用 pam pam_cracklib module 或 pam_passwdqc module 实现密码复杂度,两者不能同时使用。如配置密码长度最小为 8 位,至少包含大小写字母、数字、其他字符中的两类,并对 root 用户生效,配置如下: # vi/etc/pam. d/system-auth password requisite pam_cracklib. so dcredit = −1 ucredit = −1 lcredit = −1 ocredit = −1 minclass = 2 minlen = 8 enforce_for_root password sufficient pam_unix. so md5 shadow nullok try_first_pass use _authtok

2. 认证和授权

以 Windows 和 CentOS Linux 系统为例，操作系统在账号认证及授权方面的安全配置示例见表 7-2。

表 7-2　操作系统在账号认证与授权方面的安全配置示例

序号	配置内容	操作系统类型	安 全 基 线
1		Windows	首先进入"控制面板→管理工具→本地安全策略"界面，在"账户策略→密码策略"下将"强制密码历史"设置为"记住 5 个密码" 然后进入"控制面板→管理工具→本地安全策略"界面，在"账户策略→账户锁定策略"下设置以下内容： 将"账户锁定阈值"设置为 6 次 将"账户锁定时间"设置为 30min
2	配置登录失败锁定策略	Linux（CentOS）	#vi/etc/pam.d/system-auth auth required pam_tally2.so even_deny_root deny = 3 unlock_time = 120 其中，even_deny_root 表示包含 root 用户，deny 表示拒绝次数，unlock_time 表示解锁时间 设置 SSH 空闲超时退出时间： #vi/etc/ssh/sshd_config，将 ClientAliveInterval 设置为 300~900，即 5~15min，将 ClientAliveCountMax 设置为 0 配置结果如下： ClientAliveInterval 900 ClientAliveCountMax 0 在/etc/ssh/sshd_config 中取消 MaxAuthTries 注释符号#，设置最大密码尝试失败次数为 3~6，建议为 5：MaxAuthTries 5 #vi/etc/profile 最后一行增加 TMOUT=1800
3	远程管理系统保障数据加密传输	Windows	在"运行"中输入"gpedit.msc"，弹出"本地组策略编辑器"窗口，在"本地计算机 策略→计算机配置→管理模板→Windows 组件→远程桌面服务→远程桌面会话主机→安全"界面中进行参数配置，采取加密的 RDP
4		Linux（CentOS）	从 http://www.openssh.com/下载 SSH 并安装到系统，在远程管理服务器时，使用 SSH 远程登录 Linux 系统，默认 Linux 系统已经启用 SSH
5	设置允许访问服务器的 IP 访问控制列表	Linux（CentOS）	1）编辑 hosts.deny 文件 vi/etc/hosts.deny，加入下面配置： # Deny access to everyone. ALL：ALL@ ALL，PARANOID 2）编辑 hosts.allow 文件 vi/etc/hosts.allow，加入允许访问的主机列表，比如： ftp：10.87.56.1　webhost 10.87.56.1 和 webhost 是允许访问 FTP 服务的 IP 地址和主机名称 3）tcpdchk 程序是 TCP_Wrapper 设置的检查程序。它用来检查 TCP_Wrapper 设置，并报告发现的潜在的和真实的问题 设置完成后，运行下面这个命令： # tcpdchk

3. 安全审计

操作系统的日志安全配置是安全管理的重要工作，通过安全策略配置，确保日志系统能记录下事件的更多信息，并通过权限保护日志不会被攻击者删除、篡改或伪造。可通过部署日志服务器或将日志转存备份的方式，将日志至少保持 6 个月，以确保日志的安全性。

以 Windows 和 CentOS Linux 系统为例，日志审计安全配置示例见表 7-3。

表 7-3 操作系统日志审计安全配置示例

序号	配置内容	操作系统类型	安全基线
1	操作系统启用审计、日志记录功能	Windows	启用安全审核策略，具体配置如下： 进入"控制面板→管理工具→本地安全策略→审核策略"界面，将"审核登录事件"设置为成功和失败都审核
2		Linux（CentOS）	分别启用 auditd 服务和 rsyslog 服务： chkconfig auditd on chkconfig rsyslog on
3	记录系统安全事件	Linux（CentOS）	修改配置文件/etc/syslog.conf，配置如下类似语句来定义需要保存的设备相关安全事件： *.err；kern.debug；daemon.notice； /var/adm/messages
4	对审计记录进行保护，同时对审计日志转存、备份	Linux（CentOS）	修改文件/etc/syslog.conf，加上这一行： *.*　　　@loghost（中间的分隔符为 tab） 可将"*.*"替换为实际需要的日志信息，如 kern.*/mail.* 等

4. 入侵防范

入侵防范包括以下两方面配置。

(1) 最小化部署和关闭无效服务及进程自动启动

操作系统中通常安装了一些不必要的组件和服务，在实际运行环境中，最好考虑最小化部署，并将不必要的服务和功能关闭。Windows 操作系统中常见的可禁用的服务及其说明见表 7-4。

表 7-4 Windows 操作系统中可禁用的服务

服　务　名	说　　明
Task scheduler	允许程序在指定时间运行
Routing and Remote Access	在局域网以及广域网环境中为企业提供路由服务
Print Spooler	将文件加载到内存中以便以后打印，要用打印机的用户不能禁用该项服务
Telnet	允许远程用户登录到此计算机并运行程序，支持多种 TCP/IP 客户
Distributed Link Tracking Client	当文件在网络与 NTFS 卷中移动时发送通知
……	……

(2) 安装最新的操作系统补丁来保障网络稳定运行

对于 Windows 服务器，在不影响业务的情况下，应安装最新的 Service Pack 补丁集，并对服务器系统先进行兼容性测试；针对 CentOS 操作系统，可在厂家网站下载 RPM 包，获取补丁包。在下载补丁包时，一定要对签名进行核实，防止执行特洛伊木马。此外，需注意，补丁安装可能导致系统或某些服务无法正常工作，因此应慎重对操作系统进行打补丁，补丁安装应当先在测试机上完成。

5. 恶意代码防范

在服务器操作系统上安装防恶意代码软件，并及时更新防恶意代码软件的版本和恶意代码库。对于 Windows 操作系统的服务器，必须安装恶意代码防控软件，并启用实时恶意代码防护功能；对于 Linux 操作系统服务器，可选择安装或不安装恶意代码防控软件，但需对其进行定期的漏洞扫描。

6. 其他项

针对不同操作系统的特点，还应该考虑有针对性的安全配置。例如，Windows 系统中关闭自动播放功能，关闭管理共享；Linux 系统中设置文件创建时的默认权限及对服务器资源进行监控，能够对资源异常进行告警等。

7.3.2 数据库安全配置基线

数据库安全是指保证数据库信息的保密性、完整性、一致性和可用性，换言之，数据库安全就是保证数据库避免不合法使用造成的数据破坏、篡改和泄露。通常，数据库安全面临的威胁形式和防护需求见表 7-5。

表 7-5 数据库安全面临的威胁形式和防护需求

威 胁 形 式	安 全 防 护 需 求
篡改	• 拒绝非法用户的访问 • 对数据库的操作进行安全审计，以便为合规性、安全责任审查提供有效证据 • 向合法用户提供可靠的信息服务，保证数据库信息的安全
损坏	• 对数据库运行状况进行监控和报告等 • 拒绝执行不正确的数据操作
窃取	• 多个用户同时使用数据库时进行并发控制 • 对数据用特定的公开密钥算法进行加密保护

网络安全建设时，数据库安全实践包括下列几部分内容：

1）数据库安全管理时，先通过安全的方式登录到服务器，如图 7-1 所示的安全路径，管理员先通过 VPN 连接运维终端，然后利用堡垒机登录到服务器，再从服务器本地使用数据库管理员登录到数据库进行远程管理。

2）保证业务和网络安全的前提下，经兼容性测试后，安装最新版本补丁。

3）对数据库自身进行安全基线配置。

本小节以 Oracle 数据库为例介绍数据库安全配置的常见方法。

1. 数据库身份认证

Oracle 数据库在账号及口令策略方面的安全配置示例见表 7-6。

表 7-6 Oracle 数据库在账号及口令策略方面的安全配置示例

序号	配 置 内 容	安 全 基 线
1	不同的用户分配不同的账号，避免共享账号	新建账号，以管理员登录数据库，执行下述命令： SQL>create user abc1 identified by password1;
2	删除或锁定与数据库运行、维护等工作无关的账号	以管理员登录数据库，执行下述命令： 　　SQL>alter user username account lock； 　　SQL>drop user username cascade； 通常需要锁定的账号有 CTXSYS、DBSNMP、LBACSYS、MDDATA、MDSYS、DMSYS、OLAPSYS、ORDPLUGINS、ORDSYS、OUTLN、SI_INFORMTN_SCHE-MA、SYSMAN
3	配置强制的口令复杂度策略，定期更换口令	设置口令的生存期不长于 90 天： SQL>update dba_profiles set limit='90' where PROFILE='DEFAULT' and resource_name='PASSWORD_GRACE_TIME'；

（续）

序号	配置内容	安全基线
3	配置强制的口令复杂度策略，定期更换口令	用户连续认证，登录失败次数超过 6 次，锁定账号： SQL>update dba_profiles set limit='6' where PROFILE='DEFAULT' and resource_name='FAILED_LOGIN_ATTEMPTS'； 口令长度至少 8 位，并包括数字、小写字母、大写字母和特殊符号 4 类中的至少 3 类： select limit from dba_profiles where resource_name='PASSWORD_VERIFY_FUNCTION' and profile in select profile from dba_users where account_status='OPEN'； 调整 PASSWORD_VERIFY_FUNCTION
4	修改默认账号口令	可通过下面的命令来更改默认用户的密码： ALTER USER username IDENTIFIED BY password；

2. 数据库用户及权限管理

Oracle 数据库在用户及权限管理方面的安全配置示例见表 7-7。

表 7-7　Oracle 数据库在用户及权限管理方面的安全配置示例

序号	配置内容	安全基线
1	限制具备数据库超级管理员（SYSDBA）权限的用户远程登录	限制具备数据库超级管理员（SYSDBA）权限的用户远程登录，通过下述方法修改文件 init. ora： 1）不使用密码文件登录，不允许远程用户用 sys 登录系统，可以在线修改 sys 的密码 　　remote_login_passwordfile=none 2）只允许一个数据库使用该密码文件，允许远程登录，允许非 sys 用户以 SYSDBA 身份管理数据库，可以在线修改 sys 的密码 　　remote_login_passwordfile=exclusive 3）允许远程登录，只能用 sys 进行 SYSDBA 管理，可以在线修改 sys 的密码 　　remote_login_passwordfile=shared
2	在数据库权限配置能力内，根据用户的业务需要，配置其所需的最小权限	1）给用户赋相应的最小权限 　　SQL>grant CONNECT to username； 　　SQL>grant RESOURCE to username； 2）收回用户多余的权限 　　SQL>revoke 权限 from username； 3）授权原则 　　● 对角色授予遵循最小化原则 　　● 对对象权限授予遵循最小化原则 　　● 对系统权限授予遵循最小化原则 　　● public 用户组不存在不合理的执行权限 　　● 禁止对非 DBA 用户提供系统级权限
3	使用数据库角色（ROLE）来管理对象的权限	1）使用 CREATE ROLE 命令创建角色，并给角色赋权限 　　SQL>CREATE ROLE "rolename" NOT IDENTIFIED； 　　SQL>GRANT "resourcename" TO "rolename"； 2）使用 GRANT 命令将相应的系统、对象或 ROLE 的权限赋予应用用户 　　SQL>GRANT "rolename" TO "username"；

3. 数据库安全审计

Oracle 数据库在安全审计方面的安全配置示例见表 7-8。

表 7-8　Oracle 数据库在安全审计方面的安全配置示例

序号	配置内容	安全基线
1	根据业务要求制定数据库审计策略	1）修改 initXXX. ora 文件（XXX 表示实例名），添加如下内容 　　audit_trail=DB 2）重启数据库

（续）

序号	配 置 内 容	安 全 基 线

2	数据库应配置日志功能，对用户登录信息进行记录，记录内容包括用户登录使用的账号、登录是否成功、登录时间以及远程登录时用户使用的 IP 地址	使用管理员登录，创建 Oracle 触发器，记录相关信息
		a. 建表 LOGON_TABLE
		　　drop table LOGON_TABLE;
		　　create table LOGON_TABLE
		　　（　username varchar2(30),
		　　　　ipaddress varchar2(64),
		　　　　hostname varchar2(64),
		　　　　module varchar2(64),
		　　　　osuser varchar2(32),
		　　　　logondate date）;
		b. 建触发器
		　　CREATE or replace TRIGGER TRI_LOGON
		　　AFTER LOGON ON DATABASE
		　　BEGIN
		　　INSERT INTO LOGON_TABLE
		　　（　username,
		　　　　ipaddress,
		　　　　hostname,
		　　　　module,
		　　　　osuser,
		　　　　logondate）
		　　VALUES
		　　（　SYS_CONTEXT('USERENV', 'SESSION_USER'),
		　　　　SYS_CONTEXT('USERENV', 'IP_ADDRESS'),
		　　　　SYS_CONTEXT('USERENV', 'HOST'),
		　　　　SYS_CONTEXT('USERENV', 'MODULE'),
		　　　　SYS_CONTEXT('USERENV', 'OS_USER'),
		　　　　SYSDATE）;
		　　END;

3	数据库应配置日志功能，记录用户对数据库的操作，包括但不限于以下内容：账号创建、删除和权限修改，口令修改，读取和修改数据库配置，读取和修改用户业务数据、身份数据、涉及隐私数据。记录需要包含用户账号、操作时间、操作内容以及操作结果	使用管理员登录，创建 Oracle 触发器，记录相关信息 a. 建表 　　drop table alter_audit_trail; 　　CREATE TABLE alter_audit_trail 　　（ 　　　　object_owner VARCHAR2(30), 　　　　object_name VARCHAR2(30), 　　　　object_type VARCHAR2(30), 　　　　ddl_by_user VARCHAR2(30), 　　　　sys_event VARCHAR2(30), 　　　　alte_time DATE 　　）; 　　drop table create_audit_trail; 　　CREATE TABLE create_audit_trail 　　（ 　　　　object_owner VARCHAR2(30), 　　　　object_name VARCHAR2(30), 　　　　object_type VARCHAR2(30), 　　　　ddl_by_user VARCHAR2(30), 　　　　sys_event VARCHAR2(30), 　　　　create_time DATE 　　）; 　　drop table drop_audit_trail; 　　CREATE TABLE drop_audit_trail

序号	配 置 内 容	安 全 基 线

3	数据库应配置日志功能，记录用户对数据库的操作，包括但不限于以下内容：账号创建、删除和权限修改，口令修改，读取和修改数据库配置，读取和修改用户业务数据、身份数据、涉及隐私数据。记录需要包含用户账号、操作时间、操作内容以及操作结果	（
		　　object_owner VARCHAR2(30),
		　　object_name VARCHAR2(30),
		　　object_type VARCHAR2(30),
		　　ddl_by_user VARCHAR2(30),
		　　sys_event VARCHAR2(30),
		　　drop_time DATE
		）;
		b. 建触发器
		　　CREATE OR REPLACE TRIGGER tri_ddl_audit_trail
		　　AFTER ALTER OR CREATE OR DROP ON soc_sa_ap. SCHEMA
		　　BEGIN
		　　IF sys. sysevent = 'ALTER' THEN
		　　INSERT INTO alter_audit_trail VALUES
		　　(sys. dictionary _ obj _ owner, sys. dictionary _ obj _ name, sys. dictionary _ obj _ type,
		sys. login_user, 'alter', sysdate);
		　　ELSIF sys. sysevent = 'CREATE' THEN
		　　INSERT INTO create_audit_trail VALUES
		　　(sys. dictionary _ obj _ owner, sys. dictionary _ obj _ name, sys. dictionary _ obj _ type,
		sys. login_user, 'create', sysdate);
		　　ELSIF sys. sysevent = 'DROP' THEN
		　　INSERT INTO drop_audit_trail VALUES
		　　(sys. dictionary _ obj _ owner, sys. dictionary _ obj _ name, sys. dictionary _ obj _ type,
		sys. login_user, 'drop', sysdate);
		　　END IF;
		　　END;

4	数据库应配置日志功能，记录与数据库相关的安全事件	使用管理员登录，创建 Oracle 触发器，记录相关信息
		a. 建表 LOGON_TABLE
		　　drop table LOGON_TABLE;
		　　create table LOGON_TABLE
		　　(　　username varchar2(30),
		　　　　ipaddress varchar2(64),
		　　　　hostname varchar2(64),
		　　　　module varchar2(64),
		　　　　osuser varchar2(32),
		　　　　logondate date);
		b. 建触发器
		　　CREATE or replace TRIGGER TRI_LOGON
		　　AFTER LOGON ON DATABASE
		　　BEGIN
		　　INSERT INTO LOGON_TABLE
		　　(　　username,
		　　　　ipaddress,
		　　　　hostname,
		　　　　module,
		　　　　osuser,
		　　　　logondate)
		　　VALUES
		　　(　　SYS_CONTEXT('USERENV', 'SESSION_USER'),
		　　　　SYS_CONTEXT('USERENV', 'IP_ADDRESS'),
		　　　　SYS_CONTEXT('USERENV', 'HOST'),
		　　　　SYS_CONTEXT('USERENV', 'MODULE'),
		　　　　SYS_CONTEXT('USERENV', 'OS_USER'),
		　　　　SYSDATE);
		　　END;

7.3.3 网络设备安全配置基线

网络设备为等级保护对象提供安全防护措施的同时，也需要保证其自身安全。基于网络安全等级保护基本要求中安全计算环境对网络设备的要求，在网络安全建设时，应对网络设备进行安全基线配置，提升网络产品自身的安全合规能力。本小节以华为路由器为例介绍网络设备在计算环境中如何进行安全配置，见表7-9。

表 7-9　网络设备安全配置示例

序号	安全类别	配置内容	安全基线
1	身份鉴别	对于采用静态口令认证技术的设备，口令长度至少8位，并包括数字、小写字母、大写字母和特殊符号4类中的至少两类	参考如下命令，修改账号密码： 　aaa 　local-user <用户名> password cipher <密码>
2		对于使用IP进行远程维护的设备，应配置使用SSH等加密协议	参考如下命令，配置加密访问： 　# 　aaa 　local-user client001 password simple huawei 　local-user client002 password simple quidway 　authentication-scheme default 　# 　authorization-scheme default 　# 　accounting-scheme default 　# 　domain default 　# 　ssh user client002 assign rsa-key quidway002 　ssh user client001 authentication-type password 　ssh user client002 authentication-type RSA 　# 　user-interface con 0 　user-interface vty 0 4 　authentication-mode aaa 　protocol inbound ssh
3		配置定时账户自动登出，登出后用户需再次登录才能进入系统	参考如下命令，配置定时登出： 　user-interface vty 0 4 　idle-timeout 20 0
4	访问控制	应按照用户分配账号，避免不同用户间共享账号，避免用户账号和设备间通信使用的账号共享	执行如下命令，添加账号： 　aaa 　local-user <用户名> password cipher <密码> 　local-user <用户名> service-type <登录方式> 　# 　user-interface vty 0 4 　authentication-mode aaa
5		应删除与设备运行、维护等工作无关的账号	执行如下命令，删除账号： 　aaa 　undo local-user test

（续）

序号	安全类别	配 置 内 容	安 全 基 线
6	访问控制	限制具备管理员权限的用户远程登录。远程执行管理员权限操作，应先以普通权限用户远程登录后，再切换到管理员权限账号执行相应操作	参考如下命令，限制账号远程登录： super password level 3 cipher superPWD aaa local-user user1 password cipher PWD1 local-user user1 service-type telnet local-user user1 level 2 # user-interface vty 0 4 authentication-mode aaa
7		在设备权限配置能力内，根据用户的业务需要，配置其所需的最小权限	1）查看账号权限： display current-configuration configuration aaa 2）根据业务需要调整账号权限，参考如下 aaa local-user 8011 password cipher 8011 local-user 8011 service-type telnet local-user 8011 level 0 # user-interface vty 0 4 authentication-mode aaa
8	安全审计	设备应配置日志功能，对用户登录进行记录，记录内容包括用户登录使用的账号、登录是否成功、登录时间，以及远程登录时用户使用的 IP 地址	执行如下命令，配置日志记录： info-center console channel 0
9		设备应配置日志功能，记录与设备相关的安全事件	执行如下命令，配置日志记录： info-center enable
10		开启 NTP 服务，保证日志功能记录的时间准确性。路由器与 NTP SERVER 之间要开启认证功能	参考如下命令，开启 NTP 服务： ntp-service authentication-keyid 1 authentication-mode md5 N'C55QK<^=/Q=^Q'MAF4<1! ntp-service unicast-server X.X.X.X authentication-keyid 1
11	入侵防范	关闭未使用的端口	参考如下命令，关闭端口： [HW-Ethernet3/0/0]shutdown
12		关闭网络设备不必要的服务，比如 FTP、TFTP 服务等	参考如下命令，关闭服务： undo ftp server
13		为防止 ARP 欺骗攻击，出于安全考虑，应将不使用 ARP 代理的路由器的该功能关闭	参考如下命令，关闭 ARP 服务： arp-proxy disable

7.4　应用系统安全

在应用层面运行的是应用系统或应用程序，应用安全包括应用程序运行安全和应用资源安全两个方面。应用系统安全除保证系统开发安全外，还需关注应用系统的安全部署、安全配置和安全运维，防止应用系统在运行过程中出现不稳定、不可靠和资源被非法访问与篡改等安全事件。本节以 Web 应用安全为例介绍如何进行应用安全实践。应用程序安全部署相关的服务器、数据库安全可参考前面小节的内容。

7.4.1 应用系统安全防护措施

基于网络安全等级保护基本要求条款，为保证应用系统安全，应用系统在实际部署和安全运维过程中需采取下列安全防护措施。

1. 身份鉴别安全措施

身份鉴别是应用系统与用户建立信任关系、确认操作者身份的过程。应用系统的登录控制模块应具备下列功能：

1）鉴别信息复杂度检测功能。应用系统需具备鉴别信息复杂度检测功能，通过系统内置条件判断用户设置的鉴别信息是否为弱口令，当发现弱口令时，应拒绝用户将其设置为鉴别信息并给出设置建议。在用户首次登录系统时，要求用户修改初始鉴别信息，设置定期更换鉴别信息，并设置告警机制；对于超出期限未更换鉴别信息的账号，应锁定或冻结以限制其登录，只有重置鉴别信息并通过复杂度检测后才允许登录。

2）登录失败处理功能。应用系统需具备对暴力破解、字典攻击等针对身份标识和鉴别信息猜解行为的防护能力，对单个账号（单个 IP 地址）单位时间内的登录失败次数设置阈值，一旦用户登录行为超过阈值就触发账号保护机制，禁止一段时间内该账号（该 IP）的登录行为，一段时间后再恢复其权限。

3）鉴别信息找回重置功能。当用户鉴别信息丢失或失效时，应用系统可通过用户注册信息找回他们的鉴别信息。对于重要的系统，不宜提供在线找回鉴别信息的功能，而应由专职安全人员负责口令找回或重置。

4）支持双因素认证。应用系统需支持双因素认证，如使用用户名口令和 IC 卡、令牌或 UKey 等。

2. 访问控制安全措施

应用系统应具备下列访问控制措施：

1）应用系统应具备访问控制功能，为登录的用户分配相应的权限，应用系统的访问控制需要达到一定的颗粒度。对于主体，即发起访问的一方，颗粒度必须达到用户级；对于客体，即被访问的资源，颗粒度必须达到文件级或数据库表级、记录级或字段级。

2）对于应用系统内置的账号，必须修改其用户名和口令。

3）对于人员流动、功能测试等原因产生的多余或过期的账号，必须删除或停用，并避免出现多人使用同一账号的情况发生。

4）在配置访问控制策略时要考虑最小权限原则，仅为其分配主体完成工作所需的最小权限，并注意不同角色之间权限的制衡，防止发生共谋等情况。

5）应用系统应支持基于角色的访问控制。对于重要的应用系统，应在基于角色的访问控制的基础上配置强制访问控制功能。

3. 安全审计措施

应用系统需具有安全审计模块，对用户的登录成功与失败、用户的密码修改与重置、用户的信息更改、用户对重要资源的访问与修改、访问控制策略变更等事件的日期、用户名、IP 地址、事件类型（登录、配置修改、资源访问）、具体操作及操作是否成功等进行安全审计，并对审计记录进行定期统计分析，审计记录留存时间应在 6 个月以上。

4. 软件容错安全措施

应用系统需具备一定的容错功能，首先需要对用户输入数据的有效性进行校验，确保用户按照系统规定的格式提交数据。对于非法的可能损害系统的字符、语句，可以选择过滤、转义或拒绝。应用系统应自动保存故障发生时的系统、数据、业务等状态，保证系统可以快速恢复到正常运行的状态。

5. 资源控制安全措施

应用系统应具有资源控制功能，用户在登录应用系统后在规定的时间内未执行任何操作，应自动退出系统，并对系统所能支持的最大登录人数、使用同一账号同时登录系统的人数进行限制。为避免磁盘空间不足、CPU 利用率过高等情况发生，应对每个访问账号或请求进程占用的资源进行限制。

7.4.2　Web 体系架构

Web 体系架构包括 Web 传输协议（HTTP、HTTPS）、服务端软件（Apache、IIS、Tomcat 等）、数据库、应用程序（用 ASP、PHP、JSP、Java、Python 等语言开发）和客户端软件（Internet Explorer、Firefox、Opera、Chrome 等）。

1. Web 传输协议

超文本传输协议（Hypertext Transfer Protocol，HTTP）定义了客户端与服务端进行交互时必须遵循的规则，客户端只有遵循这个协议标准才能从服务器获取资源。使用 HTTP 的会话过程，所有数据都是明文传输的，可能导致敏感信息泄露。为避免信息在通信过程中被攻击者非法截获，需在 HTTP 的基础上加入 SSL 协议，即安全套接字层超文本传输协议（Hypertext Transfer Protocol over Secure Socket Layer，HTTPS），SSL 依靠证书来验证服务器的身份，并为服务端与客户端间的通信加密。

2. 服务端软件

Web 服务端软件包括 Apache、IIS、Tomcat、WebSphere、WebLogic 等。Web 服务端自身存在的安全问题可能被攻击者利用来入侵系统，从而影响 Web 应用的安全性。Web 服务端软件面临的主要安全问题有软件本身的漏洞和软件安全配置的缺陷。

3. 客户端软件

Web 客户端主要是指各种浏览器，是 Web 用户的操作界面。与 Web 服务端软件一样，客户端软件也会存在各种安全漏洞，如软件自身漏洞、插件漏洞和组件漏洞，这些漏洞可能被攻击者利用，从而对 Web 应用发起攻击，如消耗系统资源、非法读取用户本地文件、非法写入文件等。

7.4.3　Web 应用的安全问题

Web 应用程序是指通过浏览器与服务器进行通信，从而加以访问的应用程序。随着技术的发展，Web 的功能和交互性在逐步增强，承载的业务也越来越多。大量数据存储在各种 Web 系统中，这使得 Web 应用成为攻击者的主要目标对象。常见的 Web 应用安全问题见表 7-10。

表 7-10　常见的 Web 应用安全问题

序号	安全问题	问题描述	危　害
1	不完善的身份验证机制	应用系统登录过程中身份验证机制存在各种缺陷	可能导致攻击者破解口令或者绕开登录验证

（续）

序号	安全问题	问题描述	危　害
2	传输保护不足	Web 应用程序在传输重要信息时未采用安全的传输通道	导致敏感信息在传输过程中泄露或被恶意篡改
3	不完善的访问控制机制	由于某些 Web 应用程序没有做好权限控制，导致攻击者直接访问 Web 程序，无法为用户数据提供全面保护	攻击者可以查看其他用户保存在服务器中的敏感信息，或者执行特权操作
4	SQL 注入	由于程序员缺乏安全开发经验，在代码层未对用户输入数据的合法性进行判断，导致攻击者将 SQL 语句提交到数据库，从而绕过安全机制操作数据库	攻击者可利用 SQL 注入漏洞提交专门设计的输入，破坏或改变 Web 应用程序与后端数据库的交互操作，从而获取敏感数据或直接在数据库服务器上执行命令
5	跨站脚本攻击	由于网页支持脚本的执行，而程序员又没有对用户输入的数据进行严格控制，使得攻击者可以向 Web 页面插入恶意 HTML 代码，当用户浏览该页面时，嵌入其中的 HTML 代码会被执行，从而实现攻击者的特殊目的	攻击者可以利用该漏洞攻击 Web 应用程序的其他用户、访问他们的信息、代表他们执行未授权操作，或者向其发动其他攻击
6	伪造跨站请求	一种控制终端用户在已登录的 Web 应用程序上执行非法操作的攻击方法	攻击者借助少许的社会工程手段，迫使用户去执行攻击者需要的操作
7	信息泄露	未对应用程序中的重要数据进行加密存储或完整性校验，导致 Web 应用程序泄露敏感信息	攻击者利用泄露的敏感信息，通过有缺陷的错误处理或其他行为攻击 Web 应用程序

7.4.4　Web 应用安全防护实践

针对 Web 应用程序常见的安全问题，基于网络安全等级保护基本要求对应用程序的安全要求和攻击者常见的攻击路径，主要的应用安全防御机制有下列几种：

- 防止访问 Web 应用程序的用户获得未授权访问。
- 防止用户错误输入而导致 Web 应用程序面临安全威胁。
- Web 应用通信过程中保障数据的保密性。
- 安全管理 Web 应用程序。

1. 应用程序安全配置

为确保 Web 用户访问安全，在 Web 应用安全建设时，基于网络安全等级保护基本要求，可从身份鉴别、访问控制和安全审计 3 个方面进行安全实践。

1）在身份鉴别方面，重点关注 Web 应用用户身份鉴别功能，主要包括专用的登录控制模块和双因素认证。

2）在访问控制方面，基于用户角色的访问控制为登录应用系统的用户分配账号，并分配其完成工作所需的最小特权。对于第三级 Web 应用系统，可以在基于角色访问控制的基础上，为应用系统的功能菜单和操作分配安全标记。安全标记由级别和范畴组成。其中，级别为资源的重要程度，范畴为资源可被使用的范围。

3）在安全审计方面，开启应用系统安全审计模块，并定期将审计记录转存至日志服务器或日志审计类专用产品。

2. Web 应用防火墙

针对 Web 应用安全，除了确保应用系统自身的安全外，也可以通过相应的技术进行防护，部署 Web 应用防火墙（Web Application Firewall，WAF）可防护针对 Web 的特有入侵方式，如 SQL 注入、XML 注入、XSS 等，以保证核心应用系统稳定地运行。

典型的 WAF 部署方式如图 7-3 所示。

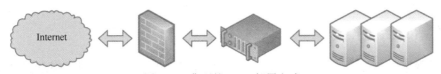

图 7-3　典型的 WAF 部署方式

WAF 的部署方式包括下列几种：

1）透明模式（桥模式）：WAF 截取、监听 Web 用户和 Web 服务器之间的 TCP 会话，并基于桥模式进行转发。即 Web 客户端和 Web 服务器都感觉不到 WAF 的存在。

2）反向代理模式：WAF 映射 Web 服务器的 IP 地址，Web 客户端直接访问 WAF。当 WAF 收到 Web 客户端的请求报文后，将该请求转发给真实的 Web 服务器，Web 服务器收到请求后将响应发送给 WAF，由 WAF 再将应答发送给 Web 客户端。Web 服务器被完全隔离，安全性最高。

3）路由代理模式：与网桥透明模式的唯一区别是基于路由模式转发，而非基于网桥模式转发。

4）端口镜像模式：将交换机端口上的 HTTP 流量镜像到 WAF 上进行监控和报警，不拦截阻断会话。

WAF 是集 Web 防护、网页保护、负载均衡、应用交付于一体的 Web 整体安全防护设备，主要针对 Web 服务器进行 HTTP/HTTPS 流量分析，防护以 Web 应用程序漏洞为目标的攻击，并针对 Web 应用访问的各方面进行优化，以提高 Web 或网络协议应用的可用性和安全性，确保 Web 业务应用能够快速、安全、可靠地交付。

3. 网页防篡改

网页防篡改的基本原理是对 Web 服务器上的页面文件（目录下文件）进行监控，发现有恶意更改就及时恢复原状，防止来自外部或内部的非授权人员对页面和内容进行篡改及非法添加。网页防篡改实现的方式有两种：第一种是对需要保护的文件进行备份，使用轮询的方式进行比较，如果发现 Web 服务器上的文件与备份的不一致，就使用备份覆盖网站文件；第二种是通过事件触发，由守护进程监控对受保护文件的操作行为，如果发现了改变、删除等非法行为，就对操作进行阻断。

如图 7-4 所示，某单位通过部署网页防篡改系统保护门户网站，防止被恶意篡改的内容发布到网上，并能够自动恢复已篡改的网页页面。

图 7-4　网页防篡改系统部署示意图

7.5　数据安全

数据是数字经济时代的核心要素，安全计算环境涉及数据安全的控制点包括数据完整性、数据保密性、数据备份恢复、剩余信息保护和个人信息保护。在网络与信息系统中，需要通过认证授权、权限控制、加密技术等多种技术手段和措施，保障数据在全生命周期各阶段的安全。

7.5.1　数据安全基础

数据生命周期由创建、存储、使用、归档、共享和销毁等阶段组成，如图 7-5 所示。

图 7-5　数据生命周期

其中，数据生命周期各阶段的活动内容如下：
1）创建：表示数字数据的产生或对已存在内容的修改。
2）存储：表示数字数据提交到数据存储仓库，与数据创建同步。
3）使用：表示查看数据、处理数据或其他数据使用活动。
4）归档：将不频繁使用的数据进行长期保存。
5）共享：表示让其他实体访问数据的活动，如用户间共享数据。
6）销毁：使用物理或数字方式永久清除数据。

数据生命周期内数据安全面临的威胁见表 7-11。

表 7-11　数据安全面临的威胁

数据生命周期阶段	面临的威胁
创建	用户需为数据添加类型、安全级别等属性，并对数据的处理进行跟踪审计，可能产生数据安全级别划分不当、审计策略不当的问题
存储	数据存储逻辑位置不确定、多用户（类型）数据混合存储、数据丢失或被篡改
使用	访问控制策略配置不当、数据传输存在风险
归档	数据在归档时无法满足合规性（制度、策略）
共享	数据格式转换时导致数据完整性遭到破坏 应用程序自身存在漏洞可能导致数据在共享时发生泄露、丢失以及被篡改
销毁	数据清除不彻底

基于数据生命周期面临的安全威胁，数据安全在各阶段应采取的安全防护措施见表 7-12。

表 7-12　数据安全防护措施

数据生命周期阶段	数据安全防护措施	安全防护目的
创建	数据采集认证和风险评估	明确采集规范，制定采集策略，完善数据采集风险评估以及保证数据采集的合规合法性，对数据来源进行鉴别和记录
存储	数据传输加密控制	使用合适的加密算法对数据进行加密传输
使用	数据授权和脱敏使用	明确数据脱敏的业务场景和统一使用适合的脱敏技术，实现数据在使用过程中的数据脱敏

（续）

数据生命周期阶段	数据安全防护措施	安全防护目的
归档	数据存储加密	制定存储介质标准和对存储系统的安全防护，对归档数据进行加密存储
共享	数据安全共享交换	建立数据安全共享机制，保证数据在共享过程中的安全
销毁	数据销毁追溯与责任	建立销毁监察机制，严防数据销毁阶段可能出现的数据泄露问题

数据安全主要是指通过各种手段（安全措施、安全服务）来保障数据在生命周期各个阶段的保密性、可用性和完整性。综合数据生命周期各阶段可能面临的威胁及安全问题，数据安全保护建设应关注下列几个重点内容：

1）梳理数据资产，合理对数据进行分类分级。

2）保证数据在传输和存储过程中的保密性、完整性。

3）数据防泄露，防止非法篡改。

4）采取数据备份机制来提高数据可用性。

5）在计算资源、存储资源被释放时，采用数据清除机制彻底销毁数据。

7.5.2　数据安全实践

网络安全等级保护基本要求将数据安全放在了安全计算环境这一安全类，与等级保护1.0 阶段不同的是，数据安全不仅指业务数据的安全，等级保护 2.0 中的数据安全更侧重于整个等级保护对象所涉及的数据安全。数据包括管理数据、业务数据以及审计数据，其中，管理数据包括配置数据、鉴别信息、镜像文件、快照数据、个人信息等。在安全计算环境中关于数据安全的实践包括数据完整性、数据保密性、数据备份与恢复、剩余信息保护和个人信息保护的实践。

1. 数据完整性与保密性

数据的完整性和保密性可以由应用系统开发过程中同步采取基于密码技术的相关功能实现，如 HTTPS 或 SSL 证书。但数据保护是个复杂的过程，由于数据的分散性和流动性，在终端、网络、数据库等各层面也需要采用相关的数据防护措施。

（1）数据分类分级

为了实现数据监控和审计，数据分类分级是必不可少的。首先明确数据主要存储的位置，对数据进行结构化分类分级，实现对数据资产安全进行敏感分级管理，并依据各级别部署相对应的数据安全策略，以保障数据资产全生命周期过程中数据的保密性、完整性、真实性和可用性。

（2）数据权限管理

数据权限管理包括对文件系统的访问权限进行一定的限制，对网络共享文件夹进行必要的认证和授权等。除非特别必要，可禁止在个人的计算机上设置网络文件夹共享。

（3）数据和文档加密

网络设备、操作系统、数据库系统和应用程序的鉴别信息，敏感的系统管理数据和用户数据应采用加密或其他有效措施实现传输保密性和存储保密性。当使用便携式和移动式设备时，应对设备中的数据进行加密。

（4）数据和文档日志审计管理

使用审计策略对文件夹、数据和文档进行审计，审计结果记录在安全日志中，通过安全日志就可查看哪些组或用户对文件夹、文件进行了什么级别的操作，从而发现系统可能面临的非法访问，并通过采取相应的措施将这种安全隐患减到最低。

（5）数据传输保密

可通过 VPN 组件实现网络传输层数据的完整性和保密性防护，如通过 VPN 组件实现同城/异地备份中心的传输加密，通过 HTTPS 实现数据在客户端与服务端传输过程中的保密性和完整性。可使用数据加密系统实现关键管理数据、鉴别信息以及重要业务数据存储的完整性和保密性。对于存在大量敏感信息的系统，可针对信息系统和数据在使用过程中面临的具体风险进行整体分析，采用专业的数据防泄密系统（Data Leakage/Loss Prevention，DLP）对数据进行全生命周期防护。

2. 数据备份与恢复

在网络安全建设时，针对数据备份与恢复，应考虑下列几点内容：

1）选择合适的备份频率，如对于一些门户网站可定期进行备份（每天增量、每周全量的备份方式）；对于一些实时性高的系统，如在线交易类系统，应实时进行全量或增量的备份或进行异地实时备份。

2）根据数据的重要性，可选择一种或几种备份交叉的形式制定备份策略。

3）当数据库比较小或对数据库的实时性要求较弱时，可采用磁盘或光盘进行数据备份，通常采取每天增量、每周全量的备份方式；对于每周全量的备份数据，为保证其可用性，保存时间应至少一周。此处需注意，通常数据备份时间选在晚间服务器空闲时间段。

4）当对数据库的实时性要求较高或数据的变化较多且需要长期保存时，备份介质可采用磁盘或磁带，可通过每天两次全量或每小时一次数据库热完全备份或事务日志备份。对于每天的备份数据，为保证其可用性，保存时间应至少一个月；同时为增加备份数据的可靠性，可每季度或每半年再做一次光盘备份，以防止备份介质损坏而导致备份数据丢失。此外，当数据库的结构发生变化或进行批量数据处理前，应进行数据库全量备份并长期保存。

5）当实现数据库文件或者文件组备份策略时，应时常备份事务日志，当巨大的数据库分布在多个文件上时必须使用这种策略。

6）备份数据的保管和记录是防止数据丢失的另一个重要的因素。实际网络安全建设时，应加强对备份存储介质的保护，可采取下列防护措施：

- 数据备份设备与服务器分散保管在不同的地方，通过网络进行数据备份。
- 定时清洁和维护磁带或光盘。
- 将磁带和光盘放置在合适的地方，避免磁带和光盘放置在过热和潮湿环境。
- 严格限制备份磁带和光盘的访问。
- 完整、清晰地做好备份磁带和光盘的标签。

3. 剩余信息保护

剩余信息包括内存中的剩余信息和硬盘中的剩余信息，保护方法如下。

（1）内存中的剩余信息保护

内存中剩余信息保护的重点是在释放内存前，将内存中存储的信息删除，即将内存清空或者写入随机的无关信息。通常情况下，应用系统在使用完内存中的信息后，是不会对其使用过的内存进行清理的。这些存储信息的内存在程序的身份认证函数（或者方法）退出后，仍然存储在内存中，如果攻击者对内存进行扫描就会得到存储在其中的信息。为了达到对剩余信息进行保护的目的，需要身份认证函数在使用完用户名和密码信息后，对曾经存储过这些信息的内存空间进行重新写入操作，将无关（或者垃圾）信息写入该内存空间，也可以对该内存空间进行清零操作。

（2）硬盘中的剩余信息保护

硬盘中剩余信息保护的重点是：在删除文件时，可通过将文件的存储空间清空或者写入随机的无关信息覆盖原文件内容的方式，将对文件中存储的信息进行删除。

4. 个人信息保护

可以部署上网行为管理等设备或应用安全配置项，通过访问控制限制对用户信息的访问和使用，实现禁止未授权访问和非法使用用户个人信息。同时，组织应当按照等级保护相关要求制定保障个人信息安全的管理制度和流程，严格按照个人信息保护管理制度和流程进行操作，对违反个人信息保护管理制度和流程的人员进行处罚，保障用户个人隐私数据信息和利益不受到侵害。

采集的个人信息包括但不限于姓名、性别、年龄、电话、地址等个人隐私数据，应当按照法律法规要求妥善保管，必要时可采取加密措施对数据的传输和存储进行加密处理，以保障用户的个人数据不会被泄露或篡改。按照工作职能和人员的岗位职责分配业务系统账号与访问权限，保证数据库内存储的个人信息不被用户越权访问。

【本章小结】

本章对网络安全等级保护安全计算环境要求条款进行了解读说明，对身份鉴别、访问控制、安全审计、入侵防范和恶意代码防范的安全措施基础知识进行了介绍，并介绍了如何进行安全实践。为更好地理解网络安全等级保护安全计算环境的要求，本章从设备类安全基线、应用系统安全、数据安全进一步介绍了安全计算环境在网络安全建设时的安全实践要点。读者应在熟悉等级保护条款要求和安全计算环境安全防护基础知识的基础上，熟练掌握安全计算环境的安全实践方法和原理。

7.6　思考与练习

一、判断题

1. （　　）用户名/口令的鉴别方式属于双因素。

2. （　　）操作系统复杂口令的安全性已足够，不需要定期修改。

3. （　　）数据库管理系统通常提供授权功能来控制不同用户访问数据的权限，这主要是为了实现数据库的可靠性。

4. （　　）在网络安全等级保护三级系统中，相比二级系统，安全计算环境新增的控制点有可信验证和数据保密性。

5. （　　）在对数据进行差异备份前，仍需进行数据库的全量备份。

二、选择题

1. WAF 的中文含义是（　　）。

A. 入侵检测系统　　　B. 入侵防御系统　　　C. 防火墙　　　D. Web 应用防火墙

2. 下列（　　）不属于网络安全等级保护安全计算环境中的控制点。

A. 安全审计　　　　　B. 访问控制　　　　　C. 身份鉴别　　　D. 边界防护

3. 下列协议中，（　　）不是专用的安全协议。

A. SSL　　　　　　　B. ICMP　　　　　　　C. VPN　　　　　D. HTTPS

4. Web 应用防火墙工作在 OSI 模型的（　　）。

A. 应用层 　　　　　B. 表示层 　　　　　C. 会话层 　　　D. 网络层和传输层

5. 不属于数据备份的方式是（　　　）。

A. 完全备份 　　　　　B. 增量备份 　　　　　C. 差量备份 　　　D. 日志备份

三、简答题

1. 简要阐述安全计算环境防护需关注哪些安全控制点。

2. 简述安全计算环境保护的对象有哪些。

3. 操作系统在身份鉴别方面需满足哪些要求？

4. 如何理解安全计算环境安全审计？

5. 简要概述身份鉴别如何进行安全实践。

第 8 章

安全管理中心

依据《信息安全技术 网络安全等级保护安全设计技术要求》（GB/T 25070—2019），第二级以上的定级系统安全保护环境需要设置安全管理中心。安全管理中心是构建网络安全"一个中心，三重防护"纵深防御体系的核心一环，主要面向等级保护对象全网信息处理设施的集中化管理，旨在实现网络和信息系统的统一管理、统一监控、统一审计、综合分析与协同防护。本章介绍了《信息安全技术 网络安全等级保护基本要求》（GB/T 22239—2019）中安全管理中心第三级要求条款，并对安全管理中心建设实践时需关注的重点内容进行了阐述。

8.1 安全管理中心要求

安全管理中心是对定级系统的安全策略及安全计算环境、安全区域边界、安全通信网络的安全机制实施统一管理的平台或区域，是网络安全等级保护对象安全防御体系的重要组成部分，涉及系统管理、审计管理、安全管理和集中管控 4 个方面。

本节以网络安全等级保护第三级要求为例，对安全管理中心的要求条款进行解读。

1. 系统管理

【条款】

1）应对系统管理员进行身份鉴别，只允许其通过特定的命令或操作界面进行系统管理操作，并对这些操作进行审计。

2）应通过系统管理员对系统的资源和运行进行配置、控制和管理，包括用户身份、系统资源配置、系统加载和启动、系统运行的异常处理、数据和设备的备份与恢复等。

【条款解读】

《信息安全技术 网络安全等级保护安全管理中心技术要求》（GB/T 36958—2018）标准将安全管理中心技术要求分为功能要求、接口要求和自身安全要求三大类。其中，功能要求从系统管理、安全管理和审计管理 3 个方面提出了具体要求，见表 8-1。

表 8-1 安全管理中心功能要求

功 能	功 能 描 述
系统管理	通过系统管理员对系统的资源和运行进行配置、控制和管理，包括用户身份管理、系统资源配置、系统加载和启动、系统的运行异常处理以及支持管理本地和异地灾难备份与恢复等
审计管理	通过安全审计员对分布在系统各个组成部分的安全审计机制进行集中管理，包括根据安全审计策略对审计记录进行分类，提供按时间段开启和关闭相应类型的安全审计机制，对各类审计记录进行存储、管理和查询等。安全审计员对审计记录进行分析，并根据分析结果进行及时处理
安全管理	通过安全管理员对系统中的主体、客体进行统一标记，对主体进行授权，配置一致的安全策略，并确保标记、授权和安全策略的数据完整性

条款1）要求安全管理中心的登录控制模块能够对系统管理员进行身份鉴别，与安全计算环境中各类设备对用户的身份鉴别要求一致，也要求对管理员用户身份唯一性标识及鉴别信息进行复杂度检查，确保用户身份信息不易被冒用。此外，还要求安全管理中心提供访问控制功能，对系统管理员进行权限限制，要求其通过特定的命令或操作界面进行职责范围内的操作，并对操作记录进行及时审计。例如，整个网络和信息系统通过堡垒机（安全运维网关）对服务器或设备进行管理时，堡垒机应对系统管理员进行身份鉴别，并限制其在实际运维管理时仅通过特定的命令或操作界面进行操作，以限制管理员随便进入后台执行其他操作。

条款2）对系统管理员的职责提出了相应要求。

：课堂小知识

在网络和信息系统进行安全角色划分时，通常会建立系统管理员、安全管理员和安全审计员3类岗位或角色，并不是3个人，可以是多个自然人。

系统管理员主要负责网络和信息系统的日常运维工作，主要职责是确保网络和信息系统无故障运行。系统管理员应能够进行网络和系统的安装及维护工作，进行系统功能、实时性能的监控和必要的状态检查，还应定期备份数据，确保系统发生中断或运行瘫痪时及时排除故障，降低损失。此外，系统管理员还应对系统的运行情况进行分析，确保能够进行合理扩容、改造。

安全管理员主要负责网络和信息系统的日常安全管理工作，包括对用户权限管控以及对系统日志进行审查分析，负责整个系统的安全工作。安全管理员应确保系统权限分配策略与系统内的用户一一映射，且能够形成文档化的用户权限列表。

安全审计员主要负责对系统管理员、安全管理员的操作行为进行审计、跟踪、分析、监督、检查，及时发现违规行为，并定期向系统安全管理机构汇报相关情况。

基于3类岗位或角色的工作职责和工作性质，在网络安全建设中，为保证网络安全审计工作的公正性、系统配置的合理性，通常会要求系统管理员、安全管理员、安全审计员相互独立，不得兼任，即"三员分立"。

此外，三权分类中的三权分别指配置、授权和审计，即在网络安全建设时废除超级管理员，基于用户权限设置三类角色。

---

2. 审计管理

【条款】

1）应对审计管理员进行身份鉴别，只允许其通过特定的命令或操作界面进行安全审计操作，并对这些操作进行审计。

2）应通过审计管理员对审计记录进行分析，并根据分析结果进行处理，包括根据安全审计策略对审计记录进行存储、管理和查询等。

【条款解读】

条款1）要求安全管理中心的登录控制模块能够对审计管理员进行身份鉴别，与安全计算环境中各类设备和应用系统对用户的身份鉴别要求一致，也要求对审计管理员的身份唯一性标识及鉴别信息的复杂度进行检查。此外，要求对安全审计员进行权限限制，要求其通过特定的命令或操作界面进行职责范围内的操作，并对审计员的操作记录进行及时审计。例如，整个网络和信息系统通过堡垒机（安全运维网关）对服务器或设备进行管理时，堡垒机应对审计员进行身份鉴别，并限制其在实际运维管理时仅通过特定的命令或操作界面进行操作，以限制管理员随便进入后台执行其他操作。

条款 2）对审计管理员的职责提出了相应要求，要求审计管理员具备表 8-1 中审计管理模块所描述的工作职责。同时，审计管理员还应能够对主机操作系统、数据库系统、网络设备、安全设备的审计策略配置情况进行有效管理，如审计策略是否开启、参数设置是否符合安全策略等。

审计管理员对审计记录的分析包括两个主要工作：

- 审计数据采集：在审计数据采集时，应遵循"采集对象全覆盖"原则，确保审计数据采集对象覆盖主机操作系统、数据库系统、网络设备、安全设备、中间件、业务应用系统或相关平台等。同时，应对各类审计数据实现统一收集和归一化处理，并对采集的数据进行严格的权限管控，限制管理用户对审计数据的直接访问，实现系统管理用户和审计用户的权限分离，避免审计数据被非法删除、修改或覆盖。
- 审计数据分析：对来自不同采集对象的审计数据在同一个分析规则中进行分析，并对审计数据分析结果记录进行有效保存，留存时间至少 180 天。同时，审计数据应能够根据设定条件进行查询。

3. 安全管理

【条款】

1）应对安全管理员进行身份鉴别，只允许其通过特定的命令或操作界面进行安全管理操作，并对这些操作进行审计。

2）应通过安全管理员对系统中的安全策略进行配置，包括安全参数的设置，主体、客体进行统一安全标记，对主体进行授权，配置可信验证策略等。

【条款解读】

条款 1）要求安全管理中心的登录控制模块能够对被管理对象的安全管理员进行身份鉴别，如对其身份唯一性标识及鉴别信息的复杂度进行检查。此外，要求对安全管理员进行权限限制，要求其通过特定的命令或操作界面进行职责范围内的操作，并对操作记录进行及时审计。例如，整个网络和信息系统通过堡垒机（安全运维网关）对服务器或设备进行管理时，堡垒机应对安全管理员进行身份鉴别，并限制其在实际运维管理时仅通过特定的命令或操作界面进行操作，以限制管理员随便进入后台执行其他操作。

条款 2）对安全管理员的职责提出了相应要求。

安全管理员的主要工作职责是对整个网络和信息系统制定安全策略，并进行有效的配置，同时确保安全策略的完整性。例如，对主客体的安全标记（标记应具有唯一性）进行统一管理，依据安全标记的安全级别不同制定访问控制策略，控制主体对客体的访问。

👤：课堂小知识

安全管理中心作为一个系统区域，主要负责网络和系统的安全、运行、维护、管理，功能要求主要包括 3 部分：系统管理要求、安全管理要求和审计管理要求。其中，系统管理要求涉及的安全防护措施有用户身份管理、数据保护、安全事件管理、风险管理和资源监控；安全管理要求涉及的防护措施有安全标记、授权管理、设备策略管理和密码保障；审计管理要求涉及的防护措施有审计策略集中管理和审计数据集中管理。

---

4. 集中管控

【条款】

1）应划分出特定的管理区域，对分布在网络中的安全设备或安全组件进行管控。

2）应能够建立一条安全的信息传输路径，对网络中的安全设备或安全组件进行管理。

3）应对网络链路、安全设备、网络设备和服务器等的运行状况进行集中监测。

4）应对分散在各个设备上的审计数据进行收集汇总和集中分析，并保证审计记录的留存时间符合法律法规要求。

5）应对安全策略、恶意代码、补丁升级等安全相关事项进行集中管理。

6）应能对网络中发生的各类安全事件进行识别、报警和分析。

【条款解读】

集中管控是安全管理中心的核心要点，也是等级保护 2.0 "一个中心，三重防护"安全防护理念的核心。本控制点偏向日常安全运维，也是针对安全管理中心提出的功能性要求。

条款 1）要求网络中划分一个相对独立的网络管理区域，对全网中的安全设备或安全组件进行集中管理。如在网络中划分一个独立的网络安全区域，在安全域中部署安全管控类设备或系统。常见的安全管控类设备有网络集中管理系统、网络集中监控系统和网络集中审计系统等。

条款 2）要求通过带外管理或通过加密技术（如 SSH、HTTPS、IPSec VPN 等）的方式保证网络通信路径的安全性。带外管理是指通过专门的通道实现对网络的管理，将网络管理数据与业务数据分开，为网络管理数据建立独立通道，且在这个通道中只传输管理数据、统计信息、计费信息等。网络管理数据与业务数据分离，可以提高网络管理的效率与可靠性，也有利于提高网络管理数据的安全性。

条款 3）要求对网络链路、安全设备、网络设备、服务器及应用系统的运行状态进行集中实时监控，监视其可用性。通常可部署具备运行状态监测功能的系统或设备对关键指标（如 CPU 使用率、内存使用率、磁盘使用率、进程占用资源、交换分区、网络流量等）进行监测并设置阈值，当触发阈值时产生告警。

条款 4）要求对网络中的网络设备、安全设备、服务器及应用系统的所有日志进行集中的收集、统计、分析。通常可部署日志审计系统或日志服务器对基础网络平台及其上运行的各类型设备进行统一的日志收集、存储，并定期进行审计分析，从而发现潜在的安全风险。此外，根据法律法规要求，日志保存时间应不少于 6 个月。

条款 5）要求实现对各类型设备安全策略（安全配置参数信息）的统一管理，其中，设备包括网络设备、安全设备、服务器等，如实现对网络恶意代码和主机恶意代码防护软件病毒规则库的统一升级，实现对各类型设备补丁的统一升级管理等。

在网络安全建设时，通过安全管理中心实现安全策略的集中统一管理可有效提升安全设备安全防护机制的执行力。通常，涉及统一管理的安全策略有：

- 系统全局参数配置策略，如安全事件管理、资产管理、网络安全域划分、安全参数配置等。
- 网络安全域间的边界访问控制规则策略。
- 网络病毒和恶意代码防范管理策略。
- 补丁、恶意代码规则库升级管理策略。

- 统一身份认证与权限管控策略。
- 安全审计策略。

条款 6）要求能够通过集中管控措施，对基础网络平台范围内的各类安全事件进行实时的识别和分析，并通过声、光、短信、邮件等措施实时报警。

安全事件管理是安全管理中心的主要功能之一，通过安全事件管理能够实现整个网络和信息系统运行状况、安全状况的有效管理，便于及时发现网络和系统中存在的安全隐患和面临的安全风险，从而有效分析网络和信息系统的安全态势。当发生安全事件后，有效及时地告警，便于采取准确、高效的措施来降低安全事件的影响。

课堂小知识

安全运营中心即业界通常称的 SOC（Security Operations Center），可采用集中管理方式，统一管理网内安全产品，搜集所有网内资产的安全信息，并对各种多源异构数据源产生的信息进行收集、过滤、格式化、归并、存储，提供模式匹配、风险分析、异常检测等功能，使用户对整个网络的运行状态进行实时监控和管理，对各种资产（主机、服务器、IDS、IPS、WAF 等）进行脆弱性评估，对各种安全事件进行分析、统计和关联，以便及时发布预警，提供快速响应能力。

8.2 安全管理中心建设

安全管理中心作为网络和信息系统的一个重要区域，主要负责网络和信息系统的安全运维管理。安全管理中心通过安全管理域内的网络边界防护设备与其他网络区域进行安全配置数据的交互，从而完成整个系统安全策略和安全运维的统一管理。如图 8-1 所示，在安全管理中心部署的设备有堡垒机、漏洞扫描系统、病毒管理中心、终端安全管理服务器、NTP服务器、数据库审计系统、日志集中收集分析平台、安全管理中心控制台等设备。根据网络安全等级保护基本要求，安全管理中心在建设时应重点关注统一管理和集中管控两大功能的设计。

8.2.1 统一管理

建立安全管理中心时，部署安全运维管理平台实现对系统管理员、安全管理员、安全审计员的身份认证、授权，由系统管理员、安全管理员、安全审计员通过特定的命令或操作界面进行其职责范围内的操作，并对其操作行为进行审计。如图 8-1 所示，在安全管理中心部署堡垒机（安全运维网关），通过堡垒机对系统内的网络设备、安全设备、服务器和应用系统进行统一管理。本小节以堡垒机为例，介绍统一管理时需关注的重点内容。

1）系统级账号"三员分立"。根据系统管理员、安全管理员、安全审计员 3 类角色设置系统账号，并根据用户角色设定相应的管理权限，如图 8-2 所示。

2）对管理员进行身份认证。采用双因素认证方式和限制用户接入地址的方式，限制非法用户登录，如图 8-3 所示。

在网络安全实践时，通常会基于统一管控平台（如本例的堡垒机）实现对整个网络及信息系统中的各类设备、业务系统或相关平台的双因素认证，具体的双因素认证方式如图 8-4

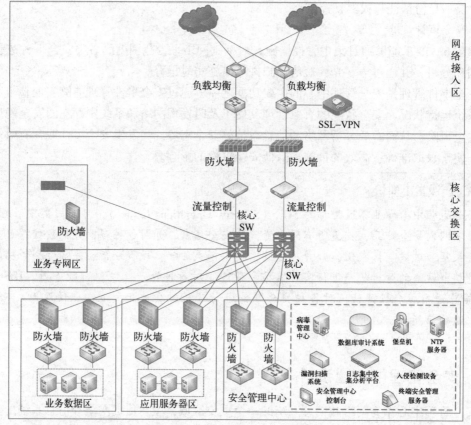

图 8-1　安全管理中心模型图

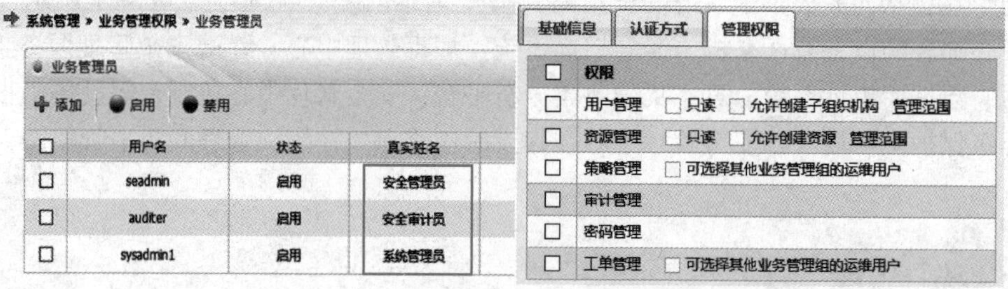

图 8-2　堡垒机业务管理权限划分

所示。

图 8-4 所示的双因素认证方式，必须在堡垒机上启用 Radius 模块，并将 Ckey 动态口令认证服务器与 Radius 对接。详细的认证流程如下：

① 用户输入"用户名+静态口令+动态口令（由 Ckey 动态口令卡生成）"访问目标主机。

② 目标主机通过 Radius Client 同时将"用户名+静态口令"发送到企业用户源做静态认证，将"用户名+动态口令"发送到 Ckey 认证服务器进行动态认证。

③ 用户源和 Ckey 分别对认证做反馈。

④ 当且仅当用户源认证和 Ckey 认证同时通过后，才能成功访问目标设备，否则登录失败。

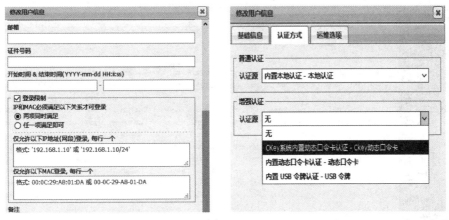

图 8-3　堡垒机认证方式

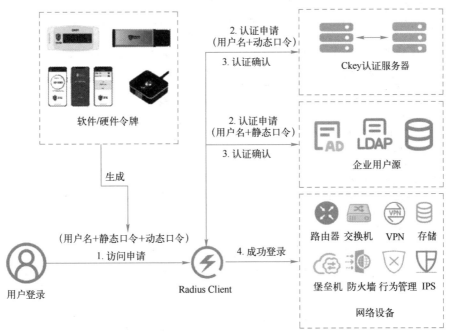

图 8-4　双因素认证方式

3）对管理员所有操作行为进行审计，如通过堡垒机对整个网络中的网络设备、安全设备、操作系统、应用系统、数据库系统的运维日志进行采集（如图 8-5 所示），以及对各种网络行为和堡垒机自身日志进行采集，同时对审计数据进行手工备份、导出，并对审计记录进行定期（如每周）的统计分析（如图 8-6 所示），且生成审计报表。

8.2.2　集中管控

建设安全管理中心时，需要通过集中管控平台实现对整个网络和信息系统的状态监测及统一管理。

1. 安全管理域

如图 8-1 所示，在网络结构中划分独立的安全管理中心，并在安全管理中心部署堡垒机、数据库审计系统、漏洞扫描系统和日志集中收集分析平台等网络安全管理类设备，通过

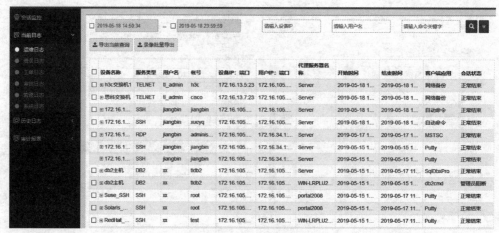

图 8-5　堡垒机日志采集

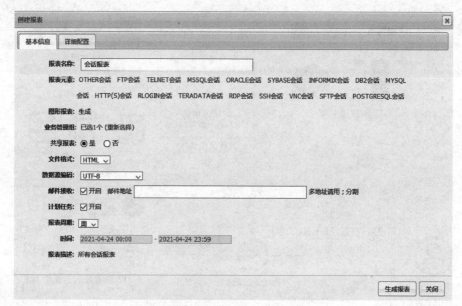

图 8-6　堡垒机日志审计统计分析

管理网络对网络中的各类设备进行安全管理。

　　网络安全建设时，对于同一数据中心内的设备，采用 B/S 架构的，通过 HTTPS 进行远程管理；对于 C/S 架构的，通过 SSL 协议进行加密；对于服务器、网络安全类设备，通过 SSH 协议进行远程管理；对于不支持上述加密协议的设备，仅允许其通过安全运维管理平台进行管理。此外，管理分支、外联机构、分公司等的设备时，无论是通过互联网还是专线进行管理，都应先通过 IPSec、SSL VPN 建立一条安全的路径，保证数据管理时的安全传输。

　　2. 集中管控平台

　　集中管控平台部署在安全管理域，上联至核心网络，实现整个网络和信息系统统一监控管理及安全监测。基于网络安全等级保护基本要求，在网络安全建设时，针对集中管控平台应重点关注下列安全功能的建设实践。

　　（1）状态监测

　　通过集中管控平台能够对全网的各类网络设备、安全设备、主机、数据库、应用系统等进行实时、细粒度的运行监控，包括对链路、设备 CPU、内存、磁盘等进行监测。例如，业务支撑安全管理系统可以涵盖网络设备、安全设备、主机、数据库、中间件、各种应用协议及虚拟化系统的监控，具体监测信息如图 8-7 所示。

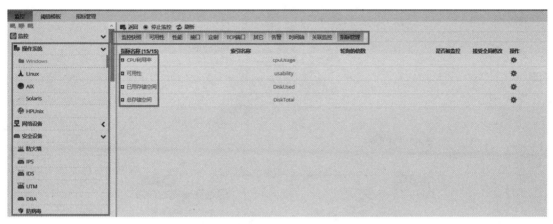

图 8-7　各类设备的安全监测信息

（2）安全策略管理

各类安全设备策略具有的无法有效管理、策略多余、恶意代码规则库不一致等问题会导致日常运维工作任务重。可通过安全策略统一管理系统进行统一策略管理，将操作系统、数据库、应用系统和网络设置汇总整理，并实现安全策略的分派及自动化变更。如图 8-1 所示，终端安全管理服务器可实现终端安全策略的统一下发、统一杀毒、统一漏洞修复和终端软硬件资产管理等。基于终端安全管理服务器，安全管理员可以了解全网终端资产情况和安全概况，便于进行有效防护管理。

此外，针对恶意代码规则库、补丁版本，需进行统一升级更新及策略统一下发。在图 8-1 中，部署了病毒管理中心，可进行恶意代码软件的统一管理，实现杀毒策略的统一配置，定期进行恶意代码规则库升级、更新，并经测试无误后统一下发策略，确保整个网络和信息系统中的恶意代码规则库及补丁版本定期更新。

（3）统一日志管理

如图 8-1 所示，在网络安全建设时，在安全管理中心部署日志集中收集分析平台，通过日志采集器对包括网络设备、安全设备与系统、主机、中间件、数据库、存储、应用和服务在内的多种审计数据源的日志进行采集（如图 8-8 所示），并对所有采集到的日志进行归一化处理，形成统一的日志格式，执行图 8-9 中对日志的分析流程，实现全网日志的统一收集、过滤、存储、管理、分析和报表生成等功能，并进行安全告警。管理员可基于统一的日志管理实时监控网络、服务器、设备运行状态，便于快速定位安全事件，高效关联分析安全事故的原因。

（4）安全事件分析

针对网络安全事件的识别、分析和告警，通过部署威胁分析平台或态势感知系统，实现对网络设备、安全设备与系统、主机、中间件、数据库、存储、应用和服务等安全事件的集中管理。可通过探针的方式收集网络数据流量，监测用户异常行为，实时进行安全告警，便于及时进行安全事件处置和排除安全隐患，态势感知系统总览安全事件分析，如图 8-10 所示。

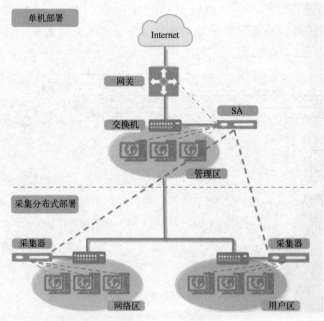

图 8-8　日志采集

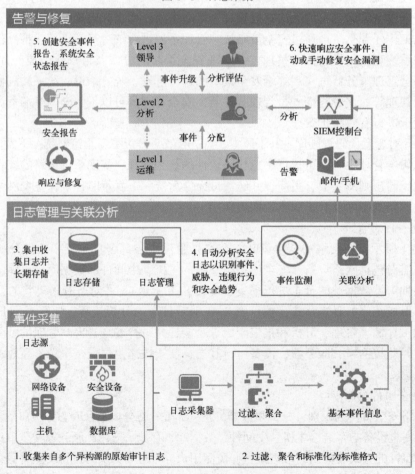

图 8-9　日志集中收集分析平台工作流程

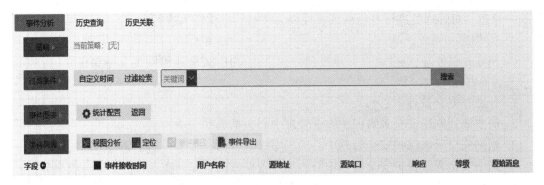

图 8-10　态势感知系统安全事件分析设置界面

【本章小结】

本章主要讲解了安全管理中心的要求条款和条款解读，结合安全管理中心技术要求介绍了安全管理中心建设实践时需关注的两大主要功能，并分别介绍了各类功能建设时需关注的重点建设内容。网络规划设计时，通常会将网络划分为不同的功能区域，其中就包括独立的安全管理中心，在安全管理中心部署堡垒机、数据库审计系统、漏洞扫描系统和日志集中收集分析平台等网络安全管理类设备，可以对网络中的各类设备进行安全管理，并通过集中管控平台实现整个网络中网络设备、系统和日志信息的统一安全监测与统一管理，对各类安全事件进行实时的识别和分析。

8.3 思考与练习

一、填空题

1. 审计管理员对_____进行分析，并根据分析结果进行处理。

2. 网络安全等级保护"一个中心、三重防护"中的一个中心是指_____。

3. 系统管理员的主要职责是对系统的_____和_____进行配置。

4. 根据我国法律法规要求，审计记录应至少保存_____个月以上。

5. 集中管控方面，要求对网络链路、安全设备、网络设备和服务器等的运行状况进行_____及_____。

二、选择题

1. 安全管理中心的安全管理主要是通过安全管理员对系统中的主体、客体进行统一标记，对主体进行授权，配置一致的安全策略，并确保标记、授权和安全策略的（　　　）。

A. 数据完整性　　　　　B. 数据机密性　　　　　C. 数据可靠性　　　　　D. 数据真实性

2. 根据安全管理中心的要求，网络安全建设时不应设计以下（　　　）管理员。

A. 系统管理员　　　　　　　　　　　　　B. 安全管理员

C. 超级管理员　　　　　　　　　　　　　D. 安全审计员

3. 在安全通用要求中，安全管理中心的要求从第（　　　）级开始。

A. 一　　　　　　　　　B. 二　　　　　　　　　C. 三　　　　　　　　　D. 四

4. 安全管理中心涉及的安全设备或系统不包括（　　　）。

A. 数据库审计系统　　　　　　　　　　　B. 日志集中收集分析平台

C. 漏洞扫描系统　　　　　　　　　　　　D. WAF

5. 进行安全管理中心建设时，部署（　　　）能够对网络设备、安全设备、服务器等进行统一管理，对管理员进行身份认证、授权，并对其操作行为进行审计。

A. 态势感知系统　　　　　　　　　　　　B. WAF

C. Syslog 服务器　　　　　　　　　　　　D. 安全运维网关（堡垒机）

三、简答题

1. 什么是安全管理中心？

2. 简要概述网络安全等级保护安全管理中心包括哪些安全控制点。

3. 网络安全等级保护安全管理中心的集中管控方面，主要包括了哪些方面的要求？

4. 网络安全等级保护安全管理中心的集中管控方面，如何实现日志的统一收集分析？

5. 网络安全集中管理时，保证管理链路安全的方式有哪些？

第 9 章

安全管理

安全管理是等级保护安全防护体系的重要组成部分，"三分技术，七分管理"，在技术上无法有效解决的安全问题，可通过管理手段与技术措施结合来实现。本章介绍了《信息安全技术 网络安全等级保护基本要求》（GB/T 22239—2019）中安全管理第三级要求条款，对部分条款进行解读，并介绍安全管理体系建设实践需关注的内容。

9.1 安全管理要求

安全管理主要通过采取文档化管理体系，从政策、制度、规范、流程以及记录等方面规范相关人员参与的活动。网络安全等级保护基本要求安全管理部分包括安全管理制度、安全管理机构、安全管理人员、安全建设管理和安全运维管理 5 个安全类。本节以第三级安全通用要求——安全管理部分为例，介绍安全管理方面的建设要求，并对部分条款进行解读。

9.1.1 安全管理制度

安全管理制度是指导组织（机构）做好网络安全工作的基本依据，包括网络安全工作的总体方针、策略、规范，各种安全管理活动的管理制度以及管理人员或操作人员日常操作的操作规程。网络安全等级保护基本要求安全管理制度主要包括安全策略、管理制度、制定和发布以及评审和修订共 4 个控制点。

1. 安全策略

【条款】

应制定网络安全工作的总体方针和安全策略，阐明机构安全工作的总体目标、范围、原则和安全框架等。

【条款解读】

安全策略方面，要求制定网络安全总方针，即纲领性的安全策略主文档，在方针/策略文件中需陈述网络安全工作的总体目标、范围、原则、安全框架以及需遵循的总体策略等内容。在实际工作中，《网络安全总体方针和安全策略》可以以单一的文件形式发布，也可与其他相互关联的文件作为一套文件发布。

2. 管理制度

【条款】

1）应对安全管理活动中的各类管理内容建立安全管理制度。

2）应对管理人员或操作人员执行的日常管理操作建立操作规程。

3）应形成由安全策略、管理制度、操作规程、记录表单等构成的全面的安全管理制度体系。

【条款解读】

管理制度方面，条款 1）、2）要求在安全方针（策略）的基础上制定安全管理制度和安全操作规程。其中，安全管理制度包括安全各方面所遵守的原则方法和指导性策略引出的具体管理规定、管理办法与实施办法，如建立机房安全管理、办公环境安全管理、网络安全管理、供应商管理、非涉密终端计算机安全管理、变更管理、备份和恢复管理、软件开发管理等制度文件。安全操作规程是指各项具体活动的步骤或方法，如安全操作手册、记录表单或配置规范等。条款 3）要求制定的安全策略、管理制度、操作规程、记录表单等能够体系化，形成全面的安全管理制度体系。

3. 制定和发布

【条款】

1）应指定或授权专门的部门或人员负责安全管理制度的制定。

2）安全管理制度应通过正式、有效的方式发布，并进行版本控制。

【条款解读】

安全管理制度管理方面包括两个控制点：制定和发布及评审和修订。在制定和发布方面，条款 1）要求机构指定或授权专人负责安全管理制度的制定，条款 2）要求安全管理制度以正式的文件发布，如正式发文发布、内部 OA 发布、邮件发布、即时通信发布等。

4. 评审和修订

【条款】

应定期对安全管理制度的合理性和适用性进行论证和审定，对存在不足或需要改进的安全管理制度进行修订。

【条款解读】

评审和修订方面，要求定期对安全管理制度的适用性和可行性进行定期的评审，在发现安全管理制度存在漏洞或缺陷时应及时修订。

9.1.2 安全管理机构

安全管理机构主要包括岗位设置、人员配备、授权和审批、沟通和合作以及审核和检查共 5 个控制点。其中，前两个控制点主要是从硬件配备方面对管理机构进行了要求，后 3 个控制点则是具体介绍机构的主要职责和工作。

1. 岗位设置

【条款】

1）应成立指导和管理网络安全工作的委员会或领导小组，其最高领导由单位主管领导担任或授权。

2）应设立网络安全管理工作的职能部门，设立安全主管、安全管理各个方面的负责人岗位，并定义各负责人的职责。

3）应设立系统管理员、审计管理员和安全管理员等岗位，并定义部门及各个工作岗位的职责。

【条款解读】

岗位设置方面，要求进行安全组织建设，成立指导和管理网络安全工作的委员会或领导小组，委员会或领导小组由高层领导和有关部门管理人员参与；成立网络安全工作职能部门，设立安全主管和安全管理等岗位负责人，并明确其职责；设立系统管理员、审计管理员和安全管理员岗位，并明确各岗位职责。

2. 人员配备

【条款】

1）应配备一定数量的系统管理员、审计管理员和安全管理员等。

2）应配备专职安全管理员，不可兼任。

【条款解读】

人员配备方面，要求配备一定数量的安全管理人员，如系统管理员、审计管理员、安全管理员等。其中，安全管理员必须为专职，不能由其他岗位人员兼任。

3. 授权和审批

【条款】

1）应根据各个部门和岗位的职责明确授权审批事项、审批部门和批准人等。

2）应针对系统变更、重要操作、物理访问和系统接入等事项建立审批程序，按照审批程序执行审批过程，对重要活动建立逐级审批制度。

3）应定期审查审批事项，及时更新需授权和审批的项目、审批部门和审批人等信息。

【条款解读】

授权和审批方面，要求制定授权和审批制度文件及清单，要求根据部门和岗位职责确定部门或岗位可以进行审批的事项内容及审批流程；在系统变更（如变更管理制度）、物理访问（如机房管理制度）、系统接入（如网络管理制度）等重要活动的制度文件中明确审批流程，包括逐级审批流程；应对审批事项及流程进行定期的审查，及时更新相关内容或信息。

4. 沟通和合作

【条款】

1）应加强各类管理人员、组织内部机构和网络安全管理部门之间的合作与沟通，定期召开协调会议，共同协作处理网络安全问题。

2）应加强与网络安全职能部门、各类供应商、业界专家及安全组织的合作与沟通。

3）应建立外联单位联系列表，包括外联单位名称、合作内容、联系人和联系方式等信息。

【条款解读】

沟通和合作方面，条款1）要求定期召开协调会议，加强组织内部系统相关的各类人员间的沟通，促进网络安全问题的协商处理；条款2）要求加强组织与外界各类单位、部门的沟通与合作，如向网络管理部门定期汇报工作、与供应商定期举行会议商讨系统中的安全问题、与业界专家进行安全评审咨询等；条款3）要求建立外联单位联系表，明确与外联单位的合作内容及联系人相关信息。

5. 审核和检查

【条款】

1）应定期进行常规安全检查，检查内容包括系统日常运行、系统漏洞和数据备份等情况。

2）应定期进行全面安全检查，检查内容包括现有安全技术措施的有效性、安全配置与安全策略的一致性、安全管理制度的执行情况等。

3）应制定安全检查表格实施安全检查，汇总安全检查数据，形成安全检查报告，并对安全检查结果进行通报。

【条款解读】

审核和检查方面，要求组织对系统的安全状况进行定期（定期可以是半年一次，也可以是一年一次）常规检查，检查内容包括但不限于系统日常运行、系统漏洞和数据备份等。定期进行全面的安全检查，检查方式可自行组织或通过第三方机构进行，检查内容涵盖技术和管理各方面安全措施的落实情况。此外，组织应制定安全检查表格，记录安全检查结果，并汇总安全检查数据，形成安全检查报告，同时将安全检查结果通知给相关人员，尤其是运营层的各岗位管理员。

9.1.3 安全管理人员

人是网络安全中最关键的因素，对人员正确完善的管理才能规避人为风险，降低网络和信息系统遭受人员错误操作造成损失的概率。人员安全管理包括人员录用、人员离岗、安全意识教育和培训以及外部人员访问管理共 4 个控制点。

1. 人员录用

【条款】

1）应指定或授权专门的部门或人员负责人员录用。

2）应对被录用人员的身份、安全背景、专业资格或资质等进行审查，对其所具有的技术技能进行考核。

3）应与被录用人员签署保密协议，与关键岗位人员签署岗位责任协议。

【条款解读】

人员录用方面，要求制定人员录用管理制度，指定或授权专门的部门或人员负责招聘录用，并严格规范人员录用流程，如进行包括身份、背景、专业资格和资质方面的审查与技术技能的考核等。同时，要求与录用人员签订保密协议，与关键岗位人员签订岗位责任协议。

2. 人员离岗

【条款】

1）应及时终止离岗人员的所有访问权限，取回各种身份证件、钥匙、徽章等以及机构提供的软硬件设备。

2）应办理严格的调离手续，并承诺调离后的保密义务后方可离开。

【条款解读】

人员离岗方面，要求及时取消离岗人员的各种访问权限，及时交回其拥有的相关证件、徽章、密钥、访问控制标识、单位配给的设备等，并办理严格的调离手续，签订离职保密承诺。

3. 安全意识教育和培训

【条款】

1）应对各类人员进行安全意识教育和岗位技能培训，并告知相关的安全责任和惩戒措施。

2）应针对不同岗位制订不同的培训计划，对安全基础知识、岗位操作规程等进行培训。

3）应定期对不同岗位的人员进行技能考核。

【条款解读】

安全意识和教育培训方面，要求制订培训计划，对各岗位人员定期开展培训，如进行信息基础知识培训、安全管理制度宣贯培训、安全意识培训和岗位所需技能培训，同时还要求定期对各岗位人员进行技能考核。

4. 外部人员访问管理

【条款】

1）应在外部人员物理访问受控区域前先提出书面申请，批准后由专人全程陪同，并登记备案。

2）应在外部人员接入受控网络访问系统前先提出书面申请，批准后由专人开设账户、分配权限，并登记备案。

3）外部人员离场后应及时清除其所有的访问权限。

4）获得系统访问授权的外部人员应签署保密协议，不得进行非授权操作，不得复制和泄露任何敏感信息。

【条款解读】

外部人员访问管理方面，要求制定外部访问制度与记录，外部人员进入物理受控区域前需经相关人员批准并进行有效控制；外部人员接入受控网络访问系统前需经相关人员批准、备案并规定其访问权限；获得授权的外部人员需执行严格的保密控制措施，如签署保密协议、保密承诺等；外部人员在访问结束后需及时清除其申请的访问权限。

9.1.4　安全建设管理

网络和信息系统安全管理贯穿于系统的整个生命周期，安全建设管理主要围绕立项、采购、执行 3 个阶段的各项安全管理活动进行。安全建设管理分别从工程实施建设前、建设过程中和建设交付验收方面提出相关要求，具体包括定级和备案、安全方案设计、产品采购和使用、自行软件开发、外包软件开发、工程实施、测试验收、系统交付、等级测评和服务供应商选择共 10 个控制点。

1. 定级和备案

【条款】

1）应以书面的形式说明保护对象的安全保护等级及确定等级的方法和理由。

2）应组织相关部门和有关安全技术专家对定级结果的合理性和正确性进行论证和审定。

3）应保证定级结果经过相关部门的批准。

4）应将备案材料报主管部门和相应公安机关备案。

【条款解读】

定级和备案方面，要求对新建系统开展定级备案工作，根据《信息安全技术 网络安全等级保护定级指南》（GB/T 22240—2020）确定系统安全等级，形成定级报告，并组织本行业和网络安全行业专家对系统定级结果的合理性和准确性进行评审。评审通过后确定系统安全等级，报上级部门或本单位相关部门批准，并将备案材料向主管部门和公安机关备案。

2. 安全方案设计

【条款】

1）应根据安全保护等级选择基本安全措施，依据风险分析的结果补充和调整安全措施。

2）应根据保护对象的安全保护等级及与其他级别保护对象的关系进行安全整体规划和安全方案设计，设计内容应包含密码技术相关内容，并形成配套文件。

3）应组织相关部门和有关安全专家对安全整体规划及其配套文件的合理性和正确性进行论证和审定，经过批准后才能正式实施。

【条款解读】

安全方案设计方面，要求根据系统确定的安全防护等级和系统可能面临的安全风险明确安全防护措施，制定整个网络和信息系统的安全整体规划与安全方案设计，并形成配套文件。一般情况下，配套文件包括总体安全策略、安全技术框架、安全管理策略、总体建设规划和详细设计方案等内容。安全整体规划和配套文件在制定完成后、开始实施前，应组织相关部门（上级主管部门）或专家评审，形成评审记录，审核通过后方可实施执行。

3. 产品采购和使用

【条款】

1）应确保网络安全产品采购和使用符合国家的有关规定。

2）应确保密码产品与服务的采购和使用符合国家密码管理主管部门的要求。

3）应预先对产品进行选型测试，确定产品的候选范围，并定期审定和更新候选产品名单。

【条款解读】

产品采购和使用方面，要求采购和使用的网络安全产品满足国家规定，如获得《计算机信息系统安全专用产品销售许可证》；采购和使用的密码产品需符合国家商用密码管理部门的要求，如《信息安全等级保护商用密码管理办法》。此外，在采购产品时，不仅要考虑产品的使用环境、安全功能、成本（包括采购和维护成本）等因素，还要考虑产品本身的质量和安全性。因此，组织应预先对产品进行选型测试，形成产品候选名单。

4. 自行软件开发

【条款】

1）应将开发环境与实际运行环境物理分开，测试数据和测试结果受到控制。

2）应制定软件开发管理制度，明确说明开发过程的控制方法和人员行为准则。

3）应制定代码编写安全规范，要求开发人员参照规范编写代码。

4）应具备软件设计的相关文档和使用指南，并对文档使用进行控制。

5）应保证在软件开发过程中对安全性进行测试，在软件安装前对可能存在的恶意代码进行检测。

6）应对程序资源库的修改、更新、发布进行授权和批准，并严格进行版本控制。

7）应保证开发人员为专职人员，开发人员的开发活动受到控制、监视和审查。

【条款解读】

自行软件开发方面，要求开发环境与实际运行环境物理分开。在系统开发前，要求制定软件开发管理制度，规定开发过程的控制方法和人员行为准则；制定代码编写安全规范，要求开发人员按照规范编写代码。在系统开发过程中，要求开发人员编制软件设计文档和使用指南且对系统开发文档的保管、使用进行严格管理、限制；对程序资源库的访问、维护等应进行严格管理；加强软件的安全性测试，并在软件安装前进行代码安全审计，通过工具测试和人工确认的方式识别代码中的恶意代码。此外，在整个软件开发过程中，要求软件开发人员为专职人员，并对其在开发过程中的行为进行有效控制、监视和审查。

5. 外包软件开发

【条款】

1）应在软件交付前检测其中可能存在的恶意代码。

2）应保证开发单位提供软件设计文档和使用指南。

3）应保证开发单位提供软件源代码，并审查软件中可能存在的后门和隐蔽信道。

【条款解读】

外包软件开发方面，同自行软件开发一样，要求对外包软件在交付前进行恶意代码检测，以保证软件的安全性。外包软件开发完成之后，要求外包开发单位提供软件设计相关文档和使用指南，同时向系统责任方提供软件源代码、源代码审计记录和源代码安全检查报告。

6. 工程实施

【条款】

1）应指定或授权专门的部门或人员负责工程实施过程的管理。

2）应制定安全工程实施方案控制工程实施过程。

3）应通过第三方工程监理控制项目的实施过程。

【条款解读】

工程实施方面，要求指定或授权专门的部门或人员负责工程实施过程的管理，并制定实施方案，对工程时间限制、进度控制和质量控制等内容进行规定，以保证工程实施过程的真实有效性。对于外包实施项目，要求通过第三方工程监理的参与来控制项目的实施过程，实现对工程进展、时间计划、控制措施、工程质量等方面的把关。

7. 测试验收

【条款】

1）应制定测试验收方案，并依据测试验收方案实施测试验收，形成测试验收报告。

2）应进行上线前的安全性测试，并出具安全测试报告，安全测试报告应包含密码应用安全性测试相关内容。

【条款解读】

测试验收方面，此处的测试验收包括外包单位项目实施完成后的测试验收和机构之间的内部开发部门移交给运维部门的测试验收等，要求制定测试验收方案，并根据测试验收方案执行，输出测试验收报告。在系统交付使用之前，要求对系统进行安全性测试，获取上线前的安全测试验收报告。一般情况下，上线前的安全测试由第三方测试单位进行。第三方测试单位是指非系统拥有者和系统建设方，第三方测试有别于开发人员或用户进行的测试，其目的是保证测试工作的客观性。第三方一般属于权威的专业测试机构，可针对物理环境、硬件设施、软件设施等方面可能存在的缺陷或问题进行测试。

8. 系统交付

【条款】

1）应制定交付清单，并根据交付清单对所交接的设备、软件和文档等进行清点。

2）应对负责运行维护的技术人员进行相应的技能培训。

3）应提供建设过程文档和运行维护文档。

【条款解读】

系统交付方面，要求制定系统交付清单，按照交付清单对设备、软件、文档进行交付，并形成有效的交付记录。在系统交付时，交付单位或部门需对系统责任方运维和操作人员进行技能培训，并提供建设过程中的文档和指导用户进行运行维护的文档，以便指导运维人员和操作人员后期的运行维护。

9. 等级测评

【条款】

1）应定期进行等级测评，发现不符合相应等级保护标准要求的及时整改。

2）应在发生重大变更或级别发生变化时进行等级测评。

3）应确保测评机构的选择符合国家有关规定。

【条款解读】

等级测评方面，要求定期对系统开展等级测评工作，并对发现的安全问题和风险进行及时整改。当系统发生变更或安全级别发生变化时，应及时开展等级测评。开展等级测评工作时，测评机构要选择在国家信息安全等级保护工作协调小组办公室推荐的测评机构名单内的测评机构。

10. 服务供应商选择

【条款】

1）应确保服务供应商的选择符合国家的有关规定。

2）应与选定的服务供应商签订相关协议，明确整个服务供应链各方需履行的网络安全相关义务。

3）应定期监督、评审和审核服务供应商提供的服务，并对其变更服务内容加以控制。

【条款解读】

服务供应商选择方面，要求各类供应商的选择均应符合国家对其的管理要求（如相关资质管理要求、销售许可要求等），并与供应商签订协议或合同，明确其职责以及后期的服务承诺等。在使用服务供应商提供的服务的同时，应定期对其提供的服务进行监督、评审和审核，确保其有足够的服务能力按照可行的工作计划履行其服务职责，并对其变更服务内容进行有效控制。

9.1.5 安全运维管理

网络和信息系统安全建设完成并投入运行后，如何合理维护和管理信息系统，是保障系统安全、稳定运行的重中之重。安全运维管理包括环境管理、资产管理、介质管理、设备维护管理、漏洞和风险管理、网络和系统安全管理、恶意代码防范管理、配置管理、密码管理、变更管理、备份与恢复管理、安全事件处置、应急预案管理和外包运维管理共14个控制点。

1. 环境管理

【条款】

1）应指定专门的部门或人员负责机房安全，对机房出入进行管理，定期对机房供配电、空调、温湿度控制、消防等设施进行维护管理。

2）应建立机房安全管理制度，对有关物理访问、物品带进出和环境安全等方面的管理作出规定。

3）应不在重要区域接待来访人员，不随意放置含有敏感信息的纸档文件和移动介质等。

【条款解读】

环境管理方面，要求指定专人或专职部门进行机房安全环境管理，包括进出机房人员管理和机房物理环境安全管理，制定机房安全管理制度，对进出机房的人员和物品以及机房环境进行明确规定。制定办公环境安全管理制度，要求在组织的重要区域不接待外部人员、不放置含敏感信息的存储介质，对于进入重要区域的人员，需根据其职责进行授权并对其行为进行实时监视。

2. 资产管理

【条款】

1）应编制并保存与保护对象相关的资产清单，包括资产责任部门、重要程度和所处位置等内容。

2）应根据资产的重要程度对资产进行标识管理，根据资产的价值选择相应的管理措施。

3）应对信息分类与标识方法作出规定，并对信息的使用、传输和存储等进行规范化管理。

【条款解读】

资产管理方面，要求制定资产清单，梳理出资产明细，并根据资产的重要程度进行标识化分类、分级管理，制定资产安全管理制度，依据资产价值进行资产安全管理。此外，对于信息类的资产，在安全管理制度中应明确对信息进行分类与标识的原则和方法，并有效规范化管理信息的使用、传输和存储。

3. 介质管理

【条款】

1）应将介质存放在安全的环境中，对各类介质进行控制和保护，实行存储环境专人管理，并根据存档介质的目录清单定期盘点。

2）应对介质在物理传输过程中的人员选择、打包、交付等情况进行控制，并对介质的归档和查询等进行登记记录。

【条款解读】

介质管理方面，要求建立介质管理制度，指派专人管理介质，将介质存放在安全的物理环境中，并对介质进行妥善保管，形成介质目录清单，便于定期进行管理、盘点。介质在物理传输时，应制定好介质管理记录，严格控制介质在物理传输过程中的人员选择、打包、交付等情况。

4. 设备维护管理

【条款】

1）应对各种设备（包括备份和冗余设备）、线路等指定专门的部门或人员定期进行维护管理。

2）应建立配套设施、软硬件维护方面的管理制度，对其维护进行有效的管理，包括明确维护人员的责任、维修和服务的审批、维修过程的监督控制等。

3）信息处理设备应经过审批才能带离机房或办公地点，含有存储介质的设备带出工作环境时其中重要数据应加密。

4）含有存储介质的设备在报废或重用前，应进行完全清除或被安全覆盖，保证该设备上的敏感数据和授权软件无法被恢复重用。

【条款解读】

设备维护管理方面，要求对各类设备指定专人进行维护管理，制定设备安全管理制度，建立设备维护管理规定或要求，要求相关人员严格按照规定或要求对设备进行使用和维护，并做好使用和维护记录。对于需带离机房或办公环境的设备需经审批，并对含重要数据的设备进行加密处理。对于报废和重用的设备，需采用覆盖或完全清除的方式保证数据无法被恢复重用。

5. 漏洞和风险管理

【条款】

1）应采取必要的措施识别安全漏洞和隐患，对发现的安全漏洞和隐患及时进行修补或评估可能的影响后进行修补。

2）应定期开展安全测评，形成安全测评报告，采取措施应对发现的安全问题。

【条款解读】

漏洞和风险管理方面，要求制定漏洞和风险管理制度，定期开展安全测评，及时发现系统存在的安全漏洞和风险隐患，并对发现的漏洞和风险经可行性评估后及时进行修补。

6. 网络和系统安全管理

【条款】

1）应划分不同的管理员角色进行网络和系统的运维管理，明确各个角色的责任和权限。

2）应指定专门的部门或人员进行账户管理，对申请账户、建立账户、删除账户等进行控制。

3）应建立网络和系统安全管理制度，对安全策略、账户管理、配置管理、日志管理、日常操作、升级与打补丁、口令更新周期等方面作出规定。

4）应制定重要设备的配置和操作手册，依据手册对设备进行安全配置和优化配置等。

5）应详细记录运维操作日志，包括日常巡检工作、运行维护记录、参数的设置和修改等内容。

6）应指定专门的部门或人员对日志、监测和报警数据等进行分析、统计，及时发现可疑行为。

7）应严格控制变更性运维，经过审批后才可改变连接、安装系统组件或调整配置参数，操作过程中应保留不可更改的审计日志，操作结束后应同步更新配置信息库。

8）应严格控制运维工具的使用，经过审批后才可接入进行操作，操作过程中应保留不可更改的审计日志，操作结束后应删除工具中的敏感数据。

9）应严格控制远程运维的开通，经过审批后才可开通远程运维接口或通道，操作过程中应保留不可更改的审计日志，操作结束后立即关闭接口或通道。

10）应保证所有与外部的连接均得到授权和批准，应定期检查违反规定无线上网及其他违反网络安全策略的行为。

【条款解读】

网络和系统安全管理方面，要求制定网络安全管理制度，对管理员进行明确的划分并进行岗位职责的定义；建立相应的管理策略和规程类的管理要求、建立操作规范和配置基线、记录详细运维日志；通过对日志的统计分析，及时发现可疑的运维操作，如未按操作规范进行的操作、越权操作、非法接入等行为。

7. 恶意代码防范管理

【条款】

1）应提高所有用户的防恶意代码意识，对外来计算机或存储设备接入系统前进行恶意代码检查等。

2）应定期验证防范恶意代码攻击的技术措施的有效性。

【条款解读】

恶意代码防范管理方面，要求制定恶意代码管理规定，提升所有人员的防恶意代码意识，对所有外部设备接入系统前进行恶意代码查杀，并定期对恶意代码防范技术的有效性进行验证。

8. 配置管理

【条款】

1）应记录和保存基本配置信息，包括网络拓扑结构、各个设备安装的软件组件、软件组件的版本和补丁信息、各个设备或软件组件的配置参数等。

2）应将基本配置信息改变纳入变更范畴，实施对配置信息改变的控制，并及时更新基本配置信息库。

【条款解读】

配置管理方面，要求记录系统中各类设备的配置信息、网络拓扑结构、已安装的软件及软件版本信息和补丁信息，并将配置信息改变纳入变更程序，有效控制系统的基本配置信息。

9. 密码管理

【条款】

1）应遵循密码相关国家标准和行业标准。

2）应使用国家密码管理主管部门认证核准的密码技术和产品。

【条款解读】

密码管理方面，制定密码使用管理制度，要求系统使用的密码产品符合国家和行业的相关标准，且有国家密码主管部门核发的相关型号证书。

10. 变更管理

【条款】

1）应明确变更需求，变更前根据变更需求制定变更方案，变更方案经过评审、审批后方可实施。

2）应建立变更的申报和审批控制程序，依据程序控制所有的变更，记录变更实施过程。

3）应建立中止变更并从失败变更中恢复的程序，明确过程控制方法和人员职责，必要时对恢复过程进行演练。

【条款解读】

变更管理方面，要求制定变更方案，且变更方案经评审、批准后方可实施执行；建立变更管控控制程序，约束变更过程，并有效记录；建立中止变更并从失败变更中恢复的程序，明确变更失败后的恢复操作。

11. 备份与恢复管理

【条款】

1）应识别需要定期备份的重要业务信息、系统数据及软件系统等。

2）应规定备份信息的备份方式、备份频度、存储介质、保存期等。

3）应根据数据的重要性和数据对系统运行的影响，制定数据的备份策略和恢复策略、备份程序和恢复程序等。

【条款解读】

备份与恢复管理方面，要求制定备份内容清单、备份与恢复管理制度，确定需要备份的内容及制定备份策略，如备份方式、备份频度、存储介质等。同时，基于数据的重要性，在备份与恢复管理制度中规定数据备份策略和恢复策略及备份程序和恢复程序。

12. 安全事件处置

【条款】

1）应及时向安全管理部门报告所发现的安全弱点和可疑事件。

2）应制定安全事件报告和处置管理制度，明确不同安全事件的报告、处置和响应流程，规定安全事件的现场处理、事件报告和后期恢复的管理职责等。

3）应在安全事件报告和响应处理过程中，分析和鉴定事件产生的原因，收集证据，记录处理过程，总结经验教训。

4）对造成系统中断和造成信息泄露的重大安全事件应采用不同的处理程序和报告程序。

【条款解读】

安全事件处置方面，要求制定安全运维管理制度，发现系统有潜在的弱点和可疑事件时，及时向安全主管部门汇报，并提交相应的报告或信息。制定安全事件报告和处置管理制度，明确安全事件报告、处置和响应流程，在安全事件报告和响应处理的过程中应进行详细的记录，并对事件发生的原因进行分析和总结。对于不同的安全事件，应制定不同的处理程序和报告程序，安全事件的分类分级标准可参考《信息安全技术 信息安全事件分类分级指南》（GB/Z 20986—2007）。

13. 应急预案管理

【条款】

1）应规定统一的应急预案框架，包括启动预案的条件、应急组织构成、应急资源保障、事后教育和培训等内容。

2）应制定重要事件的应急预案，包括应急处理流程、系统恢复流程等内容。

3）应定期对系统相关的人员进行应急预案培训，并进行应急预案的演练。

4）应定期对原有的应急预案重新评估，修订完善。

【条款解读】

应急预案管理方面，要求制定应急预案框架和相关预案，制定应急预案，对安全事件处理流程、恢复流程进行明确的定义。制定应急预案演练规定，定期组织相关人员进行应急预案培训和演练，形成应急演练记录。此外，还需根据每次应急演练的情况，对应急预案进行重新评估和修订。应急预案框架一般为单位总体应急预案管理的顶层文件，其明确应急组织构成、人员职责、应急预案启动条件、响应、后期处置、预案日常管理、资源保障等内容，与各类信息安全事件专项应急预案共同构成整个应急预案体系。

14. 外包运维管理

【条款】

1）应确保外包运维服务商的选择符合国家的有关规定。

2）应与选定的外包运维服务商签订相关的协议，明确约定外包运维的范围、工作内容。

3）应保证选择的外包运维服务商在技术和管理方面均应具有按照等级保护要求开展安全运维工作的能力，并将能力要求在签订的协议中明确。

4）应在与外包运维服务商签订的协议中明确所有相关的安全要求，如可能涉及对敏感信息的访问、处理、存储要求，对 IT 基础设施中断服务的应急保障要求等。

【条款解读】

外包运维管理方面，要求选择符合国家规定的外包运维服务商，与其签订相关协议或合同，在协议中明确外包运维服务商的工作范围及工作内容，明确其具有按照等级保护要求开展安全运维工作的能力，以及明确其他安全要求，如可以访问的信息类型及方法，权限分配要求、关于数据保护的要求、网络安全培训要求、应急保障要求等。

9.2　安全管理体系建设

网络安全管理是对网络安全保障进行指导、规范的一系列活动和过程，网络安全管理体系是组织在整体或特定范围内建立的网络安全方针和目标，以及完成这些目标所用的方法和手段所构成的体系。

9.2.1　安全管理体系

安全管理体系建设目前主要参照 ISO/IEC 27001（信息安全管理体系）和《信息安全技术 网络安全等级保护基本要求》中的安全管理部分，其中，ISO/IEC 27001 主要以信息安全风险管理为抓手来构建安全管理的组织、规范及绩效体系。在实际网络安全建设时，网络运营者需结合单位实际情况的管理制度体系，基于网络安全等级保护基本要求，并结合 ISO/IEC 27001，同时兼顾监管部门的相关安全规范，进行合理的安全管理体系建设。安全管理体系的建设可分为现状调研、体系建设及架构设计 3 个阶段。

1. 现状调研

如图 9-1 所示，首先根据等级保护基本要求、信息安全管理最佳实践及上级监管要求形成现状调研方案，并通过资料收集、现场访谈、问卷调查和技术调研等方式获得网络运营单位安全管理体系现状。

2. 体系建设

安全管理体系自上而下分为信息安全方针、安全策略、安全管理制度、安全技术规范、操作流程及记录表单，覆盖物理、网络、主机系统、数据、应用、建设和运维等管理内容，并对管理人员或操作人员执行的日常管理操作建立操作规程。如图 9-2 所示，一～四级文档是安全管理体系制度文件常用的框架，一～四级

图 9-1　安全管理体系现状调研流程

文档依次为方针策略、制度方法（程序文件）、实施方法（作业指导书）和记录表单。

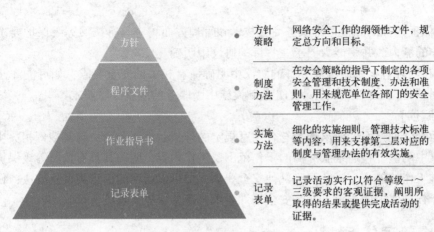

方针策略	网络安全工作的纲领性文件，规定总方向和目标。
制度方法	在安全策略的指导下制定的各项安全管理和技术制度、办法和准则，用来规范单位各部门的安全管理工作。
实施方法	细化的实施细则、管理技术标准等内容，用来支撑第二层对应的制度与管理办法的有效实施。
记录表单	记录活动实行以符合等级一～三级要求的客观证据，阐明所取得的结果或提供完成活动的证据。

图 9-2　安全管理体系制度文件结构

3. 架构设计

根据信息安全管理体系（Information Security Management System，ISMS）架构，结合网络和信息系统安全生命周期，在系统生命周期立项、采购、执行、验收和运行各阶段涉及的安全管理体系架构如图 9-3 所示。安全总策略（方针）的制定仅在立项阶段涉及，而在系统生命周期各阶段均涉及二级、三级和四级文档的制定。

图 9-3　安全管理体系架构

在系统生命周期各阶段涉及的文档见表 9-1。

表 9-1　系统生命周期各阶段所需制度文档

系统生命周期	一级文档	二级文档	三级文档	四级文档
立项	安全总策略	系统安全管理制度 安全机构管理制度 安全人员管理制度 系统安全设计方案	网络安全评估指南	××系统资产清单 项目可研报告 ……
采购	—	采购管理制度 工程实施细则	第三方运维手册 第三方维护方案	××检查记录表 ……
执行	—	账号安全管理细则 物理安全管理制度 ……	用户角色职责和权限说明 物理机房管理办法 ……	账户申请表 访问权限评审表 ……

（续）

系统生命周期	一级文档	二级文档	三级文档	四级文档
验收	—	测试验收管理制度	测试验收流程	测试验收报告
运行	—	安全教育和培训细则 资产/介质管理细则 设备维护管理细则 网络系统安全管理制度 安全策略管理制度 安全事件处理制度 应急预案管理制度 ……	安全基线配置指南 安全培训计划 应急预案 安全运行维护指南 操作运维手册 应用程序设计文件 ……	基线配置核查记录 培训记录 会议记录 系统组件维护记录 应急演练记录 安全事件记录 关键岗位安全协议 保密协议 ……

9.2.2 安全管理实践

安全管理实践可以根据网络安全等级保护基本要求，从安全管理制度、安全管理机构、安全管理人员、安全建设管理、安全运维管理 5 个方面进行建设和管理。

1. 安全管理制度

安全策略是组织（或机构）开展网络安全工作的基本指导规则。为更好地开展网络安全工作，组织首先需制定《网络安全工作的总体方针和安全策略》，明确网络安全工作的总目标和方向。在安全方针和策略文件的基础上，根据实际情况建立机房安全管理、办公环境安全管理、网络安全管理、供应商管理、非涉密终端计算机安全管理、变更管理、备份和恢复管理、软件开发管理等方面的制度文件来规范安全管理人员或操作人员的操作规程等。实际进行安全管理制度建设时，需制定的文档见表 9-2，其中，每个制度中都需明确该制度的使用范围、目的、需要规范的管理活动、具体的规范方式和要求。

表 9-2 安全管理制度所需文档

序号	文档类别	文　件
1	制度	《网络安全工作的总体方针和安全策略》
2		《××安全管理制度》
3		《定期评审和修订过的安全管理制度》
4	文档	《日常管理操作的操作规程》
5		《安全管理规范》
6		《制度制定和发布要求管理文档》
7	记录	安全管理制度的检查/评审记录
8		安全管理制度的收发登记记录

基于等级保护基本要求，安全管理制度制定完成后需进行正式发布，并根据安全管理制度使用情况进行定期修订，同时形成修订评审记录。一般情况下，一个单位正式发布的文档信息和修订记录示例如图 9-4 所示。

2. 安全管理机构

安全管理机构方面，常见的企业安全组织架构如图 9-5 所示，不同的安全工作组在实际工作中承担不同的工作内容。网络安全领导小组需由组织（机构）正式发文任命，主要负责领导落实全网络和信息系统安全建设的总体规划。网络安全工作组包括安全主管和安全管理人员，如机房负责人、系统运维负责人、系统建设负责人等，其中，安全主管通常由单

文档名称					
受控范围			文档编号		
文档类型			当前版本		
起草日期			生效周期		
发布日期			生效日期		

日期	版本	描述	作者	审批人	审批日期
×年×月×日	1.0	发布稿	××	×××	
×年×月×日	1.1	修订发布	××	×××	
×年×月×日	1.2	变更管理者代表	××	×××	
×年×月×日	2.0	改版修订	××	×××	
……	……	……	……	……	……

图 9-4　文档信息和修订记录示例

位的高层或某一部门的主管担任。网络安全工作组从事具体的安全工作，建立和维持信息安全管理体系。

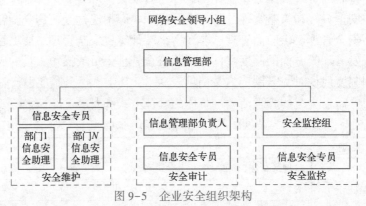

图 9-5　企业安全组织架构

基于网络安全等级保护"谁主管、谁负责；谁运维、谁负责；谁使用、谁负责"的基本原则，组织（机构）在实际网络安全建设时应设置安全管理员、系统管理员、安全审计员、安全保卫员等岗位，并明确各岗位职责。为保障机构稳定运行，基于等级保护基本要求，在安全管理组织（机构）建设实践时，需制定具体制度来规范组织机构和职责，见表9-3。

表 9-3　安全管理组织（机构）所需文档

序号	文档类别	文　件	序号	文档类别	文　件
1	制度	《部门、岗位职责文件》	7	记录	安全管理委员会或领导小组最高领导委任授权书
2		《信息安全管理委员会职责文件》	8		日常管理工作执行情况的工作记录
3		《人员配备要求管理文档》	9		安全管理各岗位人员信息表
4		《审批管理制度文档》	10		外联单位联系列表
5		《安全检查管理制度文档》	11		安全管理员定期实施安全检查的文档或记录
6	文档	《逐级审批文档》			

3. 安全管理人员

人员安全管理包括内部人员管理和外部人员管理，其中，内部人员管理包括人员录用、调动、离岗、考核、培训教育，外部人员管理主要是针对外部人员的访问管理。为有效对人员进行完善管理，降低人为诈骗、盗窃、泄密等风险，基于等级保护基本要求，在安全管理人员建设实践时，需通过制定完善的管理制度来约束或规范人员行为，具体需制定的文档见表 9-4。

表 9-4　安全管理人员建设所需文档

序号	文档类别	文　件	序号	文档类别	文　件
1	制度	《人员录用要求管理文档》	9	记录	保密协议
2		《人员离岗的管理文档》	10		岗位安全协议
3		《人员配备要求管理文档》	11		对离岗人员的安全处理记录
4		《外部人员访问管理文档》	12		按照离职程序办理调离手续的记录
5	文档	《安全教育和培训计划文档》	13		离职工作交接清单
6		《考核文档》	14		保密承诺文档
7	记录	有人员录用时，对录用人员的身份、背景、专业资格和资质等进行审查的相关文档或记录	15		人员安全审查记录
			16		安全教育和培训记录
8		人员录用时的技能考核文档或记录	17		外部人员访问重要区域的登记记录

4. 安全建设管理

根据网络安全需求目标和等级保护管理规范及技术标准，系统建设时，建设单位会对系统的安全体系结构及详细实施方案进行设计，并采购和使用相应等级的网络安全产品，实现安全防护措施的建设并落地。网络安全建设时，为保证网络和信息系统安全建设，基于等级保护基本要求，在安全建设管理方面需围绕系统全生命周期制定合理的管理制度，具体需制定的文档见表 9-5。

表 9-5　安全建设管理建设所需文档

序号	文档类别	文　件	序号	文档类别	文　件
1	制度	《安全产品采购管理制度》	12	文档	《密码产品的使用情况》
2		《软件开发管理制度》	13		《工程实施方案》
3		《代码编写规范》	14		《测试报告》
4		《工程实施管理制度》	15		《系统交付管理文档》
5		《测试验收管理制度》	16	记录	产品选型测试结果记录、候选产品名单审定记录或更新的候选产品名单
6		《等级测评管理制度》	17		软件源代码审查记录
7		《安全服务商管理制度》	18		按照实施方案形成的阶段性工程报告
8	文档	《系统定级文档》	19		测试验收记录
9		《专家论证文档》	20		系统交付清单
10		《系统的安全建设工作计划》	21		系统交付培训记录
11		《系统的详细设计方案》	22		与安全服务商签订的安全责任合同书或保密协议等文档

5. 安全运维管理

系统建设完成后，组织（机构）需指定第三方测评机构对网络和信息系统进行等级保护测评，以确认系统当前采取的安全防护措施是否与安全需求一致，并确认系统可能存在的安全风险是否在可接受范围内。在组织（机构）将系统正式上线或投入运行之前，需根据网络安全等级保护基本要求，制定完善的运维管理制度，保证系统运行环境安全，需制定的文档见表9-6。

表9-6 安全运维管理建设所需文档

序号	文档类别	文　件	序号	文档类别	文　件
1	制度	《环境管理制度》	21	文档	《系统操作日志》
2		《资产管理制度》	22		《恶意代码分析报告》
3		《介质管理制度》	23		《系统变更方案》
4		《设备维护管理制度》	24		《备份管理文档》
5		《网络安全管理制度》	25		《数据备份和恢复策略文档》
6		《恶意代码防范管理制度》	26		《安全事件报告和处理程序文档》
7		《密码使用管理制度》	27		《安全事件记录分析文档》
8		《备份与恢复管理制度》	28		《应急预案》
9		《安全事件处置管理制度》	29	记录	机房基础设施维护记录
10		《应急演练管理制度》	30		消防设施巡检记录表
11		《安全监控管理制度》	31		资产清单
12	文档	《机房消防管理制度和消防预案》	32		介质管理记录
13		《办公环境管理办法》	33		安全监测记录
14		《信息分类文档》	34		网络设备升级更新记录
15		《设备使用管理文档》	35		补丁测试记录和系统补丁安装操作记录
16		《关键设备操作规程》	36		恶意代码检测记录
17		《监测分析报告》	37		恶意代码库升级记录
18		《网络和系统漏洞扫描报告》	38		变更方案评审记录
19		《网络设备配置文件的备份文件》	39		应急预案培训记录
20		《网络审计日志》	40		应急预案演练记录

【本章小结】

本章主要通过对网络安全等级保护安全管理相关的条款进行介绍和解读，并对安全管理体系建设进行了介绍，描述了安全管理体系建设的安全管理体系和安全管理实践，帮助读者理解等级保护安全管理制度建设的要点和要求。安全管理实践通过安全管理制度、安全管理机构、安全管理人员、安全建设管理和安全运维管理5个方面，自上而下建立起包括信息安全方针、安全策略、安全管理制度、安全技术规范、操作流程及人员日常管理的操作规程，保证了安全责任的执行和落实。

9.3　思考与练习

一、填空题

1. 网络安全等级保护安全管理部分涉及安全管理制度、_____、_____、

_____和安全运维管理 5 个安全类的要求。

2. 网络安全等级保护在人员配备方面，要求配备一定数量的_____、_____和安全管理员，其中_____必须为专职。

3. 安全管理制度管理方面包括两个控制点，分别是_____和_____。

4. 外部人员接入受控网络访问系统前应先提出_____，批准后由专人开设账户、分配权限，并登记备案。

5. 网络安全岗位设置方面，要求成立指导和管理网络安全工作的委员会或领导小组，其最高领导由_____担任或授权。

二、选择题

1. 下列（　　）不是网络安全等级保护安全管理部分的要求。

A. 安全管理制度　　B. 安全建设管理　　C. 安全运维管理　　D. 病毒安全管理

2. 网络安全等级保护的安全建设管理中要求，对新建系统首先要进行（　　），再进行方案设计。

A. 定级　　　　　　B. 规划　　　　　　C. 需求分析　　　　D. 测评

3. 环境管理、资产管理、介质管理都属于网络安全等级保护安全管理部分的（　　）。

A. 安全管理制度　　B. 安全建设管理　　C. 安全运维管理　　D. 安全机构管理

4. 网络安全等级保护中，安全建设整改的目的是（　　）。

A. 了解网络和信息系统安全标准间的差距　B. 发现网络和信息系统安全问题

C. 确定网络和系统安全保护的基本要求　　D. 以上都对

5. 下列（　　）控制点不属于网络安全等级保护安全管理制度这一安全类。

A. 评审和修订　　B. 制定和发布　　　C. 审核和检查　　　D. 安全策略

三、简答题

1. 简要阐述对网络安全等级保护的安全管理制度如何进行管理。

2. 系统建设完成后，如何进行测试验收？

3. 按照等级保护的建设流程，系统在建设前，首先需进行定级备案，定级备案包括哪些要求？

4. 在密码管理方面，等级保护提出了哪些要求？

5. 简要概述安全管理体系如何设计。

第 10 章
云计算安全

近年来，云计算应用越来越广泛，政务、通信、金融、电子商务等越来越多的领域正在使用云计算，云计算服务正稳步成为 IT 基础服务和信息技术关键基础设施。与此同时，云安全问题也受到广泛关注，不安全接口、服务中断、越权、滥用与误操作、共享技术漏洞、信息残留等安全问题一直影响着云计算的健康发展。云计算网络安全等级保护扩展要求是针对云计算特性提出的个性化保护要求，云计算平台/系统在满足网络安全等级保护通用要求的基础上需实现安全扩展要求。本章给出了云计算的基本概念、面临的主要安全威胁、现状与趋势，并通过对云计算扩展要求条款进行解读、分析，介绍了云计算在安全建设时应关注的重点内容。

10.1 云计算概述

"云计算"一词，是在 2006 年的全球搜索引擎会议上，由 Google 当时的首席执行官 Eric Schmidt 首次提出的。此后，IT 行业各大厂商纷纷开始制定相应的战略部署，新的观念、产品、服务层出不穷。同时，云计算的发展也引起了学术界和各国政府的普遍关注。如今，云计算已成为世界各国科技发展的重要产业。

10.1.1 云计算简介

云计算是一种基于互联网的计算模式，通过互联网上的服务为个人、集体和企业使用者提供计算服务，用户无须购买硬件设备，也不需要专门的维护人员，通过云计算就能够随时随地获得超级计算能力和应用软件。云计算具有多种部署模式和服务模式，使不同的企业和个人可根据自身的需求进行选择，就像水电一样，能够按需购买计算、服务和应用等资源。

1. 云计算定义

云计算是一个非常抽象的概念，国内外公司、标准组织和学术机构对它的定义存在一定差异。我国在《信息安全技术 云计算服务安全指南》（GB/T 31167—2014）中给出了云计算的定义："通过网络访问可扩展的、灵活的物理或虚拟共享资源池，并按需自助获取和管理资源的模式"。该定义描述了云计算的 5 个特征，见表 10-1。

表 10-1 云计算特征

云计算特征	描 述
按需自助	无须人工干预，客户根据需要获得所需计算资源，如自主确定资源占用时间和数量等
泛在接入	客户通过标准接入机制，利用计算机、移动电话、平板等各种终端通过网络随时随地使用服务。云计算的泛在接入特征使客户可以在不同的环境下访问服务，增加了服务的可用性

云计算特征	描　　　述
资源池化	对资源进行集中池化后，这些物理的、虚拟的资源可根据客户需求进行动态分配或重新分配
快速弹性	客户可以根据需要快速、灵活、方便地获取和释放计算资源，能够在任何时候获得所需资源量
可度量的服务	云服务商提供控制和监控资源，指导资源配置优化、容量规划和访问控制等任务，同时可以监视、控制、报告资源的使用情况

2. 云计算服务模式

云服务商为云服务客户提供服务，根据提供的服务资源类型不同，可归纳为下面 3 类服务。

（1）基础设施即服务

基础设施即服务（Infrastructure as a Service，IaaS）是指云服务商将网络、计算和存储等基础资源以服务的形式提供给用户使用，以供用户部署或运行自己的软件（含操作系统和应用），其中，用户可以是普通用户，也可以是 PaaS 或 SaaS 的云计算提供商。常见的IaaS 服务有 AWS EC2、S3，ALi ECS、VPC、OSS、Cisco UCS 等。IaaS 服务模式可有效提高云服务商的资源利用率，满足用户根据业务实际情形来申请资源。

（2）平台即服务

平台即服务（Platform as a Service，PaaS）是指云服务商为用户提供软件开发、测试、部署和管理所需的软硬件资源，主要作用是将一个开发和运行平台作为服务提供给用户，能够提供定制化研发的中间件平台、数据库和大数据应用等。通过 PaaS 这种模式，用户可以在一个提供软件开发工具包（Software Development Kit，SDK）、文档、测试环境和部署环境等在内的开发平台上非常方便地编写和部署应用，而且不论是部署还是运行，用户都无须为服务器、操作系统、网络和存储等资源的运维而操心，这些烦琐的工作都由 PaaS 云服务商负责。常见的 PaaS 服务有 Force. com、Google App Engine、Azure Platform、数据库服务、大数据服务、分布式中间件等。

（3）软件即服务

软件即服务（Software as a Service，SaaS）是指通过网络为最终用户提供应用服务。绝大多数 SaaS 应用都是直接在浏览器中运行的，不需要用户下载及安装任何程序。常见的SaaS 服务有主机安全服务（HSS）、Identity & Access Management、Gmail 等。

3. 云计算部署模式

根据云计算平台的客户范围不同，按部署类型可分为公有云、私有云、社区云和混合云。

（1）公有云

公有云是指基础设施和计算资源通过互联网向公众开放的云服务。公有云的所有者和运营者是向客户提供服务的云服务商。客户无须购买硬件、软件或支持基础架构，只需为其使用的资源付费。常见的公有云有阿里公共云、Azure 公有云、华为公有云等。

（2）私有云

私有云是指云基础设施由某个独立的组织或机构运营并为其运行服务，组织自己采购基础设施，搭建云平台，并在此之上开发应用的云服务。云基础设施的建立、管理和运营既可以是客户自己，也可以是其他组织或机构。与公有云相比，私有云可以使客户更好地控制基础设施。常见的私有云有阿里专有云、华为私有云、新华三行业云，以及各企事业单位、政府部门自建的私有云。

（3）社区云

社区云的特点是云基础设施由若干特定的客户共享，这些客户具有共同的特性（如任务、安全需求和策略等）。和私有云类似，社区云的云基础设施的建立、管理和运营既可以由一个客户或多个客户实施，也可以由其他组织或机构实施。

（4）混合云

混合云是云基础设施由两种或者两种以上相对独立的云（私有云、公有云或社区云）组成，并用某种标准或者专用技术绑定在一起，这使数据和应用具有可移植性。一般情况下，混合云的管理和运维职责由用户与云计算提供商共同分担。

10.1.2 云安全威胁

由于云计算服务的便捷性，云计算得到了迅速的发展与普及。2018~2022 年，我国云安全市场保持 40% 以上增速，74% 的首席财务官认为云计算将对其业务产生重大影响；89% 的企业正在计划或采用数字化转型业务战略；92% 的高管认为数字业务计划是企业战略的一部分。随着云计算的发展，云安全风险与威胁已成为云计算当前面临的主要挑战之一。

欧盟网络安全局（European Union Agency for Cybersecurity，ENISA）总结出云计算带来的安全威胁大致可以分为 3 类。

1）传统安全产品无法有效应对云计算环境中的网络结构和协议。云计算环境中，Web 服务器和数据库间的数据交互直接通过虚拟交换机而不经过物理交换机，使得传统的安全产品无法捕捉到数据，从而无法进行访问控制、安全审计以及安全检测。

2）云计算环境对传统安全产品的性能具有很大的挑战，当前安全产品的性能落后于网络设备。

3）云计算带来了新的安全需求，比如如何应对新的攻击方式、虚拟机逃逸等。

云计算全生命周期包括规划准备、选择云服务商和部署、运行监管、退出服务 4 个阶段。在不同的阶段，云计算面临着不同的安全威胁。云计算生命周期各阶段面临的安全威胁见表 10-2。

表 10-2 云计算生命周期内面临的安全威胁

阶　　段	安　全　威　胁
规划准备	滥用云计算。用户安全需求不明确，将包含重要信息的业务系统盲目上云，增加了核心数据泄露的风险
选择云服务商和部署	安全等级定级问题。选择安全级别较低的云服务商，云服务商提供的安全能力无法满足云服务客户需求
	安全责任归属。云服务商与云服务客户的安全责任划分不明确，或云服务商采用其他云服务商的服务，安全责任无法明确
	不安全的接口和 API。接口质量和安全无法得到保障，第三方插件的安全也无法得到保障；缺乏统一接口，数据和业务在不同云平台间或云平台与传统数据中心之间迁移困难
	云平台缺乏迁移服务，或不同云服务商缺乏统一标准，使得迁移困难

（续）

阶 段	安 全 威 胁
运行监管	丧失控制权。客户无法了解云平台安全防护措施实施情况和运行状态，无法监管云服务商内部人员对数据的操作
	账户和服务劫持。云计算导致客户对数据的控制能力减弱，攻击者获取云服务客户的凭证，对客户数据进行非法访问、利用、操控
	恶意内部员工攻击。云服务商内部通过对用户资源使用量分析获取客户相关信息，发起非法访问、篡改权限和非法攻击等
	进行分布式拒绝服务攻击（DDoS 攻击）。云计算环境更容易形成 DDoS 攻击，其攻击的数量级远高于传统网络环境
	出现司法管辖权问题。数据和业务司法管辖发生改变
	基础设施资源共享。攻击者获取 IaaS 服务商非隔离的共享基础设施不受控制的访问权，导致虚拟机间隔离和防护受到攻击
	共享技术导致的问题。虚拟机迁移造成边界动态化，边界难于控制与防护；无法有效隔离不同的业务领域，对于域间的访问流量，难于监控和控制
	滥用、恶用云计算，进行跨虚拟机的非授权访问
	存在未知威胁。云计算环境中存在未知安全漏洞、软件版本、代码更新、安全事件等
	数据丢失或泄露。云计算导致数据所有权保障面临问题，云中数据大量交换加大了数据丢失、泄露的风险
退出服务	缺乏有效机制验证数据被完全清除，加大了数据残留的风险，可能导致用户数据泄露或丢失

10.1.3 云安全现状与趋势

随着云计算技术的迅速发展，业务系统迁移上云成为一种趋势，截至 2020 年，云平台上累计的网站与 Web 业务系统数量有 650 多万个，覆盖单位 60 多万个。由于云资源的便捷、价廉和互联网新型企业的发展，国内已有 14.66% 的重要行业网站上云。大多数云服务客户认为云服务商提供的基础安全防护策略已经足以应对网络安全，而疏于对云上业务系统的安全运维管理，甚至部分部署在云上的网站系统由于缺乏管理，逐渐成为僵尸网站。根据《2020 年上半年云安全分析报告》显示，云计算面临的主要网络攻击手段有 DDoS 攻击、恶意木马、云上勒索、爆破攻击、漏洞风险、高危命令执行等，其中，云上恶意木马事件呈现上升趋势，云内的针对性勒索愈演愈烈，恶意软件肆意蔓延。此外，来自云端的 DDoS 攻击越来越普遍，云端 Web 应用安全事件也越来越多，仅 2020 年上半年，云端的 DDoS 攻击源占所有攻击源的 14%，占所有流量的 22%，云端 Web 应用安全事件数量高达 18257 起。

事实上，部署在云上的业务系统或网站仍然面临着系统架构、非硬件层故障，以及系统性能、数据安全等众多安全问题，各种网页篡改等网站入侵问题依旧是无法避免的。云计算环境中的数据集中，使得云安全面临更加严峻的问题，主要包括下列几类：

1）云数据中心的数据相对集中，容易遭受地震、洪涝、火灾等自然灾害的破坏，使得数据可用性遭到破坏。其他人为性的破坏也会导致云上数据的泄露或数据丢失等安全事故。

2）虚拟网络边界的隔离和安全监测受制于当前技术的发展，如何监测虚拟机间的流量，及时发现异常网络行为是相对比较困难的。

3）宿主机与虚拟机间相互影响。云计算环境中，一旦宿主机发生安全事故，势必会影响部署在宿主机上的虚拟机，产生如虚拟机逃逸、越权访问及资源不足等安全问题。

4）业务迁移上云，云服务客户数据的所有权和管理权分离，可能面临数据在传输过程中被非法截获、云平台故障而导致数据不可用或数据泄露，云上数据存储飘逸会导致数据面临无法有效管理等安全风险。

随着云服务客户将多个系统迁移上云，并分别部署在不同云平台或采用云平台和本地IDC 结合的部署方式，多云或混合云环境下产生的安全责任界定、网络攻击复杂性、云上安全运维运营等问题使得云安全面临的攻击和挑战极其严峻。

10.2 云计算安全扩展要求

基于云计算的特性，在网络安全等级保护通用要求的基础上进行了扩展，形成了云计算安全扩展要求。云计算安全扩展要求在安全物理环境、安全通信网络、安全区域边界、安全计算环境、安全管理中心、安全建设管理和安全运维管理共 7 个安全类进行了扩展。本节以网络安全等级保护第三级要求为例，对云计算安全扩展要求条款进行解读。

10.2.1 安全物理环境

安全物理环境这一安全类在扩展要求部分包括基础设施位置一个控制点。
【条款】
应保证云计算基础设施位于中国境内。
【条款解读】
《网络安全法》要求关键信息基础设施的运营者在中华人民共和国境内运营中收集和产生的个人信息及重要数据在境内存储。该条款主要说明云服务商为云服务客户提供的云计算基础设施服务所涉及的硬件设备、数据中心应位于中国境内。

10.2.2 安全通信网络

安全通信网络这一安全类在扩展要求部分包括网络架构一个控制点。
【条款】
1）应保证云计算平台不承载高于其安全保护等级的业务应用系统。
2）应实现不同云服务客户虚拟网络之间的隔离。
3）应具有根据云服务客户业务需求提供通信传输、边界防护、入侵防范等安全机制的能力。
4）应具有根据云服务客户业务需求自主设置安全策略的能力，包括定义访问路径、选择安全组件、配置安全策略。
5）应提供开放接口或开放性安全服务，允许云服务客户接入第三方安全产品或在云计算平台选择第三方安全服务。
【条款解读】
云服务商应确定云计算平台的安全防护等级，在明确云计算平台安全防护等级的情况下，不允许在云平台上部署高于其安全保护等级的业务应用系统，如云平台安全保护等级为第三级，此时云平台只能承载三级以下系统（含三级），不能承载四级及以上系统。

云平台可为多个用户提供服务，云上部署了众多业务系统，为保证业务系统的安全性，条款 2）要求不同云服务客户间的网络是隔离的，如常见的虚拟私有云（Virtual Private Cloud，VPC）。通常，云服务商会为不同的云服务客户分配不同的 VPC，VPC 利用 Vxlan 协议实现 VPC 隔离，不同的 VPC 之间默认隔离，无法进行通信，如图 10-1 所示。

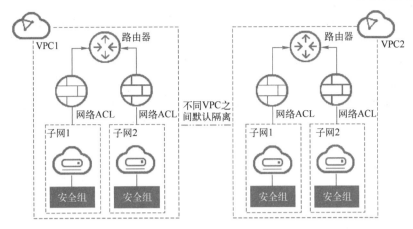

图 10-1 不同的 VPC 间默认隔离

云服务商为云服务客户提供服务的同时，为保证业务应用系统迁移上云后能够安全、有效地运行，条款 3）要求云平台在为云服务客户提供基础服务（网络、计算、存储）的同时，能够为云服务客户提供网络通信传输服务和安全防护手段，如云防火墙、流量监控、入侵检测、防病毒等，且条款 4）要求云服务商允许用户根据业务需求自主设置访问控制策略，保证用户的自主选择性。为进一步提升云上业务系统的安全性，条款 5）要求云服务商支持云服务客户根据需求选择第三方安全产品的接入，以提升业务系统的安全防护措施。

课堂小知识

虚拟私有云（VPC）可以帮助用户构建出一个隔离的网络环境，并可以自定义 IP 地址范围、网段、路由表和网关等；也可以通过专线或 VPN 等连接方式实现云上 VPC 与传统 IDC 的互联，构建混合云业务。

安全组是一个逻辑上的分组，这个分组由同一个地域（Region）内具有相同安全保护需求并相互信任的实例组成。使用安全组可设置单台或多台云服务器的网络访问控制，它是重要的网络安全隔离手段，用于在云端划分网络安全域。每个实例应至少属于一个安全组。同一安全组内的实例之间网络互通，不同安全组的实例之间默认内网不通，可以授权某个源安全组或某个源网段访问目的安全组。

10.2.3 安全区域边界

1. 访问控制

【条款】

1）应在虚拟化网络边界部署访问控制机制，并设置访问控制规则。

2）应在不同等级的网络区域边界部署访问控制机制，设置访问控制规则。

【条款解读】

虚拟网络中的边界可分为以下几类：

1）不同云服务客户的虚拟网络之间的边界。

2）同一云服务客户虚拟网络下，不同虚拟子网之间的边界。

3）云服务客户虚拟网络与外网之间的边界。

虚拟化是云计算的一大特性，网络虚拟化在帮助用户节省利用资源的同时，条款1）要求在虚拟网络边界配置恰当的访问控制策略，有效避免非法访问、越权访问。

基于传统系统的分区分域的安全防护思想，通常在虚拟网络中划分不同的安全防护区域，并在不同的区域边界配置访问控制规则。如图10-1所示，用户可在VPC中通过子网划分的方式进行区域划分，并基于网络ACL和安全组实现跨边界的访问控制。

条款2）要求在不同等级对象间的网络区域边界配置访问控制策略，其中，不同等级指不同安全保护等级。例如，云平台上二级系统所在的网络区域应与三级系统的网络区域间配置访问控制机制，并设置访问控制策略，通常可在区域间部署虚拟防火墙，并进行访问控制规则的配置。

2. 入侵防范

【条款】

1）应能检测到云服务客户发起的网络攻击行为，并能记录攻击类型、攻击时间、攻击流量等。

2）应能检测到对虚拟网络节点的网络攻击行为，并能记录攻击类型、攻击时间、攻击流量等。

3）应能检测到虚拟机与宿主机、虚拟机与虚拟机之间的异常流量。

4）应在检测到网络攻击行为、异常流量情况时进行告警。

【条款解读】

传统物理网络环境中的安全边界防护手段只能有效地解决云环境中南北向流量的安全防护，而云计算环境下，虚拟网络的"无边界化"使得云计算环境中的东西向流量呈快速增长态势，由于东西向流量的"不可视化"，使得云内安全防护变得尤为困难。

为有效保证云计算环境中虚拟网络流量的安全，可对全网流量进行集中监测或通过流量牵引监测、清洗等方式进行防护。从网络安全等级保护的角度出发，条款1）要求云平台对云服务客户发起的访问进行检测、分析，并记录攻击类型、攻击时间、攻击流量等。条款2）要求对虚拟网络节点的网络攻击行为进行检测。条款3）要求能够对虚拟机与宿主机、虚拟机与虚拟机之间的流量进行实时监测。针对条款1）~3）对网络攻击和异常流量检测的安全要求，条款4）则要求云计算平台/系统能够在检测到网络攻击或异常流量时，能够进行告警。

3. 安全审计

【条款】

1）应对云服务商和云服务客户在远程管理时执行的特权命令进行审计，至少包括虚拟机删除、虚拟机重启。

2）应保证云服务商对云服务客户系统和数据的操作可被云服务客户审计。

【条款解读】

安全审计有助于系统运维方对安全事故的审查和恢复，在执行一些重要的操作时，必须进行安全审计，以便安全事故的恢复和问题溯源。

条款1）要求对云服务商和云服务客户进行远程管理时执行的特权命令进行安全审计，特权命令包括虚拟机删除、虚拟机重启、虚拟机格式化等。云服务商和云服务客户应部署相关的日志审计系统对各自远程管理时的操作行为进行审计，并保证日志信息的完整性、保密性、可用性。

在云计算环境中，云服务商原则上不允许触碰云服务客户数据，但在一些特殊情形下，又不得不帮助用户处理一些疑难问题，此时必须取得云服务客户的授权。同时，为确保云服务商对云服务客户数据操作的安全性，条款 2）要求云服务商在云服务客户授权的前提下访问云服务客户相关数据，云服务客户应对云服务商对其相关数据的所有操作进行审计。

10.2.4　安全计算环境

1. 身份鉴别

【条款】

当远程管理云计算平台中设备时，管理终端和云计算平台之间应建立双向身份验证机制。

【条款解读】

在进行远程管理时，需进行双向认证，保证接入云平台的管理终端的有效性、合法性。在远程管理云计算平台中的设备时，双向认证有助于保证双向安全，有效地防止重放攻击和拒绝服务攻击。双向认证保证了终端不会被伪装服务器攻击，云计算平台不会被非法入侵，大大地提高了云计算平台和终端设备连接的安全性。该条款要求云服务商或云服务客户进行远程设备管理时，在管理终端和云计算平台边界控制器（或接入网关）之间基于双向身份验证机制建立合法、有效的连接。

2. 访问控制

【条款】

1）应保证当虚拟机迁移时，访问控制策略随其迁移。

2）应允许云服务客户设置不同虚拟机之间的访问控制策略。

【条款解读】

虚拟机迁移包括不同云平台间的迁移，以及将云平台中的服务器、应用和数据迁移至本地环境。对于虚拟机迁移而言，若缺乏安全保障措施，那么监听者可能通过监听源与目标服务器间的网络，获得迁移过程中的全部数据，还可能修改传输数据，植入恶意代码，控制虚拟机。因此，为保证迁移安全，可进行加密传输，或通过链路加密模式将访问控制策略同时迁移，以防止未经授权的访问。

针对虚拟机迁移，条款 1）要求在虚拟机迁移时，访问控制策略同步迁移。条款 2）要求云服务商支持云服务客户在不同的虚拟机之间基于业务需求配置访问控制策略。

3. 入侵防范

【条款】

1）应能检测虚拟机之间的资源隔离失效，并进行告警。

2）应能检测非授权新建虚拟机或者重新启用虚拟机，并进行告警。

3）应能够检测恶意代码感染及在虚拟机间蔓延的情况，并进行告警。

【条款解读】

若虚拟机之间的资源隔离失效，云服务商未采取相应的应对措施检测恶意行为，且无告警措施，那么可能导致虚拟机非法占用资源，从而导致其他虚拟机无法正常运行。条款 1）要求云服务商实时检测虚拟机资源隔离情况，在发现异常时能够及时告警。

为规范虚拟机的管理操作，可强化虚拟化环境安全，所有的虚拟机新建或重启都应由系统管理员负责。若某些用户（如开发人员和测试人员）需重启虚拟机，则应通过系统管理员创建、管理或进行授权。为避免虚拟机的非授权创建或重启，条款2）要求云平台能够对虚拟机的非授权创建、删除、关闭、重启等行为进行检测，且能够告警，并在检测到此类非法动作时进行告警提示。

恶意代码感染可能导致虚拟机无法正常运行或被非法利用，虚拟机被非法利用后，可能被作为跳板机，若无有效的虚拟机隔离技术措施，则可能导致恶意代码在宿主机或虚拟机间蔓延，从而破坏云计算环境。因此，应对整个云平台进行恶意代码检测，防止恶意代码的入侵，并对恶意代码的感染和蔓延情况进行监测、报警，降低恶意代码感染的风险和损失。条款3）要求云服务商对整个云平台进行恶意代码检测，防止恶意代码的入侵，并对恶意代码的感染和蔓延情况进行监测、报警。

4. 镜像和快照保护

【条款】

1）应针对重要业务系统提供加固的操作系统镜像或操作系统安全加固服务。

2）应提供虚拟机镜像、快照完整性校验功能，防止虚拟机镜像被恶意篡改。

3）应采取密码技术或其他技术手段防止虚拟机镜像、快照中可能存在的敏感资源被非法访问。

【条款解读】

对操作系统进行安全加固，可提升服务器安全性，防止外来用户和木马病毒对服务器的攻击，保护云平台和云用户安全。无论云服务客户是自行上传镜像，还是使用云平台提供的镜像，都需对镜像进行安全加固。

条款1）要求云服务商根据业内最佳实践，参考国际标准规范，形成操作系统安全加固指南或手册，并应用到镜像或操作系统。为云服务客户重要的业务系统提供的镜像需进行安全加固。虚拟机镜像、快照无论处于静止状态还是处于运行状态都有被窃取、篡改或替换的危险，条款2）要求云服务商、云服务客户对各自的虚拟机镜像、快照提供完整性校验功能，防止未预期的篡改。条款3）要求云服务商、云服务客户对各自的虚拟机镜像、快照基于密码技术或其他技术进行加密，保证敏感数据资源的安全性，防止非法访问。

5. 数据完整性和保密性

【条款】

1）应确保云服务客户数据、用户个人信息等存储于中国境内，如需出境应遵循国家相关规定。

2）应确保只有在云服务客户授权下，云服务商或第三方才具有云服务客户数据的管理权限。

3）应使用校验码或密码技术确保虚拟机迁移过程中重要数据的完整性，并在检测到完整性受到破坏时采取必要的恢复措施。

4）应支持云服务客户部署密钥管理解决方案，保证云服务客户自行实现数据的加解密过程。

【条款解读】

为保证用户数据的合法可用性，避免司法管辖权问题，条款1）要求云服务客户数据、用户个人信息等存储于我国境内，原则上不允许出境。如因特殊情形需出境，则应满足国家相关规定。

云服务商或第三方产品服务商原则上不得触碰用户数据，在特殊情形下需访问用户数据时，条款 2) 要求云服务商或第三方用户必须在云服务客户的授权下，才能够对其数据进行管理。

虚拟机发生迁移时，条款 3) 要求云服务商对虚拟机迁移过程中的数据提供完整性校验措施或手段，并且能够在发现数据完整性遭到破坏时提供恢复措施，以保证业务迁移后正常运行。

为确保云用户数据的保密性，云服务客户可自行部署或采用云服务商提供的密钥管理解决方案，实现数据的加解密，条款 4) 要求云服务商支持云客户部署密钥管理解决方案，保证云服务客户自行实现数据的加解密过程。同时，云服务商应为云服务客户提供密钥服务，便于用户部署密钥管理解决方案，从而有效地保证云上数据的安全使用、传输、存储等。

6. 数据备份恢复

【条款】

1) 云服务客户应在本地保存其业务数据的备份。

2) 应提供查询云服务客户数据及备份存储位置的能力。

3) 云服务商的云存储服务应保证云服务客户数据存在若干个可用的副本，各副本之间的内容应保持一致。

4) 应为云服务客户将业务系统及数据迁移到其他云计算平台和本地系统提供技术手段，并协助完成迁移过程。

【条款解读】

数据丢失会对客户业务造成巨大影响。云计算环境中，客户对存储在云上的数据是无感的，因此数据全部放在云上存在一定的安全风险。为保证云服务客户数据的正常运行，防止数据意外丢失，避免业务的意外中断，条款 1) 要求云服务商提供数据本地下载服务，云服务客户需将云上数据在本地进行备份。条款 2) 要求云服务客户能够查询云上数据的存储位置，云服务商应提供此项能力。同时，为提升数据的高可用性，防止云上数据意外丢失或被恶意破坏，条款 3) 要求云服务商确保云服务客户数据多副本存储。当云服务客户进行"上云"迁移或云上数据迁移至本地物理环境中时，条款 4) 要求云服务商为其提供相应的技术手段，保证迁移过程顺利进行。

7. 剩余信息保护

【条款】

1) 应保证虚拟机所使用的内存和存储空间回收时得到完全清除。

2) 云服务客户删除业务应用数据时，云计算平台应将云存储中所有副本删除。

【条款解读】

在云计算环境中，存储客户数据的存储介质由云服务商控制，客户不能直接管理和控制存储介质。当用户退出云服务时，用户释放内存和存储空间后，云服务商需要保证安全地删除用户的数据，包括备份数据和运行过程中产生的客户相关的数据，进行介质清理。对于不可清理的介质，应物理销毁，保障客户数据的隐私安全，避免发生数据残留。

数据残留是指存储介质中的数据被删除后并未彻底清除，在存储介质中留下了存储过数据的痕迹，残留的数据信息可能被攻击者非法获取，造成严重损失。

数据销毁时，可以采用覆盖、消磁、物理破坏等方法实现剩余信息保护。为防止业务数据意外丢失，条款 1) 要求云服务商保证用户虚拟机释放的内存和存储空间内容进行完全地清除，应采用完全清除机制。条款 2) 要求当云服务客户删除业务数据时，云管理平台应采取数据清除机制将云计算平台中的所有副本全部删除，保证云服务客户数据不被非法修复、重用。

10.2.5 安全管理中心

安全管理中心这一安全类在扩展要求部分包括集中管控一个控制点。

【条款】

1）应能对物理资源和虚拟资源按照策略做统一管理调度与分配。

2）应保证云计算平台管理流量与云服务客户业务流量分离。

3）应根据云服务商和云服务客户的职责划分，收集各自控制部分的审计数据并实现各自的集中审计。

4）应根据云服务商和云服务客户的职责划分，实现各自控制部分，包括虚拟化网络、虚拟机、虚拟化安全设备等的运行状况的集中监测。

【条款解读】

网络安全等级保护基于"一个中心，三重防护"的思想。安全管理中心的建立，可以有效、便捷地进行安全监测、防护。

云计算通过对物理资源的整合与再分配，提高了资源的利用率，条款1）要求云服务商对物理资源、虚拟资源进行统一分配与调度，尽可能地提高资源利用率。条款2）要求云服务商将云平台管理流量与生产流量及业务流量分离，提高网络管理的效率与可靠性，并提升管理流量的安全性。条款3）要求云服务商和云服务客户进行明确的职责划分，各自收集各自部分的审计数据，并对审计数据进行集中审计，且条款4）要求云服务商和云服务客户对各自控制部分的虚拟资源（虚拟化网络、虚拟机、虚拟化安全设备等）运行状况进行集中监测。

10.2.6 安全建设管理

安全建设管理这一安全类在扩展要求部分包括云服务商选择和供应链管理两个控制点。

1. 云服务商选择

【条款】

1）应选择安全合规的云服务商，其所提供的云计算平台应为其所承载的业务应用系统提供相应等级的安全保护能力。

2）应在服务水平协议中规定云服务的各项服务内容和具体技术指标。

3）应在服务水平协议中规定云服务商的权限与责任，包括管理范围、职责划分、访问授权、隐私保护、行为准则、违约责任等。

4）应在服务水平协议中规定服务合约到期时，完整提供云服务客户数据，并承诺相关数据在云计算平台上清除。

5）应与选定的云服务商签署保密协议，要求其不得泄露云服务客户数据。

【条款解读】

条款1）要求云服务客户选取安全合规的云服务商，且云服务商提供的安全保护能力等级应具有相应的或高于业务应用系统需求的安全防护能力。云服务客户在选择云服务商时应明确云服务客户业务系统的安全防护等级、云平台合规认证情况以及云平台具备的安全防护能力等级。合规的云服务商是经过安全合规认证的，如云平台网络安全等级保护测评结论为优、良、中，且云平台具备相应安全等级所要求的安全防护能力。

条款 2）~4）要求云服务商在为云服务客户提供云服务的同时，应与云服务客户签订服务水平协议（SLA），协议内容应包括云服务客户所需求的云服务以及服务涉及的各类术语、技术指标。同时，在协议中应规范云服务商的权限与责任，如范围、职责划分、访问授权、隐私保护、行为准则、违约责任等。另外，应在协议中规定服务合约到期时，云服务商完整地提交云服务客户的所有数据，并与云服务客户签订相关的承诺，保证将云服务客户的所有数据进行彻底清除。条款 5）要求云服务客户与云服务商签署保密协议，保密协议中应约定云服务商不得以任何理由泄露云服务客户数据。

2. 供应链管理

【条款】

1）应确保供应商的选择符合国家有关规定。

2）应将供应链安全事件信息或安全威胁信息及时传达到云服务客户。

3）应将供应商的重要变更及时传达到云服务客户，并评估变更带来的安全风险，采取措施对风险进行控制。

【条款解读】

条款 1）要求产品的采购和使用应符合国家的有关规定，如《公安部关于加强信息网络安全检测产品销售和使用管理的通知》《含有密码技术的信息产品政府采购规定》等。此外，部分特殊行业，如金融、电力、能源等，也对安全产品的采购和使用有相关规定。

基于云计算环境的网络复杂性、数据安全传递性、服务动态性等特点，保障云计算供应链管理安全有助于云服务商在管理好合作伙伴的同时能给其用户提供足够的信心，因此条款 2）要求云服务商及时将供应链安全事件信息或安全威胁信息告知云服务客户，便于云服务客户做出及时的响应。

云服务商进行供应商的任何变更，都可能对云服务客户造成影响，条款 3）要求云服务商在变更前评估变更带来的安全风险，及时告知云服务客户，以便于云服务客户能够采取相应的措施来应对可能引发的风险。

10.2.7　安全运维管理

安全运维管理这一安全类在扩展要求部分包括云计算环境管理一个控制点。

【条款】

云计算平台的运维地点应位于中国境内，境外对境内云计算平台实施运维操作应遵循国家相关规定。

【条款解读】

该条款原则上要求云计算平台的运维地点位于中国境内，若确实因业务需求需要通过境外对境内的云计算实施运维操作，则应需遵循国家的相关法律法规要求，保证云平台数据安全。

10.3　云计算安全建设

云计算环境建设涉及多个复杂的信息系统，在进行基于等级保护要求的云计算安全建设时，基于网络安全等级保护分区分域的思想，可将云计算环境划分为不同的安全域，以不同的安全域为单位实施具体的安全防护措施。云计算环境中，可以将安全域划分为安全网络域、安全边界接入域、安全计算域和安全管理域。本节以某公有云 IaaS 模式为例来介绍云计算安全建设时需关注的重点。图 10-2 所示为某云平台 IaaS 模式逻辑网络架构。该公有云平台为客户提供的服务分布在不同的安全区域，如网络边界接入区、服务区、数据区和安全管理区。在网络边界接入区，为客户提供 DDoS 防护、Web 应用防火墙和 SSL 证书等服务；在服务区，服务器采用多 AZ 部署方式（可用区，即云服务商的不同机房），为云服务客户提供计算服务和主机安全防护服务；数据区采用 RDS 存储结构型数据，使用 OBS 存储对象数据，为客户提供数据库、数据库审计和数据加密服务。该云平台为云服务客户提供 IaaS 服务（如服务器和数据库）的同时还为客户提供了丰富的安全防护体系，如云监控、云审计、统一身份认证等。云服务客户可远程接入云平台，通过堡垒机对云上资源进行运维管理。同时，云服务客户可通过数据库管理服务将云上数据备份至本地。

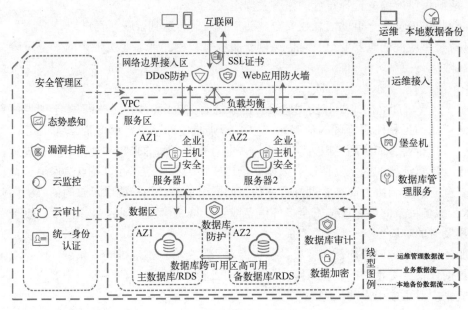

图 10-2　某云平台 IaaS 模式逻辑网络架构

10.3.1　安全网络域

云计算环境中，安全网络域通常由传统通信网络和虚拟通信网络构成，保护对象包括整个网络架构和网络架构涉及的各类网络设备，如路由器、VPN 等。在云计算安全网络域建设时，各类保护对象需在依据第 5 章中介绍的安全建设的基础上，基于虚拟网络和云计算的特性，针对云平台考虑下列几方面的建设：

1）云服务商为不同的云服务客户划分虚拟私有云，不同云服务客户间的虚拟网络隔离可基于 VPC 提供的逻辑隔离措施，并进行有效配置；同一云服务客户虚拟网络下，不同虚拟子网间的隔离可通过虚拟防火墙及安全组实现，如图 10-1 所示。

2）云服务商在云平台建设时，除保证自身云平台满足通信传输、边界防护、入侵防范等安全要求外，还应基于自身安全能力或第三方安全产品为云服务客户提供通信传输、边界防护、入侵防范等安全机制，如云安全市场或云安全资源池等。

3）云服务客户在使用云服务商提供的资源时，云服务商应支持云服务客户自主定义安全策略。例如：

- 定义 VPC 的访问路径。
- 在 VPC 内划分网络安全域、划分子网。
- 在虚拟网络边界配置访问控制规则。
- 在虚拟机（操作系统、数据库）、云产品配置安全策略。

4）云服务商在设计云平台架构时，应设计符合行业标准的开放接口，并基于开放接口允许用户自行集成第三方安全产品或提供第三方安全服务。

10.3.2　安全边界接入域

云计算环境中，安全网络边界接入域通常由传统物理接入边界和虚拟接入边界构成，保护对象包括整个网络架构中各区域间的边界和网络架构涉及的各类边界安全防护设备，如防火墙、负载均衡、边界安全网络等。在云计算边界安全域建设时，各类保护对象需在依据第6章中介绍的安全建设的基础上，基于虚拟网络边界和云计算的特性，针对云平台在虚拟化边界访问控制、入侵防范、安全审计等方面进行建设。

1. 虚拟化边界访问控制

云服务商通常为云服务客户分配不同的虚拟网络区域。如图 10-3 所示，云平台内部或云服务客户在组网时，在虚拟网络边界处部署访问控制机制，并根据业务需求设置访问控制规则。例如，在虚拟网络边界处部署云防火墙（虚拟防火墙），或在 VPC 中配置有效的访问控制规则，或通过网络 ACL 进行访问控制限制。

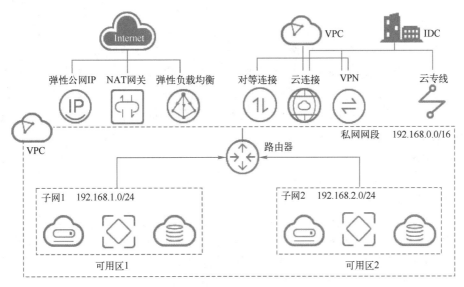

图 10-3　虚拟网络边界

2. 入侵防范

云计算环境是一个多云服务客户、多业务组成的复杂环境，云计算平台在建设、部署时，需提供技术手段检测和识别云服务客户主动发起的攻击行为，或检测恶意攻击者以云服务客户虚拟机为跳板或虚拟网络节点发起的网络攻击行为，并对异常流量、网络攻击行为进行记录。如图 10-2 中的 DDoS 防护或安全态势感知平台（服务），通过关键节点部署流量探针对云平台的全流量深度解析，实时地检测出各种攻击和异常行为并记录。记录的内容需涉及日志产生时间、产生日志的设备名称、攻击子类型、攻击名称、源 IP、目的 IP、严重级别、特征命中方向、动作类型等。

在云计算环境中，宿主机往往承载多个虚拟机，这些虚拟机可能属于不同的云服务客户，因此云平台在建设时应提供检测机制，在服务器或虚拟机上部署企业主机安全服务，实时检测主机内部的风险异变，对暴力破解、异地登录、文件变更与篡改、恶意程序、网站后门等入侵主机的行为进行识别并阻止。

3. 安全审计

云服务商和云服务客户对于安全审计的实施，可利用堡垒机或云审计对用户的操作行为进行审计。系统运维人员可以通过云堡垒机服务进行日常运维操作，并对相关的操作进行审计。对于云服务客户的数据，云服务商应制定相关的制度，保证在云服务客户未授权的情形下不得访问云服务客户数据，并为云服务客户提供相关授权方式。云服务客户建立完善的运维操作流程，在授权云服务商对其相关数据进行操作时，能够对其操作行为进行有效的审计。

10.3.3 安全计算域

安全计算域中主要的保护对象包括数据中心物理设施、网络安全设备、物理服务器、宿主机、虚拟机、终端、应用服务器、数据库、云管理系统、数据、存储网络和云产品（应用）等。在建设时，应围绕保护对象设计安全措施，各类保护对象需在依据第7章中介绍的安全建设的基础上，从云计算基础设施位置、身份鉴别以及镜像和快照保护等方面进行建设。

1. 云计算基础设施位置

公有云云服务商、私有云用户在自建云平台时，无论是自建数据中心还是租赁IDC数据中心，其云计算数据中心及云计算相关的基础设施（通信链路、网络设备、安全设备、计算设备、存储设备等）均位于中国境内。公有云云服务商还需确保为客户提供云服务的相关基础设施（通信链路、网络设备、安全设备、计算设备、存储设备等）均位于中国境内的数据中心。

2. 身份鉴别

为确保云计算环境的安全访问和授权，在云计算安全建设时需考虑云计算平台和云计算资源与用户的双向身份认证。云服务商或云服务客户可通过终端远程接入云平台进行管理，并通过终端与云平台进行双向认证。例如，通过安全管理区的统一身份认证，在云计算环境中，管理终端以HTTPS方式管理云计算平台中的设备，设备端（服务器端）向终端下发证书，实现终端对设备端的认证，云计算平台中的设备对终端通过"用户名密码+验证码"的方式进行身份认证。

3. 镜像和快照保护

云计算安全建设时，云服务商可通过自研或第三方的主机安全加固服务为云服务客户提供操作系统镜像安全加固服务，或直接为云服务客户提供安全加固的操作系统，且能够对镜像、快照进行完整性校验，以发现虚拟机镜像、快照损坏或篡改。对于云服务客户自己上传的镜像，应确保其已进行安全加固、不存在安全漏洞，并在镜像上传成功后及安装时进行完整性校验。

为防止镜像的非法访问和数据泄露，在云计算安全建设时，可使用数据校验算法、单向散列算法或密码技术（数据加密）确保镜像、快照的完整性，防止被恶意篡改。

安全加固镜像主要指满足操作系统的基础性安全要求，包括镜像基础安全配置、镜像漏洞修复和安装默认镜像主机安全软件。安全加固的镜像采用主机最佳安全实践配置，关闭不必要的端口、协议和服务，并且安装主机安全软件，如杀毒软件、完整性校验工具等。

10.3.4　安全管理域

云计算环境中，安全管理域由云安全管理系统中心构成，主要保护对象是安全管理系统、整个网络架构及涉及的各类安全产品（组件）。各类保护对象需在依据第 8 章中介绍的安全建设的基础上，基于虚拟网络和云计算的特性，针对云平台考虑下列几方面的建设。

云服务商在对计算资源、存储资源、网络资源进行虚拟化的同时，应能够通过云操作系统或云管理系统对这些物理资源及虚拟资源进行集中调度和管理，且通过带外管理、网络隔离技术和策略配置实现云平台管理流量与云服务客户业务流量分离，并对各自的资源使用情况进行监控管理，如图 10-2 所示的云平台业务数据流、运维管理数据流及本地备份数据流间的分离。通过云监控对云平台的资源运行情况进行实时监测。

关于云计算环境中日志的集中审计，在云计算安全建设时，云平台由具有审计权限的管理员定期对云平台产生的审计记录进行查阅、收集、分析，对云平台的所有审计记录进行分类集中管理。云服务客户应明确自己的安全职责，部署相关的数据审计系统对自己职责范围内的审计数据定期收集，并进行集中管理、分析，如图 10-2 所示的在安全管理区部署日志审计。

【本章小结】

本章主要描述云计算的定义，并对云计算涉及的服务模式、部署模式及云安全威胁进行了介绍。在介绍基本定义的基础上，本章分析了云计算网络安全等级保护扩展要求条款的含义，并介绍了基于等级保护在云安全建设时主要关注的重点内容。云计算扩展要求在安全物理环境、安全通信网络、安全区域边界、安全计算环境、安全管理中心、安全建设管理和安全运维管理共 7 个安全类进行扩展。云计算安全在满足网络架构、访问控制、入侵防范、安全审计、集中管控、身份鉴别、数据完整性和保密性、数据备份恢复和剩余信息保护的通用要求外，还需要满足基础设施位置、镜像和快照保护、云服务商选择、供应链管理及云计算环境管理等扩展要求。

10.4　思考与练习

一、填空题

1. 云计算的 5 个特征分别为＿＿＿＿、＿＿＿＿、＿＿＿＿、＿＿＿＿、＿＿＿＿。

2. 云计算网络安全等级保护扩展要求是针对＿＿＿＿特性提出的个性化保护要求，云计算平台/系统在满足网络安全等级保护＿＿＿＿的基础上需实现安全扩展要求。

3. 云计算的 3 种服务模式为＿＿＿＿，云计算的部署模式有＿＿＿＿、＿＿＿＿、＿＿＿＿、＿＿＿＿。

4. 云计算扩展要求，安全区域边界入侵防范控制点中，条款 3）要求能够对虚拟机与＿＿＿＿、虚拟机与＿＿＿＿之间的流量进行实时监测。

5. 云计算环境中，可以将安全域划分为_____、安全边界接入域、_____和安全管理域。

二、判断题

1. （　　）互联网就是一个超大云。

2. （　　）云计算就是一种计算平台或应用模式。

3. （　　）平台即服务（PaaS）是指用户可通过 Internet 获取 IT 基础设施硬件资源。

4. （　　）虚拟私有云（VPC）可实现不同云服务客户间网络的隔离。

5. （　　）对于云服务客户的数据，云服务商应制定相关的制度，保证在云服务客户未授权的情形下，不得以任何理由访问云服务客户数据。

三、简答题

1. 什么是云计算？

2. 云计算面临的安全威胁有哪些？

3. 网络安全等级保护中，云计算安全扩展要求中包括哪些控制点？

4. 云计算环境中的虚拟网络边界有哪几类？如何进行安全防护？

5. 如何保证云服务客户退出云服务后，虚拟资源能够彻底清除？

第 11 章
物联网安全

随着物联网技术不断成熟，物联网在智慧城市、安防监控、共享单车、车联网、能源电力、远程抄表等与生活息息相关的多个行业都有应用，但是同时物联网在终端安全、通信保障等方面的安全问题也愈发凸显。等级保护 2.0 将物联网系统纳入了等级保护的范围。物联网系统是网络安全等级保护的重要对象之一，物联网安全扩展要求是等级保护 2.0 标准体系安全扩展要求的重要组成部分。本章主要介绍物联网的基本概念、安全威胁、安全现状与趋势，以及对物联网安全扩展要求的条款进行解读，并通过物联网安全建设实践来介绍物联网安全建设的方法。

11.1 物联网概述

1990 年，施乐公司推出的网络可乐贩卖机代表着世界上第一台物联网设备的出现；1999 年，物联网的概念真正被提出；2017 年，中国工业和信息化部宣布中国物联网进入规模商用元年，预示着中国物联网的发展真正开启，物联网技术开始在智慧城市、智能交通、智能安防、智能电网、智能物流等多个领域得以快速发展并成功应用。时至今日，根据中国经济信息社《2019—2020 中国物联网发展年度报告》中的数据，2019 年全球已有物联网终端 110 亿个，其中我国移动物联网连接数已突破 12 亿个。据 IDC 预测，到 2024 年，我国物联网市场支出预计将达到 3000 亿美元。

11.1.1 物联网简介

物联网即"万物相连的互联网"，是在互联网基础上延伸和扩展的网络。物联网使所有能够被独立寻址的物品形成了互联互通的网络。

1. 物联网定义

1999 年，MIT Auto-ID 中心的 Ashton 教授最早提出了物联网（Internet of Things，IoT）这一概念，其定义是"使用射频识别（Radio Frequency Identification，RFID）、全球定位系统（Global Positioning System，GPS）、红外感应装置、激光扫描装置等信息感知设备，通过某种通信协议就能够将任何物品接入互联网中，进行数据采集和信息交换，从而完成智能化的识别、定位、跟踪、监控以及管理"。

在《信息安全技术 网络安全等级保护基本要求》（GB/T 22239—2019）中，对物联网的定义为"将感知节点设备通过互联网等网络连接起来构成的系统"。这个定义中有两个很重要的元素：其一是感知节点，指的是对物或环境进行信息采集、执行操作，并能联网进行通信的装置；其二是能够通过互联网等网络进行连接。

从物联网的定义再去看 1990 年施乐公司推出的网络可乐贩卖机，当时，这台机器内布设了能够监视可乐机内的可乐数量和冰冻情况的传感器，并且能够将监视情况通过网络传递给想要买可乐的人，从而满足了人们每次来贩卖机都能够买到冰爽可乐的需求。网络可乐贩卖机显然满足了物联网定义中关于感知节点设备以及通过互联网等网络进行连接这两个要素，所以其被称为世界上第一台物联网设备。

2. 物联网架构

《信息安全技术 网络安全等级保护基本要求》（GB/T 22239—2019）中采用物联网 3 层逻辑架构对等级保护 2.0 适用的物联网应用场景进行了说明（如图 11-1 所示）。

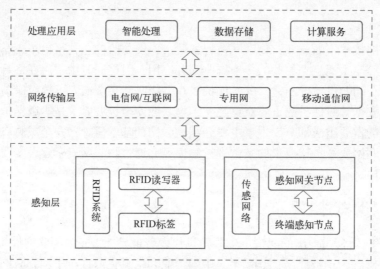

图 11-1　物联网 3 层逻辑架构

物联网从架构上可分为 3 个逻辑层，即感知层、网络传输层和处理应用层。其中，感知层包括终端感知节点和感知网关节点，或 RFID 标签和 RFID 读写器，也包括这些感知设备与传感网网关、RFID 标签与阅读器之间的短距离通信（通常为无线）部分；网络传输层包括将这些感知数据远距离传输到处理中心的网络，包括互联网、移动通信网等，以及几种不同网络的融合；处理应用层包括对感知数据进行存储与智能处理的平台，并对业务应用终端提供服务。对大型物联网来说，处理应用层一般是云计算平台和业务应用终端设备。

这里以图 11-2 所示的某门岗物联网管理系统为例介绍物联网 3 层架构。其中的指纹门禁、ID 卡门禁、人员通道闸、车辆通道闸、监控视频摄像头以及布设在这些终端感知节点上游的控制器一同构成了整个物联网系统的感知层；工作人员使用的办公计算机以及存储监控视频数据、出入数据等数据的服务器则组成了物联网系统的处理应用层；将感知层设备和处理应用层设备连接的基于 TCP/IP 的网络就是物联网系统中的网络传输层。

对物联网的整体安全防护应包括感知层、网络传输层和处理应用层。但是，网络传输层和处理应用层通常出计算机设备构成，因此在等级保护 2.0 中明确指出了这两部分按照安全通用要求进行保护。而物联网安全扩展要求则是针对感知层提出的特殊安全要求，与安全通用要求一起构成了对物联网的完整安全要求。由此可见，物联网区别于传统信息系统的最大特点是物联网的感知层。

在等级保护 2.0 物联网应用场景中，将感知层分为 RFID 系统和传感网络两部分。

1）RFID 利用射频信号，通过空间电磁耦合实现无接触信息传递，并通过所传递的信息实现物体识别。RFID 既可以看作是一种设备标识技术，也可以归类为短距离传输技术。RFID 系统主要由 3 部分组成：电子标签（Tag）、读写器（Reader）和天线（Antenna）。RFID 系统示意图如图 11-3 所示。其中，电子标签具有数据存储区，用于存储待识别物品的标识信息；读写器是将约定格式的待识别物品的标识信息写入电子标签的存储区中（写入功能），或在读写器的阅读范围内以无接触的方式将电子标签内保存的信息读取出来（读出功能）；天线用于发射和接收射频信号，往往内置在电子标签和读写器中。

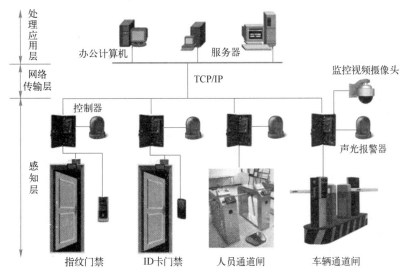

图 11-2　某门岗物联网管理系统

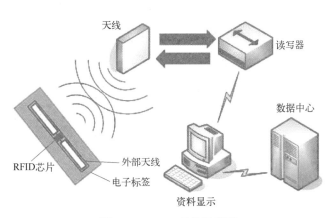

图 11-3　RFID 系统示意图

2）传感网络在等级保护 2.0 中分为终端感知节点和感知网关节点两部分，终端感知节点通过传感网与感知网关节点进行通信（如图 11-4 所示）。终端感知节点主要是对各种参量进行信息采集和简单加工处理的设备，即传感器。传感器可以独立存在，也可以与其他设备以一体方式呈现。传感器的分类方法多种多样，一般按照使用扩展性将传感器分为单一功能传感器和通用智能传感器。其中，单一功能传感器一般设计简单，外部接口较少，功能单一，无法改造；通用智能传感器设计相对复杂，外部接口能够满足大部分应用的需求，可以通过内部软件设置、硬件模块拆卸等来满足不同的功能需求。

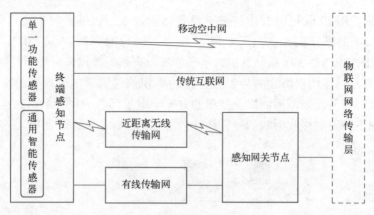

图 11-4 传感网络架构示意图

传感网是终端感知节点与感知网关节点间的通信网络。按照技术特点，可以分为有线传输网、近距离无线传输网、传统互联网和移动空中网 4 类。

感知网关节点是指在感知层和网络传输层中发挥承上启下作用的设备，一般具备两方面功能：其一，在感知层内作为接收者和控制者，被授权监听和处理感知层内的事件消息与数据，可向终端感知节点发布查询请求或派发任务；其二，面向网络传输层时，作为中继和网关，完成感知层和网络传输层间协议与数据的转换，是连接感知层与网络传输层的桥梁。

11.1.2 物联网安全威胁

据统计，在全球范围内出现安全问题的物联网设备已达 7100 多万台，包括路由器、摄像头、防火墙、打印机、VPN 等。随着物联网设备安全需求的日益凸显，黑客也盯上了这块没有重点安全防护的网络，针对物联网络的安全事件见表 11-1。

表 11-1 物联网安全事件

序 号	时 间	事 件 描 述
1	2013 年	美国知名黑客萨米·卡姆卡尔用一项名为 SkyJack 的技术，定位一架基本款民用无人机并控制飞在附近的其他无人机，组成一个由一部智能手机操控的"僵尸无人机战队"
2	2014 年	西班牙三大主要供电服务商超过 30% 的智能电表被检测发现存在严重的安全漏洞，入侵者可以利用该漏洞进行电费欺诈，甚至直接关闭电路系统，对社会造成很大影响
3	2015 年	江苏省各级公安机关使用的海康威视监控设备存在严重安全隐患（弱口令），部分设备已经被境外 IP 地址控制
4	2016 年	美国域名解析服务提供商 DYN 公司受到强力的 DDoS 攻击，其中重要的攻击源确认来自 Mirai 物联网（网络摄像头）僵尸网络
5	2017 年	Check Point 研究人员表示 LG 智能家居设备存在漏洞，黑客可以利用该漏洞完全控制一个用户账户，然后远程劫持 LG SmartThinQ 家用电器，并将它们转换为实时监控设备
6	2018 年	IBM 研究团队发现 Libelium、Echelon 和 Battelle 这 3 种智慧城市主要系统中存在多达 17 个安全漏洞，如默认密码、可绕过身份验证、数据隐匿等，攻击者利用这些漏洞能够控制报警系统、篡改传感器数据，从而轻而易举左右整个城市的交通
7	2019 年	荷兰安全研究员在 Twitter 上发布内容，显示一家做人像识别的中国公司由于未对内部数据库做密码保护，并且直接暴露在公网上面，导致超过 250 万公民的个人信息数据能够不受任何限制地被所有人访问
8	2020 年	以色列专门从事物联网和嵌入式设备安全的 JSOF 公司警告：由于严重安全漏洞影响 Treck TCP/IP 堆栈，全球数亿台物联网设备可能会受到远程攻击

1. 物联网系统特点

物联网系统具有下列特点。

（1）终端设备类型多

物联网是各种感知技术的广泛应用。物联网上部署了海量的多种类型传感器，包括传感器、智能家居、车辆、穿戴设备、摄像机、照相机以及工业设备等，可实现远程监测和控制。每个传感器都是一个信息源，不同类别的传感器所捕获的信息内容和信息格式不同。

（2）终端设备分布广

与传统的 IP 网络不同，物联网扩大了应用场景和部署范围，实现了万物互联，从室内走向室外，从 PC 设备转为各种联网的 IoT 终端。特别是随着 5G 的发展，IoT 设备的分布和接入范围将更加广泛。同时，随着物联网的快速发展，设备品牌不断增多，一个物联网系统中往往会采用不同品牌的设备。

（3）组网复杂，边界多

物联网设备通常需要和其他设备进行交互。在一个物联网系统中，往往有着比 PC 设备更多的交互方式，包括下列几种：

1）手机客户端：大多数物联网设备可通过手机客户端控制，并进行互动。

2）云平台：云端 Web 应用或 API 集中管理和收集 IoT 设备数据。

3）采用更多的通信协议：局域网、蓝牙、WiFi、ZigBee、NFC、NB-IoT、GPS、无线电射频 Radio 等多种通信协议共存。

4）物联网设备涉及各种不同的终端平台，采用不同的操作系统以及协议实现交互。

这些特点导致物联网的组网方式复杂，加上物联网不同于政府企事业单位的 PC 组网，大部分物联网设备在室外，需要各种方式连接到数据中心，这就形成了各种各样的组网方式。如视频监控网络，可以通过不同的运营商分期建设，完成视频摄像头到数据中心的汇聚。同时，物联网网络还需实现与办公网络的对接，并通过互联网对公众提供服务等。

（4）终端设备系统小

物联网操作系统几乎都是在传统的 Linux 上发展起来的，并实现了 Web 管理界面，部分设备提供了 App 管理或集中管理的能力，实现了丰富的交互能力。为实现快速开发，物联网设备大量采用了开源组件。

（5）系统平台功能强

为实现丰富的功能和应用场景，物联网系统平台功能复杂，可提供身份鉴别、管理、监控、操作和记录等功能，并实现对外服务等能力。例如，视频监控网络提供视频点播、视频直播、视频下载等功能，并实现和其他视频管理平台的对接。

2. 物联网安全风险

物联网所呈现的数量大、分布广、组网复杂和终端系统简单等特点，极大地增加了物联网所面临的安全风险。物联网面临的主要安全风险有下列几种。

（1）资产不清带来的安全风险

物联网网络多数通过第三方集成商或运营商代为建设和运维。以视频监控网络为例，其采用以租代建或集成商建设的模式，使用方只关注数据采集及应用平台的运维和使用，缺乏有效的技术手段对入网资产进行核实和管控，对目前网络中的资产，尤其是部署在前端的大量物联网设备的资产情况无法有效掌控，由此可能会出现非法设备接入的安全风险。

（2）终端设备非法替换带来的安全风险

有时，物联网终端大量部署在室外、马路以及野外等不安全的无人值守场所，除了容易损害之外，终端采用 IP 网络接入，也容易造成攻击者通过仿冒终端接入网络发起攻击的安全风险。

（3）终端设备自身的安全风险

物联网终端具有功能简单、系统架构简单、计算能力及存储能力较低等特点，其终端设备一般无安全、加密等功能的设计，因此绝大多数终端的安全防护能力不强，甚至处于"裸奔"状态，给系统带来较大的安全风险。

（4）终端系统难以升级带来的安全风险

传统的 PC 和服务器的升级能力是必备的，可以及时修复功能缺陷和安全漏洞。而物联网终端具有部署广泛、数量巨大、网络通信资源不够丰富等特点，给终端系统及时升级带来了极大困难。存在安全隐患且不能及时升级的问题，使得物联网设备一旦存在系统漏洞，其安全风险就会在很长一段时间内存在。

（5）物联网平台自身的安全风险

物联网平台多采用 B/S 架构，为提供丰富的统计、分析、展示和交互功能，系统采用大量新技术，并采用多种开源或商用应用组件，这使得物联网平台自身的安全问题较多，Web 服务器的常见漏洞也会出现在物联网平台上。

（6）网络互联带来的安全风险

物联网终端数量非常巨大，需要网络层具有高效快速的安全接入能力。接入网和核心网面向各种类型的终端设备开放，同时物联网对其他网络甚至互联网提供服务，可能受到来自网络内部和互联网的攻击，系统漏洞一旦被利用，其网络层易遭受非法访问、配置修改、拒绝服务、僵尸网络控制、信息泄露、信息篡改等安全风险。

11.1.3 物联网安全现状与趋势

随着物联网资产暴露在互联网中的数目逐年增多，物联网面临的安全威胁也逐渐加剧，境内外对物联网设备的攻击源呈现来源广、攻击数量大等特征。国家互联网应急中心（CNCERT）披露的《2020 物联网安全年报》显示：2020 年，我国大约 186 万个物联网资产暴露在互联网上，如摄像头、路由器和 VoIP 电话、网络存储器（NAS）等；2020 年，全年共捕获到来自全球总计 18 万余个物联网恶意样本，传播这些样本的 IP 地址共有 2.4 万余个，分布于全球 140 多个国家和地区。中国信息通信研究院发布的《物联网白皮书（2020 年）》显示，未来几年全球范围内物联网安全攻击事件数量将持续增加，且安全事件的影响程度和范围也将持续扩大，近年来我国物联网安全事件呈现高速增长态势（如图 11-5 所示）。

当前物联网安全面临的主要安全隐患有下列几类：

1）IoT 设备存在隐私泄露或滥用风险（如各种绕过验证漏洞、未授权认证、远程任意命令执行漏洞）。

2）IoT 设备允许使用弱口令（如系统默认口令、纯数字弱口令）。

3）IoT 设备通信未加密（通信协议或应用协议缺陷、协议使用不当、加密强度不够）。

4）IoT 设备的 Web 界面存在安全漏洞（Web 管理页面 XSS、CSRF）。

5）IoT 设备的下载软件在更新时没有进行加密。

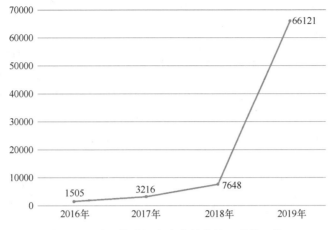

图 11-5 我国物联网安全事件数量（单位：件）

物联网之所以面临上述安全问题，主要原因有下列 4 种：

1）物联网设备领域起步晚，业界对其安全性理解不够；安全意识匮乏，安全技能不够，安全经验积累不足。

2）物联网安全投入少，无法有效平衡业务和安全的发展。

3）业界缺乏统一标准，在通信协议、安全体系设计等诸多方面都参差不齐，导致一些隐患存在。

4）当前针对物联网安全的法律法规、监督监管机制尚不完善。

11.2 物联网安全扩展要求

《信息安全技术 网络安全等级保护基本要求》（GB/T 22239—2019）中明确指出物联网安全扩展要求是针对物联网 3 层架构中的感知层提出的特殊安全要求，而物联网 3 层架构中的网络传输层和处理应用层按照安全通用要求提出的要求进行保护。了解和掌握物联网安全扩展要求的内涵与外延，对日后开展物联网网络安全等级保护工作非常重要。

物联网安全扩展要求总体分为技术要求和管理要求。其中，技术要求主要分为安全物理环境、安全区域边界、安全计算环境；管理要求主要是安全运维管理，围绕感知节点管理展开。物联网安全扩展要求总体要求结构图如图 11-6 所示。

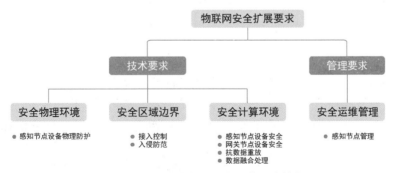

图 11-6 物联网安全扩展要求总体要求结构图

物联网作为等级保护 2.0 新增的等级保护对象，该如何针对其开展网络安全等级保护工作来满足等级保护 2.0 合规要求，本节对物联网安全扩展要求的第三级要求条款进行详细解读。

1. 感知节点设备物理防护

【条款】

1）感知节点设备所处的物理环境应不对感知节点设备造成物理破坏，如挤压、强振动。

2）感知节点设备在工作状态所处物理环境应能正确反映环境状态（如温湿度传感器不能安装在阳光直射区域）。

3）感知节点设备在工作状态所处物理环境应不对感知节点设备的正常工作造成影响，如强干扰、阻挡屏蔽等。

4）关键感知节点设备应具有可供长时间工作的电力供应（关键网关节点设备应具有持久稳定的电力供应能力）。

【条款解读】

物理环境安全不仅是物联网系统稳定运行的保障，也是物联网系统所承载的业务准确顺利开展的前提。影响物联网物理环境安全的主要因素有挤压、强振动、强干扰、阻挡屏蔽、电力供应以及所有对感知节点正常工作产生影响的因素。那么在物联网物理安全防护上，就需要要求环境不对感知节点设备造成破坏，同时要求环境对感知节点设备采集结果不造成影响，设备也应有持续的电力供应。这一块主要是对物联网终端厂商和感知节点设备的部署安全提出的要求。

2. 接入控制

【条款】

应保证只有授权的感知节点可以接入。

【条款解读】

针对未授权的感知节点接入可能引发的安全风险，需要在边界或感知层网络通过白名单或安全准入控制和身份鉴别机制来解决。

3. 入侵防范

【条款】

1）应能够限制与感知节点通信的目标地址，以避免对陌生地址的攻击行为。

2）应能够限制与网关节点通信的目标地址，以避免对陌生地址的攻击行为。

【条款解读】

针对入侵感知节点和网关节点可能引发的对感知节点的非法控制，以及控制感知节点对陌生地址发起攻击的安全风险，需要对感知节点和网关节点通过白名单等访问控制措施来解决。

4. 感知节点设备安全

【条款】

1）应保证只有授权的用户可以对感知节点设备上的软件应用进行配置或变更。

2）应具有对其连接的网关节点设备（包括读卡器）进行身份标识和鉴别的能力。

3）应具有对其连接的其他感知节点设备（包括路由节点）进行身份标识和鉴别的能力。

【条款解读】

针对非法接入和控制感知节点可能引发的非法访问与非法使用感知节点资源的安全风险，需要对访问感知节点的用户、网关节点设备（包括读卡器）和其他感知节点设备（包括路由节点）通过身份鉴别标识，对感知节点通过访问控制和行为控制来解决。

5. 网关节点设备安全

【条款】

1）应具备对合法连接设备（包括终端节点、路由节点、数据处理中心）进行标识和鉴别的能力。

2）应具备过滤非法节点和伪造节点所发送的数据的能力。

3）授权用户应能够在设备使用过程中对关键密钥进行在线更新。

4）授权用户应能够在设备使用过程中对关键配置参数进行在线更新。

【条款解读】

网关节点设备运行于感知网络的边缘，即向上连接传统的信息网络，同时向下连接感知网络。网关节点设备需要通过身份标识鉴别、访问控制、数据传输保护 3 个方面进行加固，以保障网关节点设备的安全计算环境。针对绕过身份标识鉴别访问网关节点设备可能引发的安全风险，需要对网关节点设备通过验证连接合法性、设置安全基线等措施来解决。

6. 抗数据重放

【条款】

1）应能够鉴别数据的新鲜性，避免历史数据的重放攻击。

2）应能够鉴别历史数据的非法修改，避免数据的修改重放攻击。

【条款解读】

针对复用历史数据或对历史数据非法修改可能引发的数据重放攻击安全风险，需要通过鉴别数据新鲜性和检测感知节点历史数据等措施来解决。数据新鲜性（Data Freshness）指的是接收到的数据相比最近时刻从数据源采集的数据而言，其内容未发生变化且其传输时间未超出规定范围的特性。在物联网系统中，可以通过数据可用性保护、数据完整性保护和数据的新鲜性鉴别 3 个方面实现抗数据重放的安全功能，具体可以从感知节点设备和网关节点设备两个方面实施。

7. 数据融合处理

【条款】

应对来自传感网的数据进行数据融合处理，使不同种类的数据可以在同一个平台被使用。

【条款解读】

在网关节点设备或物联网应用系统层面上，应能支持多种协议的数据融合处理。数据融合处理主要是对物联网系统中大量的感知数据选取适当的融合模式、处理算法进行综合分析，从而提高数据质量。

8. 感知节点管理

【条款】

1）应指定人员定期巡视感知节点设备、网关节点设备的部署环境，对可能影响感知节点设备、网关节点设备正常工作的环境异常进行记录和维护。

2）应对感知节点设备、网关节点设备入库、存储、部署、携带、维修、丢失和报废等过程作出明确规定，并进行全程管理。

3）应加强对感知节点设备、网关节点设备部署环境的保密性管理，包括负责检查和维护的人员调离工作岗位应立即交还相关检查工具和检查维护记录等。

【条款解读】

物联网系统的感知节点往往是直接暴露在现实环境中的，对物联网系统的安全运维管理直接关系到整个系统能否正常工作，对这个阶段的保障水平直接影响系统的工作效率。因此，该阶段的信息安全保护能力要求不仅包括系统安全监控，而且更多的在于信息安全管理，在健全安全管理制度的同时还需要有配套的控制落实措施。

11.3 物联网安全建设

物联网安全建设需根据不同类型的终端感知节点和不同的传感网通信方式，并结合网络安全等级保护物联网安全扩展要求来对物联网感知层进行安全防护。物联网感知层的主要建设内容包括感知终端物理防护，感知终端接入控制，感知层入侵防范，感知节点设备和网关设备身份鉴别、访问控制、安全基线、抗数据重放与运维管理等。本节以图 11-7 所示的案例对物联网安全建设重点进行介绍。

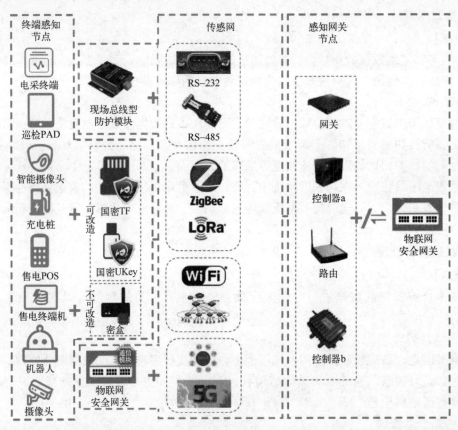

图 11-7 物联网感知层安全建设示意图

11.3.1 安全物理环境

基于网络安全等级保护基本要求物联网安全扩展要求中的"安全物理环境"要求，对图 11-7 中的终端感知节点采取的物理防护包括下列内容：

- 感知终端选址方面，应能满足防强干扰、防阻挡屏蔽、防挤压、防强振动以及感知终端正常工作的环境部署要求。

- 感知终端选型：应能满足外壳、电磁兼容抗扰度等相关要求。
- 电力供应：备用电力供应。

11.3.2　安全区域边界

在物联网安全扩展要求第三级中，安全区域边界主要指感知层与物理环境的边界和感知层与网络层的边界，主要包括区域边界接入控制和区域边界入侵防范两个控制点。安全区域边界防护建设主要通过基于地址、协议、服务端口的访问控制策略，通过资产识别、身份鉴别、安全准入控制、防非法外联/违规接入网络等安全机制来实现区域边界的综合安全防护。

1. 接入控制

在物联网感知层区域边界部署物联网安全网关，并将接入控制策略设置为白名单，保证只有授权的终端感知节点可以接入。对于可以改造的终端感知节点，还可以采取集成国密TF 卡、国密 UKey 或者国密客户端的方式实现认证。如图 11-7 所示，对于采用现场总线型通信方式接入的终端感知节点，可以在接口处加装防护模块，与部署的物联网安全网关配合，实现对终端感知节点的接入控制。

2. 入侵防范

在物联网感知层区域边界部署物联网安全网关或防火墙，通过对终端感知节点和感知网关节点通信的目标地址进行限制，实现对感知节点和网关节点的入侵防范。

11.3.3　安全计算环境

根据物联网安全扩展要求第三级中设备和数据安全等相关安全控制项，结合安全计算环境对于用户身份鉴别、标识和鉴别、系统访问控制、数据保密性、数据完整性、数据可用性等技术设计要求，安全计算环境防护建设主要通过身份鉴别与权限管理、安全基线、访问控制、数据传输保护、数据新鲜性保护，以及系统和应用自身安全控制等多种安全机制实现。

1. 感知节点设备安全

对于感知节点设备，在物联网感知层部署物联网安全网关，对所有接入物联网感知层的终端感知节点设备进行识别并建立行为安全基线，自动发现感知终端设备的异常行为并丢弃或报警，从而保障感知节点设备安全。

2. 网关节点设备安全

网关节点设备运行于感知网络的边缘，即向上连接传统的信息网络，同时向下连接感知网络。通过在物联网感知层部署物联网安全网关，能够自动发现终端并形成访问控制规则，以及对链路安全进行防护，监控合法链路的数据流向，识别非法链路传输内容。对于可以改造的终端感知节点，可以采取集成国密 TF 卡、国密 UKey 或者国密客户端的方式实现传输数据的加密。和接入控制一样，对于图 11-7 中采用现场总线型通信方式接入的终端感知节点，也可以在接口处加装防护模块，与部署的物联网安全网关配合，实现对数据的加密。

3. 抗数据重放

通过在物联网感知层部署物联网安全网关，对存储的重要数据进行保护，避免非授权的访问。此外，物联网安全网关一般具有原发抗抵赖和接收抗抵赖能力，能够鉴别终端感知节点发送的信息是否接收过。

4. 数据融合处理

数据融合处理主要是在物联网系统中的应用层，由物联网应用系统完成。在这个过程中，需要解决数据融合节点的选择、数据融合时机、数据融合处理算法等几个关键问题。通常可根据地址或数据类型等方式对采集的数据进行标识，以方便后续进行数据融合处理。

11.3.4 安全运维管理

在健全感知节点和网关节点设备安全管理文档以及感知节点设备和网关节点设备部署环境的管理制度等安全管理制度的同时，还需要配套控制落实措施，形成完善的记录，例如感知节点和网关节点及其环境维护记录。

物联网安全扩展要求对标产品见表 11-2。

表 11-2　物联网安全扩展要求对标产品

控 制 类	控 制 点	对标安全产品或能力
安全物理环境	感知节点设备物理防护	• 感知终端选址：应能满足防强干扰、防阻挡屏蔽、防挤压、防强振动以及感知终端正常工作的环境部署要求 • 感知终端选型：应能满足外壳、电磁兼容抗扰度等相关要求 • 电力供应：备用电力供应
安全区域边界	接入控制	物联网安全网关
	入侵防范	物联网安全网关 防火墙
安全计算环境	感知节点设备安全	物联网安全网关
	网关节点设备安全	物联网安全网关
	抗数据重放	物联网安全网关
	数据融合处理	物联网应用系统
安全运维管理	感知节点管理	• 维护记录 • 感知节点和网关节点设备安全管理文档 • 感知节点设备、网关节点设备部署环境的管理制度

【本章小结】

本章首先对物联网的基本概念、安全威胁、物联网的安全现状和趋势进行了介绍；其次通过对等级保护 2.0 物联网安全扩展要求的详细解读，使读者理解物联网安全扩展要求的内涵和外延；最后介绍物联网安全建设。物联网安全体系建设时需要覆盖物联网的感知层、网络传输层和处理应用层，从安全物理环境、安全区域边界、安全计算环境和安全运维管理 4个方面进行安全防护，其中，网络传输层和处理应用层按照安全通用要求进行保护，感知层根据物联网安全扩展要求进行保护。

11.4　思考与练习

一、填空题

1. 物联网架构通常可以划分为＿＿＿＿＿＿ 个层级，分别为 ＿＿＿＿＿＿、＿＿＿＿＿＿、
＿＿＿＿＿＿。

2. 网络安全等级保护基本要求在物联网应用场景中，将感知层分为 ＿＿＿＿＿＿ 和
＿＿＿＿＿＿ 两部分。

3. 网络安全等级保护的物联网安全扩展要求包括 4 个安全控制类，分别为＿＿＿＿＿＿、
＿＿＿＿＿＿、＿＿＿＿＿＿、＿＿＿＿＿＿。

4. 网络安全等级保护基本要求在物联网应用场景中，将传感网络分为_____和_____，两者都是通过_____进行通信。

5. 按照《信息安全技术 网络安全等级保护基本要求》（GB/T 22239—2019）中的描述，物联网安全扩展要求是针对_____进行的特殊安全防护。

二、判断题

1. （　　） 1990 年，施乐公司推出了世界上第一台物联网设备，同时，物联网概念正式问世。

2. （　　） 使用 RFID、GPS、红外感应装置、激光扫描装置等信息感知设备，通过某种通信协议就能够将任何物品接入互联网中，进行数据采集和信息交换，从而完成智能化的识别、定位、跟踪、监控以及管理的系统称为物联网系统。

3. （　　） 对大型物联网来说，处理应用层一定是云计算平台。

4. （　　） 监控视频摄像头以及存储监控视频数据的服务器一般处于物联网的感知层。

5. （　　） 感知网关节点是指在感知层和网络传输层中发挥承上启下作用的设备，一般具备向终端感知节点发布查询请求或派发任务的功能。

三、简答题

1. 什么是物联网？

2. 物联网存在哪些安全风险？

3. 网络安全等级保护中，物联网安全扩展要求包括哪些安全类？

4. 讲讲你对等级保护 2.0 物联网安全扩展要求条款"接入控制，应保证只有授权的感知节点可以接入"的理解。

5. 物联网感知节点管理有哪些要求？

第 12 章

工业控制系统安全

工业控制系统（Industrial Control System，ICS）是网络安全等级保护的重要对象，工业控制系统安全扩展要求是等级保护 2.0 标准体系安全扩展要求的重要组成部分之一。随着计算机技术、通信技术和控制技术的发展，传统的控制领域正经历着一场前所未有的变革，开始向网络化方向发展。本章主要介绍工业控制系统的基本概念、安全威胁、安全现状与趋势，并解读等级保护 2.0 核心标准——《信息安全技术 网络安全等级保护基本要求》（GB/T 22239—2019）中工业控制系统的第三级安全扩展要求，以及通过工业控制系统安全建设实践来介绍工业控制系统信息安全建设的方法。

12.1 工业控制系统概述

随着德国"工业 4.0"、美国"再工业化"等国家战略的推出，以及云计算、大数据、物联网、人工智能等新技术、新应用的大规模使用，工业控制系统逐渐由封闭走向开放、由单机走向互联、由自动化走向智能化。伴随这一趋势，工业控制系统网络信息安全的隐患日益凸显，如伊朗核电站遭受"震网病毒"攻击、乌克兰电网遭受连续的恶意攻击。

工业控制系统作为国家基础设施的核心"控制中枢"，其安全关系到国家的战略安全、社会稳定等。

12.1.1 工业控制系统简介

工业控制系统是由各种自动化控制组件以及对实时数据进行采集、监测的过程控制组件共同构成的确保工业基础设施自动化运行、过程控制与监控的业务流程管控系统。

工业控制系统通用典型架构如图 12-1 所示。

工业控制系统的核心组件包括数据采集与监控（Supervisory Control and Data Acquisition，SCADA）系统、分布式控制系统（Distributed Control System，DCS）、可编程逻辑控制器（Programmable Logic Controller，PLC）、远程终端（Remote Terminal Unit，RTU）、人机交互界面（Human Machine Interface，HMI）设备，以及确保各组件通信的接口技术。

（1）SCADA 系统

SCADA 系统涉及组态软件、数据传输链路。SCADA 系统是以计算机为基础的生产过程控制与调度自动化系统，可以对现场的运行设备进行监视和控制。

SCADA 系统可以应用于电力、冶金、石油、化工、燃气、铁路等领域的数据采集与监视控制以及过程控制等诸多领域。在电力系统中，SCADA 系统应用最为广泛、技术发展也最为成熟。

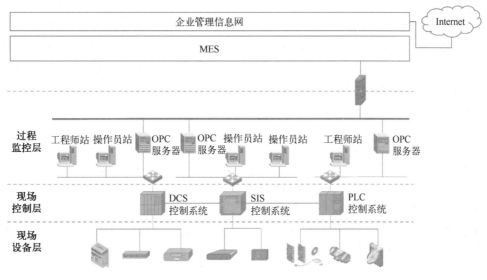

图 12-1   工业控制系统通用典型架构

（2）DCS

DCS 是以微处理器为基础，采用控制功能分散、显示操作集中、兼顾分而自治和综合协调的设计原则的新一代仪表控制系统。

DCS 采用"控制分散、操作和管理集中"的基本设计思想，采用多层分级、合作自治的结构形式，其主要特征是集中管理和分散控制。目前，DCS 在电力、冶金、石化等行业都获得了极其广泛的应用。

（3）PLC

PLC 是一种具有微处理器的用于自动化控制的数字运算控制器，可以将控制指令随时载入内存进行存储与执行。PLC 由 CPU、指令及数据内存、输入/输出接口、电源、数字模拟转换等功能单元组成。

现在工业上使用的 PLC 已经相当于或接近于一台紧凑型计算机的主机，其在扩展性和可靠性方面的优势使其被广泛应用于目前的各类工业控制领域。不管是在计算机直接控制系统中，还是在分布式控制系统（DCS）中，或者是在现场总线控制系统（FieldBus Control System，FCS）中，总是有各类 PLC 的大量使用。PLC 的生产厂商很多，如西门子、施耐德、三菱、台达等，几乎涉及工业自动化领域的厂商都会有其 PLC 产品提供。

（4）HMI

HMI 也称人机接口，是系统和用户之间进行交互和信息交换的媒介。它实现信息的内部形式与人类可以接受的形式之间的转换。凡参与人机信息交流的领域都存在 HMI。

工业控制系统广泛运用于工业、能源、交通、水利以及市政等，重点包括核设施、钢铁、有色、化工、石油石化、电力、天然气、先进制造、水利枢纽、环境保护、铁路、城市轨道交通、民航、城市供水/供气/供热以及其他与国计民生紧密相关的领域。

我国的工业控制技术虽然起步较晚，但发展迅速，到"十二五"期间，ICS 已在能源工业、电力工业、交通运输业、水利事业、公用事业和装备制造企业得到广泛应用。国家关键基础设施对 ICS 已经形成不可分割的依赖关系，ICS 已成为我国现代工业自动化、智能化的关键。

:课堂小知识

在《信息安全技术 网络安全等级保护基本要求》（GB/T 22239—2019）中，对工业控制系统的定义为：工业控制系统（ICS）是一个通用术语，它包括多种工业生产中使用的控制系统，包括监控和数据采集系统（SCADA）、分布式控制系统（DCS）和其他较小的控制系统，如可编程逻辑控制器（PLC），现已广泛应用在工业部门和关键基础设施中。

等级保护2.0标准参考了国际标准IEC 62264-1（Enterprise-Control System Integration-Part 1：Models And Terminology，企业控制系统集成-第1部分-模型和术语）的层次结构模型划分，同时将SCADA系统、DCS和PLC等模型的共性进行抽象，形成图12-2所示的工业控制系统层次模型。

图12-2所示的模型自上而下共分为5个层级，即企业资源层、生产管理层、过程监控层、现场控制层和现场设备层，不同层级的实时性要求不同。

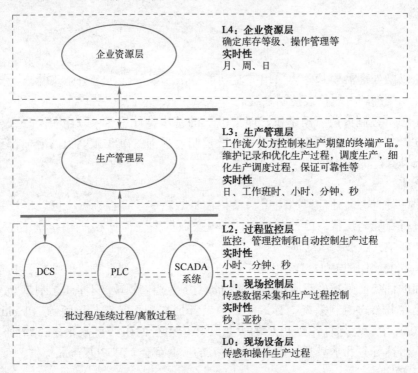

图12-2　工业控制系统层次模型

1）企业资源层（L4层）主要包括企业资源计划（Enterprise Resource Planning，ERP）系统功能单元，用于为企业决策层员工提供决策运行手段。

2）生产管理层（L3层）主要包括制造执行系统（Manufacturing Execution System，MES）系统功能单元，用于对生产过程进行管理，如制造数据管理、生产调度管理等。

3）过程监控层（L2层）主要包括监控服务器与HMI系统功能单元，用于对生产过程数据进行采集与监控，并利用HMI系统实现人机交互。

4）现场控制层（L1层）主要包括各类控制器单元，如PLC、DCS控制单元等，用于对各执行设备进行控制。

5）现场设备层（L0 层）主要包括各类过程传感设备与执行设备单元，用于对生产过程进行感知与操作。

根据工业控制系统的架构模型，不同层次的业务应用、实时性要求，以及不同层次之间的通信协议不同，需要部署的工业控制安全产品或解决方案也有所差异，尤其是涉及工业控制协议通信的边界需要部署工业控制安全产品进行防护，不仅支持对工业控制协议细粒度的访问控制，同时应满足各层次对实时性的要求。

随着工业 4.0、信息物理系统的发展，图 12-2 所示的模型目前已不能完全适用所有的工业控制系统应用场景，因此对于不同的行业企业，可根据实际发展情况允许部分层级合并。例如石油、气象、供水、燃气等行业中的一些远程监控场景，现场控制层多为 RTU 设备，过程监控层的 SCADA 系统通过专线或者无线网络对 RTU 进行数据通信和远程管理。这类场景中，通常过程监控层与生产管理层均部署在远端的生产管理中心，为便于管理也可将生产管理层与过程监控层进行合并管理。

12.1.2　工业控制系统安全威胁

随着工业控制系统发展空间的不断扩大，工业控制系统的高风险漏洞不断增加，工业控制系统和设备在互联网上的暴露程度也在不断增加，攻击难度逐步降低。另外，随着两化融合进程的深入推进，工业控制系统开放程度越来越高，使得工业控制系统遭受网络攻击的可能性逐渐提高。当前，工业控制系统网络安全面临的威胁和挑战日益严峻，表 12-1 列出了近年发生的工业控制安全事件。

表 12-1　近年发生的工业控制安全事件

序　号	时　间	事件描述
1	2010 年 6 月	针对西门子 S7 PLC 的"Stuxnet（震网病毒）"攻击伊朗的纳坦兹铀浓缩工厂，严重影响伊朗的核战略进程
2	2011 年 11 月	黑客通过 Internet 入侵美国伊利诺伊州的城市供水系统，使该供水系统中的供水泵遭到破坏
3	2012 年 6 月	"火焰"病毒再次攻击伊朗核设施，并重创伊朗核工业
4	2013 年 10 月	以色列 Haifa 公路控制系统遭受黑客入侵，造成数千美元的损失和严重的后续问题
5	2014 年 6 月	ICS-CERT 发布关于"Havex"病毒的安全通告，该病毒主要攻击目标以能源行业为主
6	2015 年 12 月	乌克兰电力遭受"Black Energy"恶意代码攻击，至少有 3 个电力区域被攻击，导致了数小时的停电事故
7	2016 年 1 月	以色列国家电网遭受有史以来最大规模的网络攻击，关键性基础设施已经成为网络攻击的重要目标
8	2017 年 5 月	WannaCry 勒索软件病毒在全球大范围蔓延，有 100 多个国家和地区的数十万台计算机遭到该勒索病毒的感染
9	2018 年 10 月	伊朗突然遭到大规模网络袭击，核设施全面停止工作，伊朗网络安全人员花费数小时才恢复这些设施正常运作
10	2019 年 3 月	委内瑞拉最大的电力设施古里水电站的计算机系统控制中枢遭受网络攻击，引发全国性大面积停电，约 3000 万人口受到影响
11	2019 年 7 月	委内瑞拉古里水电站再次遭到攻击，导致包括委内瑞拉首都加拉加斯在内的 16 个州发生大范围停电
12	2020 年 2 月	美国天然气管道运营商遭攻击，被迫关闭压缩设施
13	2021 年 5 月	美国最大的成品油管道供应商受到勒索软件攻击，5500 英里输油管系统被迫停运

工业控制系统普遍采用专用的通信协议、软件及硬件，由于计算能力的限制，在系统设计时着重考虑了效率和实时等特性，而未将信息安全作为主要指标考虑，所以存在的安全漏洞较多。一些敌对政府、网络黑客、工业间谍甚至是心怀不满的员工，都可能利用工业控制系统的这些先天漏洞对工业控制系统发起网络攻击、数据窃取等，从而给使用工业控制系统的工业企业带来较大的经济损失，甚至造成严重的不良社会影响等。

工业控制系统所面临的安全威胁是全世界面临的一个共同难题。工业设备的高危漏洞、后门、工业网络病毒、高级持续性威胁以及无线技术应用带来的风险，给工业控制系统的安全防护带来巨大挑战。工业控制系统的网络安全威胁有很多，主要表现在下列几个方面：

1. 敌对因素

敌对因素来自内部或外部的个体、专门的组织或政府，通常采用包括黑客攻击、数据操纵（Data Manipulation）、间谍（Espionage）、病毒、蠕虫、特洛伊木马和僵尸网络等进行攻击。

1）黑客攻击。通过攻击自动化系统的要害或弱点，使得工业网络信息的保密性、完整性、可靠性、可控性、可用性等受到伤害，从而造成不可估量的损失。

2）外部的攻击。包括非授权访问和拒绝服务（Denial of Service，DoS）攻击。其中，非授权访问是指一个非授权用户的入侵；DoS 是指黑客通过攻击手段让目标设备停止提供服务或资源访问。

3）高级持续威胁攻击（Advanced Persistence Threat，APT）。攻击者基于特定战略的缜密计划对大中型企业、政府和重要机构发起持续性攻击，使用社会工程技术或招募内部人员来获取有效登录凭证。

2. 偶然因素

偶然因素来自内部或外部的专业人员、运行维护人员或管理员。由于技术水平的局限性以及经验的不足，这些人员可能会出现一些误操作，导致系统面临安全威胁。

3. 系统结构因素

系统结构因素来自系统设备、安装环境和运行软件。由于设备老化、资源不足或其他情况造成系统设备故障、安装环境失控及软件故障，导致系统发生瘫痪。

4. 环境因素

环境因素来自自然或人为灾害、非正常的自然事件（如太阳黑子）和基础设施破坏，可能导致系统彻底损坏，无法正常提供服务。

12.1.3　工业控制系统网络安全现状与趋势

近年来，随着工业互联网技术的发展，全球各地工控安全事件数量逐步上升，涉及关键制造、通信、能源、供水、市政设施及交通等多个行业。根据 CNCERT《2020 年我国互联网网络安全态势综述》报告，我国境内直接暴露在互联网上的工控设备和系统存在高危漏洞隐患占比较高，能源、轨道交通等关键信息基础设施中 20% 的生产管理系统存在高危漏洞。与此同时，工业控制系统已成为黑客攻击利用的重要对象。2020 年 2 月，针对存在某特定漏洞工控设备的恶意代码攻击持续半个月之久，攻击次数达 6700 万次，攻击对象包含数十万个 IP 地址。

根据《2021 年上半年我国互联网网络安全监测数据分析报告》，CNCERT 监测发现境内大量暴露在互联网的工业控制设备和系统，其中设备类型包括可编程逻辑控制器、串口服务器等，各类型分布如图 12-3 所示；覆盖企业生产管理、企业经营管理、政府监管、工业云平台等，如图 12-4 所示；存在高危漏洞的系统涉及煤炭、石油、电力、城市轨道交通等重点行业，如图 12-5 所示。

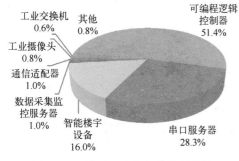

图 12-3　联网工业设备的类型统计

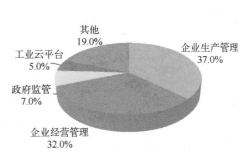

图 12-4　重点行业联网监控管理系统类型统计

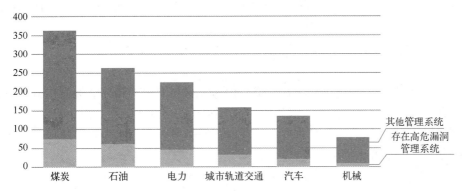

图 12-5　重点行业联网监控管理系统的漏洞威胁统计（单位：个）

12.2　工业控制系统安全扩展要求

网络安全等级保护 2.0 针对工业控制系统的特性，在等级保护通用要求的基础上提出了工业控制系统安全扩展要求。工业控制系统安全扩展要求为制造业与互联网融合发展提供了安全性的基础保障，为我国工业网络安全防护水平的全面提升提供了支撑。

工业控制系统安全扩展要求是在通用要求的基础上进行了扩展。技术要求层面涉及的安全类包括安全物理环境、安全通信网络、安全区域边界、安全计算环境；管理要求层面仅在安全建设管理这一安全类进行了扩展。工业控制系统安全扩展要求结构如图 12-6 所示。

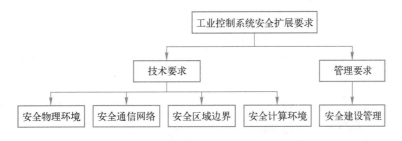

图 12-6　工业控制系统安全扩展要求结构

工业控制系统构成的复杂性、组网的多样性以及等级保护对象划分的灵活性，给网络安全等级保护基本要求项的使用带来了选择的需求。针对图12-2所示的工业控制系统的层次模型，等级保护基本要求项对各层的要求如下：

企业资源层通常由客户端、服务器等主机设备构成，需按照《信息安全技术 网络安全等级保护基本要求》（GB/T 22239—2019）中的安全通用要求–安全计算环境的技术要求进行防护。

生产管理层、过程监控层、现场控制层和现场设备层中的网络资产种类较多，涉及不同的设备厂商、控制系统厂商、第三方运维厂商等，并且一旦发生网络安全事故，将直接对工业企业的生产运行产生影响，因此其安全防护不仅需要按照《信息安全技术 网络安全等级保护基本要求》（GB/T 22239—2019）中的通用要求进行防护，还需要按照工业控制系统安全扩展要求进行防护。

工业控制系统作为网络安全等级保护2.0新增的等级保护对象，本节以工业控制系统安全扩展要求中第三级要求为例，对工业控制系统安全扩展要求进行解读。具体条款与解读如下。

1. 室外控制设备物理防护

【条款】

1）室外控制设备应放置于采用铁板或其他防火材料制作的箱体或装置中并紧固；箱体或装置具有透风、散热、防盗、防雨和防火能力等。

2）室外控制设备放置应远离强电磁干扰、强热源等环境，如无法避免应及时做好应急处置及检修，保证设备正常运行。

【条款解读】

对于条款1），由于工业现场环境多为室外，对室外控制设备的防水、防火、通风、散热、防盗等要求相对较高，需要采取防水、防火、通风、散热、防盗等措施，做好对室外设备的安全防护。

对于条款2），室外设备易受电磁信号干扰、强热源影响，需要采取抗电磁干扰、热源隔离等防护手段。针对一些无法避免的场景，应及时做好应急处置及检修，保证设备正常运行。

此外，因为工业控制系统对物理环境的要求较高，因此对工业现场中的安全产品也应具有适应物理环境的相关要求。工业安全设备的IP（Ingress Protection，入口保护）防护等级一般要求满足IP40（IP40表示能够防止直径大于1.0 mm的固体物侵入，完全不防水）及以上。

2. 网络架构

【条款】

1）工业控制系统与企业其他系统之间应划分为两个区域，区域间应采用单向的技术隔离手段。

2）工业控制系统内部应根据业务特点划分为不同的安全域，安全域之间应采用技术隔离手段。

3）涉及实时控制和数据传输的工业控制系统，应使用独立的网络设备组网，在物理层面上实现与其他数据网及外部公共信息网的安全隔离。

【条款解读】

对于条款1），工业控制系统要与其他系统之间进行安全有效的隔离（如生产控制区与管理信息区之间的隔离），应采用单向技术隔离手段。这里的单向技术隔离不局限于物理层单向（如单向光闸），应用层单向亦可满足此要求（如防火墙）。

对于条款 2），参照《NIST SP 800-82 R2 工业控制系统（ICS）安全指南》等推荐的网络架构进行设计、部署或者完善，如建立 DMZ，在工业控制系统内部进行合理的安全功能分区，不同区域之间应部署工业防火墙、工业网闸等边界防护设备并进行合理配置等，以确保隔离的有效性；也可以参照国家能源局制定的《电力监控系统安全防护总体方案》中的"安全分区"相关的要求。

对于条款 3），针对实时性要求较高的工业控制系统，应独立组网，并与其他网络进行物理隔离，避免其他网络的安全风险渗透到该工业控制系统，如高精密数控加工场景等。

3. 通信传输

【条款】

在工业控制系统内使用广域网进行控制指令或相关数据交换的应采用加密认证技术手段实现身份认证、访问控制和数据加密传输。

【条款解读】

在需要通过广域网进行通信的场景下，对通信的主/从站双方进行身份认证，认证通过后对访问权限进行管控，获得相应访问权限后建立加密通信隧道。工业控制系统通信传输采用密码技术或者校验技术保证工业数据的完整性，采用密码技术保证保密性。

4. 访问控制

【条款】

1）应在工业控制系统与企业其他系统之间部署访问控制设备，配置访问控制策略，禁止任何穿越区域边界的 E-Mail、Web、Telnet、Rlogin、FTP 等通用网络服务。

2）应在工业控制系统内安全域和安全域之间的边界防护机制失效时，及时进行报警。

【条款解读】

对于条款 1），工业控制系统与企业管理系统（信息管理系统）之间、工业控制系统内部各安全域之间要进行安全隔离和访问控制，能够实现访问控制的设备有工业网闸、工业防火墙等。工业控制系统网络通常使用工业专有协议和专有应用系统，而常见的 E-Mail、Web、Telnet、Rlogin、FTP 等通用应用和协议是网络攻击最常见的载体，应该拒绝此类流量进入工业控制系统网络。

对于条款 2），工业控制系统网络需要具备一定的安全审计机制，确保在工业控制系统内安全域和安全域之间的边界防护机制失效时，能够对异常行为进行实时监测和报警。

另外，满足条款 1）、2）这两条要求的工业控制安全设备，还需要支持对常见工业协议（如 MODBUS、S7、IEC104、DNP3）的安全解析。

5. 拨号使用控制

【条款】

1）工业控制系统确需使用拨号访问服务的，应限制具有拨号访问权限的用户数量，并采取用户身份鉴别和访问控制等措施。

2）拨号服务器和客户端均应使用经安全加固的操作系统，并采取数字证书认证、传输加密和访问控制等措施。

【条款解读】

对于条款 1），针对工业控制系统中拨号访问的场景，限制具有拨号访问权限的用户数量，可以通过堡垒机或者虚拟专用网络（VPN）等方式实现远程安全访问。

对于条款2），工业控制系统中的拨号服务器和客户端应该使用经过加固的 Windows 或者 Linux 操作系统，同时采用具有主机白名单机制的操作站防护系统来实现对应用和进程的安全管控。拨号服务器需要具备数字证书认证、加密传输和访问控制等功能。需要注意的是，针对加密传输功能，需要使用国密算法来实现。

6. 无线使用控制

【条款】

1）应对所有参与无线通信的用户（人员、软件进程或者设备）提供唯一性标识和鉴别。

2）应对所有参与无线通信的用户（人员、软件进程或者设备）进行授权以及执行使用进行限制。

3）应对无线通信采取传输加密的安全措施，实现传输报文的机密性保护。

4）对采用无线通信技术进行控制的工业控制系统，应能识别其物理环境中发射的未经授权的无线设备，报告未经授权试图接入或干扰控制系统的行为。

【条款解读】

无线网络具有开放性，容易遭受网络窃听、中间人攻击等威胁，是工业控制系统网络安全的主要薄弱点之一，需要加以重点防护。

对于条款1），对所有参与无线通信的用户（人员、软件进程或者设备）进行唯一性标识，便于在用户认证和授权时进行身份的唯一性确认。

对于条款2），非授权的用户（人员、软件进程或者设备）不能接入网络，非授权的功能不能在无线网络中被执行。

对于条款3），无线通信过程中，需对报文进行加密，保证通信过程中数据的保密性，从而防止数据被非法窃听。

对于条款4），在无线网络环境中，应能够识别并检测未经授权的无线设备，及时地告警或采取联动管控措施等，防止未授权设备接入工业控制系统。

7. 控制设备安全

【条款】

1）控制设备自身应实现相应级别安全通用要求提出的身份鉴别、访问控制和安全审计等安全要求，如受条件限制控制设备无法实现上述要求，应由其上位控制或管理设备实现同等功能或通过管理手段控制。

2）应在经过充分测试评估后，在不影响系统安全稳定运行的情况下对控制设备进行补丁更新、固件更新等工作。

3）应关闭或拆除控制设备的软盘驱动、光盘驱动、USB 接口、串行口或多余网口等，确需保留的应通过相关的技术措施实施严格的监控管理。

4）应使用专用设备和专用软件对控制设备进行更新。

5）应保证控制设备在上线前经过安全性检测，避免控制设备固件中存在恶意代码程序。

【条款解读】

对于条款1），控制设备自身应实现相应级别安全通用要求提出的身份鉴别、访问控制和安全审计等设备与计算方面的安全要求，该要求通常由控制设备厂商予以实现。针对一些老旧的工业控制系统，设备自身受条件限制，控制设备无法实现相应级别安全通用要求提出的身份鉴别、访问控制和安全审计等安全要求时，应通过上位控制或管理设备实现同等功能或通过管理手段控制。

对于条款 2），连续性是工业生产的基本要求，工业控制系统需要保持长期连续稳定运行，很难做到及时更新补丁，所以在系统上线前就需要进行充分的测试评估，避免带着已知漏洞上线运行。另外，针对已经确认存在漏洞的情形，在进行补丁更新或固件升级前，须进行充分的测试评估，确保影响系统安全稳定运行的情形不会发生。

对于条款 3），对存在安全隐患的外设（如软驱、光驱、USB 接口、串口等）进行关闭或者拆除，对必备的通信外设接口进行严格的监控管理，例如，利用 USB 管控软件对 USB 接口的使用进行严格管理。

对于条款 4），针对控制设备的更新，应使用专业设备和专用软件，一般由控制设备厂商提供。

对于条款 5），实践中，对此类系统通常采用"白名单"方式进行安全保护，即只有白名单内的软件才可以运行，其他进程都被阻止，以此防止病毒、木马、恶意软件的攻击。

8. 产品采购和使用

【条款】

工业控制系统重要设备应通过专业机构的安全性检测后方可采购使用。

【条款解读】

工业控制系统的重要设备及专用信息安全产品的采购和使用必须通过专业机构的安全性检测，如通过公安部认证中心、保密局测评中心、国家密码管理局商用密码检测中心、中国人民解放军测评中心等的检测。

9. 外包软件开发

【条款】

应在外包开发合同中规定针对开发单位、供应商的约束条款，包括设备及系统在生命周期内有关保密、禁止关键技术扩散和设备行业专用等方面的内容。

【条款解读】

涉及外包软件开发时，必须在外包开发合同中规定针对开发单位、供应商的约束条款，包括设备及系统在生命周期内有关保密、禁止关键技术扩散和设备行业专用等方面的要求。

此外，还应对外包开发单位、供应商的安全管理和运维状况进行评估，强化对外包开发人员的安全意识和技能培训，对外包开发的代码进行安全审计，并建立完善的软件安全测试机制。

12.3　工业控制系统安全建设

在项目实践中，根据工业控制系统架构模型不同层次间的业务应用、实时性要求以及不同层次之间的通信协议不同，需要部署的工业控制安全产品或安全解决方案也有所差异。按照工业控制系统的层次关系，结合网络安全等级保护工业控制系统的安全要求，本节以一个典型的工业控制系统的网络安全等级保护防护方案为例，介绍工业控制系统安全扩展要求在建设实践时需重点考虑的内容，案例如图 12-7 所示。本案例采用典型的工业系统分层架构，企业资源层（L4）信息管理区主要部署各类业务办公系统的服务器，如 OA 服务器、Web 服务器、ERP 服务器、CRM 服务器等；生产管理层（L3）MES 管理区部署生产管理类系统服务器和终端（如 MES 服务器、操作站等），以及针对工业系统的安全防护设备；过程监控层（L2）各生产区对生产过程数据进行采集与监控，部署 OPC 服务器和工作站操作终端。工业控制系统基于其各层防护对象在安全建设时重点关注安全物理环境、安全通信网络、安全区域边界、安全计算环境和安全建设管理。

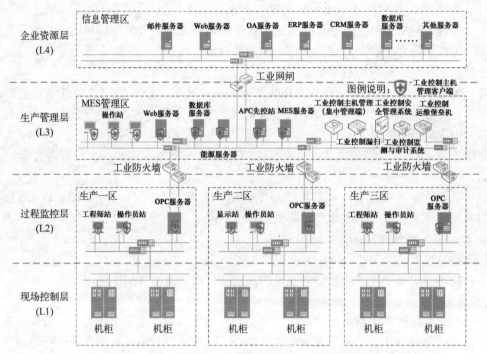

图 12-7 典型工业控制系统的网络安全解决方案案例

12.3.1 安全物理环境

基于《信息安全技术 网络安全等级保护基本要求》（GB/T 22239—2019）工业控制系统安全扩展要求中的"安全物理环境"要求，对部署在工业生产现场的室外控制设备、网络设备、安全设备等电子设备在进行防水、防火、通风、散热、防盗保护的基础上，还需要进行电磁防护、强热源防护等措施，保障室外设备免受外界环境影响而产生业务连续性中断风险，确保工业安全设备的防护等级达到 IP40。

12.3.2 安全通信网络

工业控制系统的安全通信网络建设需满足下列要求：

1）工业控制系统与其他系统（如企业管理系统）间进行安全隔离，在工业控制系统内部根据不同的业务需求划分不同的安全分区和安全域。

2）针对使用广域网进行远程通信的场景，可通过部署采用国密算法的 VPN 设备/加密机，实现对远程通信过程中的身份鉴别和数据加密通信。

12.3.3 安全区域边界

以图 12-7 所示的工业控制系统网络安全解决方案为例，工业控制系统的安全区域边界建设需满足下列要求：

1）如图 12-7 所示，在生产管理层（L3）部署的工业控制系统与企业资源层（L4）部署的办公系统、邮件等系统之间部署工业网闸来实现工业控制系统与其他系统的安全隔离，有效保护工业控制系统安全边界。

2）如图 12-7 所示，针对现场控制层（L1）和过程监控层（L2），基于业务系统功能将它们划分为不同的安全区，即生产一区、生产二区、生产三区，各安全分区、安全域之间通过部署工业防火墙实现区域间的边界隔离和风险管控。

3）在工业控制系统的核心交换节点旁路部署安全监测设备，例如在生产管理层（L3）部署工业控制监测与审计系统，实时监测工业控制系统的异常网络行为和非法入侵等。

4）针对使用无线网络的场景，需要部署网络准入设备、无线入侵检测等产品，实现无线网络非法接入管控和网络入侵防范等。

12.3.4 安全计算环境

以图 12-7 所示的工业控制系统网络安全解决方案为例，工业控制系统的安全计算环境建设方法如下：

1）如图 12-7 所示，在各层服务器上部署工业控制主机管理客户端，通过工业控制主机管理系统实现对主机应用和进程、外设接口、移动存储设备等的管控，对用户操作行为进行审计。此外，可通过工业控制主机管理系统集中管理平台实现对各类工业控制主机上安装的工业控制主机管理客户端的集中统一策略下发和安全管控。

2）针对生产管理层（L3）的 MES 管理区，需部署工业控制安全集中管理平台，实现对工业控制系统网络安全设备或安全组件运行状况的监测，对设备日志进行关联分析，并对安全策略进行统一下发。通过工业控制系统网络安全监测、分析、预警，可有效驱动安全应急响应流程，较好地支撑应急响应、事件处置、安全追溯等工作的开展。

12.3.5 安全建设管理

对于工业控制系统重要设备及专用信息安全产品的采购和使用，必须通过专业机构的安全性检测和相关产品资质证明材料（如销售许可证、检测报告等）。

对于工业控制系统软件外包，需要在外包服务时签订外包开发合同、签署保密协议等，约束外包服务商、供应方遵守相关规定。此外，还应对外包开发单位、供应商的安全管理和运维状况进行评估，确保外包开发单位、供应商能够如期完成外包软件开发交付，并通过测试验收。

通常，工业控制系统可用性要求较高，若对其实施特定类型的安全措施，可能会终止系统的连续运行，严重时甚至会对环境及人身安全等产生影响，因此，原则上，安全措施不应对高可用性的工业控制系统的基本功能产生不利影响。例如，用于基本功能的账户不应被锁定，短暂锁定也不行；安全措施的部署不应显著增加延迟而影响系统响应时间；对于高可用性的控制系统，安全措施失效不应中断基本功能；经评估对可用性有较大影响而无法实施和落实安全等级保护要求的相关条款时，应进行安全声明，分析和说明此条款实施可能产生的影响和后果，以及使用的补偿措施。

针对工业控制系统安全扩展要求条款，对标安全产品或能力见表 12-2。

表 12-2 工业控制扩展要求对标安全产品或能力

序 号	控 制 类	控 制 点	对标安全产品或能力
1	安全物理环境	室外控制设备物理防护	工业安全设备的防护等级一般要求满足 IP40 及以上

（续）

序　号	控　制　类	控　制　点	对标安全产品或能力
2	安全通信网络	网络架构	工业防火墙 工业网闸
3		通信传输	加密机/VPN（等级保护 2.0 要求采用国密算法）
4	安全区域边界	访问控制	工业防火墙 工业监测与审计系统
5		拨号使用控制	堡垒机/VPN（等级保护 2.0 要求采用国密算法） 操作系统加固 主机安全防护系统
6		无线使用控制	网络准入系统 加密机/VPN（等级保护 2.0 要求采用国密算法） Wi-Fi 入侵检测
7	安全计算环境	控制设备安全	工业控制漏扫 主机安全防护系统
8	安全建设管理	产品采购和使用	产品销售许可证等
9		外包软件开发	软件外包合同

【本章小结】

本章首先介绍了工业控制系统的基本概念、安全威胁、网络安全现状与趋势，然后通过对等级保护 2.0 工业控制系统安全扩展要求的详细解读，使读者理解工业控制系统扩展要求的内涵和外延，最后介绍工业控制系统安全扩展要求的对标产品，使读者能够在实际的工业控制系统等级保护方案设计中熟练使用这些产品。工业控制系统安全扩展要求涉及的安全类包括安全物理环境、安全通信网络、安全区域边界、安全计算环境和安全建设管理。构建在安全管理中心支持下的通信网络、区域边界、计算环境三重防御体系，采用分层、分区的架构，结合工业控制系统的特点，实现可信、可控、可管的系统安全互联、区域边界安全防护和计算环境安全。

12.4　思考与练习

一、填空题

1. IEC 62264-1 的层次结构模型划分为＿＿＿个层级，分别为＿＿＿＿＿＿、生产管理层、过程监控层、＿＿＿＿＿、＿＿＿＿＿。

2. 工业控制系统的核心组件包括数据采集与监控系统、＿＿＿＿＿、＿＿＿＿＿、远程终端、人机交互界面设备，以及确保各组件通信的接口技术。

3. 网络安全等级保护中，工业控制系统安全扩展要求包括＿＿＿＿＿、＿＿＿＿＿、＿＿＿＿＿、＿＿＿＿＿、＿＿＿＿＿ 5 个安全控制类。

4. 工业控制系统与企业其他系统之间应划分为两个区域，区域间应采用符合国家或行业规定的专用产品实现＿＿＿＿＿安全隔离。

5. 工业控制系统分层模型的企业资源层通常由客户端、服务器等主机设备构成，可按照《信息安全技术 网络安全等级保护基本要求》（GB/T 22239—2019）中的＿＿＿＿＿进行防护。

二、判断题

1. （　　）工业控制系统的企业资源层（L4 层）主要包括 ERP（企业资源计划）系统和 HMI 系统，用于为企业提供决策运行手段。

2. （　　）工业控制系统的生产管理层和过程监控层的设备安全防护仅需要按照《信息安全技术　网络安全等级保护基本要求》（GB/T 22239—2019）中的通用要求进行防护。

3. （　　）工业控制系统的现场设备层包括各类过程传感设备与执行设备单元，用于对生产过程进行感知与操作。

4. （　　）工业安全设备的 IP 防护等级一般要求满足 IP41 及以上。

5. （　　）工业控制系统要与其他系统之间进行安全有效的隔离（例如生产控制区与管理信息区之间），可采用单向技术隔离手段。

三、简答题

1. 什么是工业控制系统？

2. 工业控制系统存在哪些安全威胁？

3. 网络安全等级保护中，工业控制系统安全扩展要求中包括哪些控制点？

4. 讲讲你对等级保护 2.0 工业控制系统安全扩展要求条款"网络架构-a）工业控制系统与企业其他系统之间应划分为两个区域，区域间应采用单向的技术隔离手段"中"单向技术隔离"的理解。

5. 工业控制系统安全防护产品的采购和使用要遵循哪些要求？

第3篇　网络安全等级保护实施

引言

等级保护是一项涵盖定级、备案、建设整改、等级测评和监督检查"五大规定"动作的工作，其核心目的在于保护网络和信息系统安全。其中，建设整改是等级保护工作的核心环节，定级、备案和等级测评是辅助环节。深入了解网络安全等级保护工作流程对于实施网络安全等级保护项目具有重要的意义。网络安全等级保护2.0安全解决方案作为等级保护建设整改环节的核心，帮助读者掌握其设计方法是本篇的主要目的。本篇以实际网络和信息系统开展等级保护工作为例，进一步阐述网络安全等级保护工作流程，结合实际案例分析网络安全等级保护2.0安全解决方案的设计方法、主要建设内容和建设思路。

网络安全等级保护安全解决方案是在明确网络和信息系统安全需求的前提下，结合网络安全知识和等级保护"一个中心，三重防护"纵深防御理念的指导，进行网络安全防护架构的设计，并从整体安全防护架构出发明确网络和信息系统安全建设重点。

本篇内容

第13章　校园门户网站等级保护
第14章　政务云平台及业务系统等级保护
第15章　园区安防物联网系统等级保护
第16章　企业生产工业控制系统等级保护

学习目标

1. 掌握网络安全等级保护项目工作流程和核心内容。
2. 掌握网络安全等级保护安全解决方案设计方法。
3. 了解网络安全等级保护安全防护架构设计方法。

第 13 章

校园门户网站等级保护

校园门户网站是校园网信息服务的主入口，承载着对外宣传、教育管理、信息传递等任务，是为学校教学、科研和管理等提供资源共享、信息交流和协同工作的平台。近年来，我国校园网站建设发展迅速，但学校网络也正在成为网络攻击的受害者，校园网络安全问题日渐凸显。本章以某学校校园门户网站为例，通过对开展等级保护流程的分析，详细介绍实施网络安全等级保护全流程工作。

13.1 校园门户网站等级保护工作流程

与其他工程项目实施一样，网络安全等级保护也具有一定的生命周期。网络安全等级保护的系统生命周期包括系统定级备案、安全规划设计、建设实施、运行维护和废弃中止 5 个阶段，如图 13-1 所示。网络安全等级保护的工作流程则包括定级、备案、建设整改、等级测评和监督检查 5 个环节。

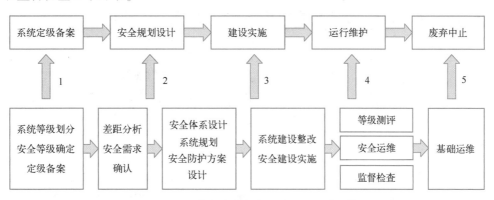

图 13-1 网络安全等级保护实施的生命周期

网络安全等级保护实施生命周期各阶段的主要工作内容如下：

1）系统定级备案的主要工作内容包括系统等级划分、系统安全保护等级确定和定级备案。

2）安全规划设计阶段主要是根据系统安全防护等级进行系统规划和安全防护方案设计。该阶段的主要工作内容包括安全需求分析、等级保护安全防护体系设计、安全建设规划（新建系统）和整改方案（已建系统）设计。

3）建设实施阶段包括系统建设整改和集成实施，包括等级保护安全技术和安全管理两个方面。

4）运行维护阶段包括安全运维、等级测评和监督检查等活动。安全运维的主要工作包括系统检测评估、安全加固、安全巡检、应急响应等，等级测评是指根据系统安全防护等级以及网络安全等级保护相关要求定期开展等级测评工作。

5）在系统废弃中止阶段，运营者主要通过基础运维工作来保障系统安全下线和重要数据的安全销毁。

13.2 校园门户网站信息系统定级

信息系统定级工作原则及流程详见 3.3.1 小节，本节以某校园门户网站为例介绍网络安全等级保护定级工作流程及内容。

13.2.1 校园门户网站定级对象与初步定级

本例中，自主确定定级对象为校园门户网站。校园门户网站是学校文化宣传的入口，可让外界对学校更深入地了解。同时，校园网站给学生提供了一个很好的学习平台。网络资源的丰富，使得学生有机会享受最佳的网上教育资源。

校园门户网站安全包括业务信息安全和系统服务安全两方面。业务信息可能包括校内通知、校务公开信息。业务信息受到破坏后，会侵害学校、学校工作人员和学生的合法权益，对部分师生造成严重伤害，根据表 13-1 可确定业务信息安全为第二级。系统服务为公众、学校工作人员和学生提供通知与消息公告。系统服务受到侵害时，会对学校的公信力、社会形象造成严重损害，也可能对社会秩序造成不良影响，导致一般损害，故可确定系统服务安全等级为第二级。综合业务信息安全和系统服务安全等级较高者可确定该校园门户网站安全防护等级为第二级。

表 13-1　系统安全等级确定表

受侵害的客体	对客体的侵害程度		
	一般损害	严重损害	特别严重损害
公民、法人和其他组织的合法权益	第一级	第二级	第二级
社会秩序、公共利益	第二级	第三级	第四级
国家安全	第三级	第四级	第五级

13.2.2 校园门户网站信息系统等级评审

根据《信息安全技术 网络安全等级保护定级指南》（GB/T 22240—2020），对于确定为第二级以上信息系统的需进行专家评审。本例中，校园门户网站安全防护等级为第二级，故需要进行专家评审。

确定学校门户网站安全防护等级为第二级后，需形成定级报告，报告目录示例如图 13-2 所示，并报主管部门审核（如教育部部属高校需报教育部科学技术与信息化司，省属高校报教育厅审

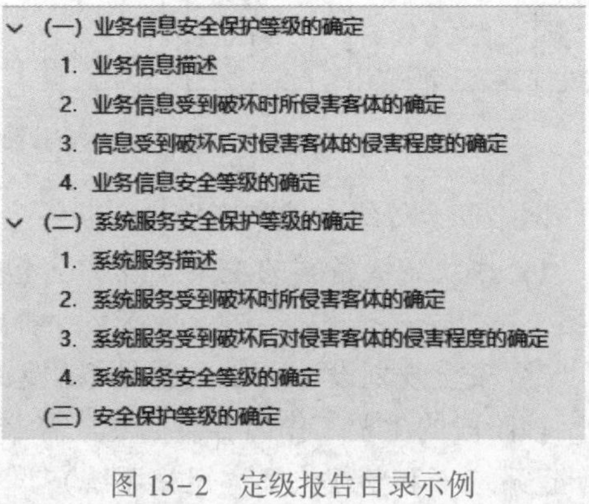

- ∨ （一）业务信息安全保护等级的确定
  - 1. 业务信息描述
  - 2. 业务信息受到破坏时所侵害客体的确定
  - 3. 信息受到破坏后对侵害客体的侵害程度的确定
  - 4. 业务信息安全等级的确定
- ∨ （二）系统服务安全保护等级的确定
  - 1. 系统服务描述
  - 2. 系统服务受到破坏时所侵害客体的确定
  - 3. 系统服务受到破坏后对侵害客体的侵害程度的确定
  - 4. 系统服务安全等级的确定
- （三）安全保护等级的确定

图 13-2　定级报告目录示例

核，地方高校报教育局审核）。定级报告是为详细了解和掌握定级过程情况由系统运营使用单位负责填写的文档。

13.2.3　校园门户网站定级备案

定级报告完成后，10 个工作日内，将定级报告、备案表（见表 13-2）等材料提交至属地公安机关进行备案，通过公安机关备案审核后颁发备案证明，其中，定级备案需提交的材料如第 3 章中的表 3-7 所示。

表 13-2　网络和信息系统等级保护备案表

系　统　名　称				系统编号	
系统承载业务情况	业务类型	□1 生产作业　　□2 指挥调度　　　□3 管理控制　　□4 内部办公 □5 公众服务　　□9 其他			
	业务描述				
系统服务情况	服务范围	□10 全国　　　　　　　　　　□11 跨省（区、市）跨　　　个 □20 全省（区、市）　　　　　□21 跨地（市、区）跨　　　个 □30 地（市、区）内 □99 其他			
	服务对象	□1 单位内部人员　　□2 社会公众人员　□3 两者均包括　　□9 其他			
系统网络平台	覆盖范围	□1 局域网　　　　　□2 城域网　　　　□3 广域网　　　　□9 其他			
	网络性质	□1 业务专网　　　　□2 互联网　　　　□9 其他			
系统互联情况		□1 与其他行业系统连接　　　□2 与本行业其他单位系统连接 □3 与本单位其他系统连接　　□9 其他			

关键产品使用情况	产品类型	数　量	使用国产品率		
			全部使用	全部未使用	部分使用及使用率
	安全产品		□	□	□　　　　%
	网络产品		□	□	□　　　　%
	操作系统		□	□	□　　　　%
	数据库		□	□	□　　　　%
	服务器		□	□	□　　　　%
	其他		□	□	□　　　　%

系统采用服务情况	服　务　类　型		服务责任方类型		
			本行业（单位）	国内其他服务商	国外服务商
	等级测评	□有 □无	□	□	□
	风险评估	□有 □无	□	□	□
	灾难恢复	□有 □无	□	□	□
	应急响应	□有 □无	□	□	□
	系统集成	□有 □无	□	□	□
	安全咨询	□有 □无	□	□	□
	安全培训	□有 □无	□	□	□
	其他		□	□	□

等级测评单位名称					
何时投入运行使用	年　　　月　　　日				
系统是否是分系统	□是　　　　　□否（如果选择是请填下两项）				
上级系统名称					
上级系统所属单位名称					

13.3 校园门户网站等级保护体系设计与建设

在校园门户网站系统完成定级备案后，需根据其安全防护等级进行安全设计。对于新建的校园网站系统，可根据网络安全等级保护基本要求第二级安全防护需求及门户网站可能面临的威胁进行安全方案设计和建设实施；对于已经运行的门户网站系统，可基于网络安全等级保护要求进行差距分析，发现门户网站存在的网络安全问题及风险，设计安全整改方案并进行建设实施。

本节以新建的校园门户网站系统为例，介绍等级保护安全体系设计与建设。

13.3.1 校园门户网站需求分析

基于网络安全等级保护要求，校园门户网站为达到第二级安全防护能力要求，在安全物理环境、安全通信网络、安全区域边界、安全计算环境、安全管理中心和安全管理方面应采取的安全措施及对应的安全产品和服务见表 13-3。

表 13-3　安全措施及对应的安全产品和服务

序　号	安全类	安全措施	安全产品及服务
1	安全物理环境	• 机房场地建筑防震、防风和防雨 • 设备固定+设备标签 • 各类机柜、设施和设备等通过接地系统安全接地 • 机房建设采用耐火材料 • 采用防静电地板 • 合理设计电力供应系统 • 电源线和通信线缆应隔离铺设	• 机房电子门禁系统或人工值守 • 防盗报警系统或视频监控系统 • 防雷保安器或过电压保护装置 • 火灾消防系统 • 机房空调 • 稳压器 • UPS
2	安全通信网络	• 清晰定义安全区域，合理划分 VLAN、分配 IP • 在区域边界部署防护措施 • 通信传输加密（客户端到服务器、服务器到服务器之间要使用 VPN 等通信）	• 下一代防火墙 • 上网行为管理平台
3	安全区域边界	• 物理设备端口级访问控制 • 边界访问控制策略、规则配置 • 关键网络节点网络攻击行为检测、防止或限制 • 防御网络恶意代码 • 网络行为和安全事件审计	• 下一代防火墙 • 入侵防御系统 • 防毒墙 • 网络综合审计
4	安全计算环境	• 设备口令复杂度策略 • 远程管理使用 SSH、HTTPS • 用户权限管理 • 合理分配访问控制策略 • 安全审计策略、日志审计 • 系统服务最小化 • 系统漏洞扫描 • 恶意代码防范 • 数据完整性 • 数据备份 • 剩余信息保护 • 个人信息保护	• 安全加固 • 数据库审计系统 • 业务审计系统 • 日志审计系统 • 业务系统使用 HTTPS、SSL • 脆弱性扫描与管理系统 • 网页防篡改系统 • 本地数据备份（全量备份、增量备份、实时备份）

序　号	安全类	安全措施	安全产品
5	安全管理中心	• 用户权限划分 • 统一管理	• 堡垒机
6	安全管理	• 安全管理制度 • 安全管理机构 • 安全人员管理 • 安全建设管理 • 安全运维管理	• 网络安全工作的总体方针和安全策略 • 安全管理制度 • 操作规程、安全管理规范、记录表单 • 安全管理组织规范 • 人力资源安全管理规定 • 定级备案表、定级报告 • 网络与信息系统安全设计规范 • IT 资产采购管理制度 • 软件开发管理规范 • 外包软件开发管理规定 • 工程实施管理制度 • 工程测试验收管理 • 系统交付管理规定 • 服务供应商安全管理规定 • 数据备份与恢复管理制度 • 安全事件处置和报告 • 安全应急预案 • 信息安全外包运维管理制度 ……

13.3.2　校园门户网站安全技术体系设计与建设

校园门户网站需要从网络架构设计和安全区域划分两方面进行安全技术体系设计。

1. 网络架构设计

门户网站是学校多个系统中的一个，通常在网络设计时，应综合多个系统的需求进行统一设计。根据网络安全方面的需求，校园门户网站整体网络架构设计如图 13-3 所示。

2. 安全区域划分

在本例中，按照信息系统的重要性和网络使用的逻辑特性划分安全区域，将学校校园门户网站安全区域划分为互联网接入区、核心管理区、安全管理区、服务器区、校园网络区和办公区，各区域的安全设计如下。

（1）互联网接入区

为保证校园门户网站安全，保证校园门户网站与外部网络信息交换的安全可控，需在保证正常的校园门户网站和互联网的信息交换的同时能阻挡恶意网络访问。因此，应在该区域部署下一代防火墙和上网行为管理设备，通过下一代防火墙可实现互联网边界 2~7 层的逻辑隔离，实现对入侵事件的监控、阻断，保护整体网络各个安全域免受外网的常见恶意攻击。部署上网行为管理设备，可实现学生访问互联网时的身份认证、应用管控、流量管控，限制学生只能访问健康网页，提高带宽利用率的同时保障用户上网体验。

（2）核心管理区

各区域在核心管理区进行数据交换，所有通信流量都会流经该区域，通常在该区域部署安全检测类设备。针对门户网站的安全防护，可在该区域部署 Web 应用防火墙（WAF），防止校园网站的非法访问，有效防止黑客利用应用程序漏洞入侵渗透。

（3）安全管理区

安全管理区指管理员进行网络运维管理所在的区域。安全管理类、审计类设备集中放置在此区域。该区域直接关联门户网站系统安全。可在该区域部署堡垒机，实现网络安全设备、服务器、业务应用系统的统一运维管理。

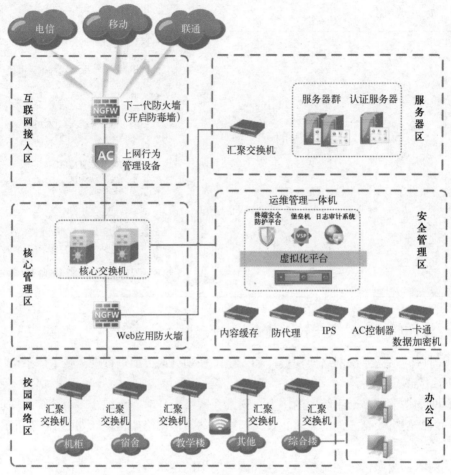

图 13-3 校园门户网站整体网络架构设计

（4）服务器区

该区域是安全区域的核心子域，通常会对安全区域进行安全子域的划分，如数据库服务器和应用服务器划分在不同的区域内，不同安全等级的服务器划分在不同的区域内。为保证服务器安全，通常要对服务器进行安全加固，详细安全配置方法参见 7.3 节"设备类安全基线"。

（5）校园网络区和办公区

该安全区域内的终端需具备防恶意代码的能力，并对接入内网的用户终端进行访问控制，明确访问权限以及可访问的网络范围。

13.3.3 校园门户网站安全管理体系设计与建设

安全管理体系设计的目标是根据等级保护对象运营、使用单位当前的安全管理需要和安全技术保障需要来设计安全管理体系，以保证安全技术与安全管理同步建设。校园门户网站的安全管理体系设计通常采用 4 级文档体系结构（如图 9-3 所示）。针对二级校园门户网站，在实际安全管理体系设计时，需重点关注下列内容。

1）管理机构组建。建立校园信息化领导小组，组织架构如图 13-4 所示。同时明确校园门户网站的安全管理机构，如学校信息化建设与管理办公室，并确定学校网络中心、数据中心及其他部门的安全职责和权限以确保各机构有效运行。

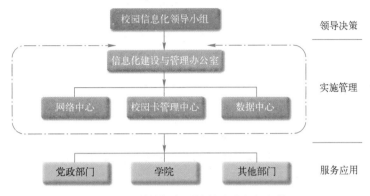

图 13-4 学校门户网站的安全组织架构

2）管理制度建设。制定完善的安全管理制度，对机房管理、账户管理、远程访问管理、特殊权限管理、设备管理和变更管理等方面进行有效管理。通过制度化、规范化的流程和行为，保证各项管理工作的一致性。负责人在制度发布、执行过程中应定期对其进行评估，根据实际环境和情况的变化，对制度进行修改和完善。校园门户网站所需的安全制度体系见表 13-4。

表 13-4 校园门户网站所需的安全制度体系

文 件 级 别	分　　类	文 件 内 容
一级文件	安全策略	学校网络安全策略总纲（方针）
二级文件	管理制度	学校网络信息化安全管理制度
	安全管理机构	学校安全机构及岗位职责管理制度
		安全审核和检查制度
		……
	安全管理人员	人员安全教育和培训管理制度
		外部人员管理制度
		……
	安全建设管理	门户网站建设设施安全管理制度
		门户网站系统开发管理制度
		代码编写安全规范
		……
	安全运维管理	机房安全管理制度
		设备安全管理制度
		网络系统安全管理制度
		恶意代码防范管理制度
		配置管理制度
		安全事件管理制度
		应急预案管理制度（包括各类专项应急预案）
		……

(续)

文件级别	分　类	文件内容
三级文件	配置规范	网络/安全设备、操作系统、数据库安全配置基线
	操作手册	校园门户网站设计程序文件
		源代码说明文档
		操作运维手册（流程表单、实施方法）
		……
四级文件	记录、表单类	培训记录
		会议记录
		安全检查表、安全检查报告等
		恶意代码检测记录、病毒处置记录
		数据备份、恢复测试等记录
		日常运维表单、记录
		系统变更方案、审批记录
		应急演练、培训记录
		……

　　3）人员培训。在人员安全教育和培训管理制度的指导下，定期为门户网站管理员、设备管理员和安全管理员等进行安全培训，并进行有效的记录。

　　4）应急体系建立。为保障门户网站安全运行，应建立完善的风险评估、风险预警和突发事件处理应急体系，保证门户网站运行的安全性、可用性和保密性。

13.3.4　校园门户网站安全建设实施

　　在完成安全方案设计后，应确定工程实施计划，并根据安全方案进行工程实施，具体流程如图 13-5 所示。

图 13-5　工程实施流程图

安全建设实施环节主要的工作内容如下：
1）落实安全建设整改的责任部门和人员。
2）保证建设资金足额到位。
3）选择符合要求的安全建设整改服务商。
4）采购符合要求的产品。
5）管理和控制安全功能开发、集成过程的质量等。
6）对第二级以上的信息系统安全建设整改工程实施监理。

13.4　校园门户网站等级测评

　　在门户网站系统完成安全设计和建设后，系统投入使用。为保证门户网站系统的稳定运行，应定期开展网络安全等级测评或自评估工作。可登录到网络安全等级保护网

（www. djbh. net）上查看全国等级保护测评机构推荐目录，委托有资质的测评机构开展等级测评工作。等级测评工作具体流程如第 3 章的图 3-6 所示。

等级测评是对校园门户网站是否满足网络安全等级保护基本要求的一种判定方法，详细测评工作流程和方法参见第 3 章。等级测评包括四个阶段：调研阶段、方案编制阶段、现场测评阶段和分析与报告编制阶段。测评机构在完成等级测评工作后会根据测评情况出具等级测评的测评报告。图 13-6 所示为网络安全等级测评报告样例。

报告编号：XXXXXXXXXXX-XXXXX-XX-000001-01

网络安全等级保护
[被测对象名称]等级测评报告

委托单位：

测评单位：

报告时间：

报告编号：XXXXXXXXXXX-XXXXX-XX-XXXXXX-XX　　[2019 版]

网络安全等级测评基本信息表

被测对象				
被测对象名称	校园门户网站		安全保护等级	第二级（S_1A_1）
备案证明编号				
被测单位				
单位名称				
单位地址				
联系人	姓名		职务/职称	
	所属部门		办公电话	
	移动电话		电子邮件	
测评单位				
单位名称			机构代码	DJCP20XXXXXXXX
单位地址			邮政编码	
联系人	姓名		职务/职称	
	所属部门		办公电话	
	移动电话		电子邮件	
审校批准	编制人		编制日期	
	审核人		审核日期	
	批准人		批准日期	

网络安全等级测评基本信息表　I

图 13-6　网络安全等级测评报告样例

校园门户网站负责人对于测评结论应关注两部分内容：单项测评结论和等级测评结论。单项测评结论代表网络安全等级保护基本要求各条款项的符合程度，有符合、部分符合、不符合和不适用 4 种情形。不符合项和部分符合项代表门户网站系统存在的安全问题和面临的安全风险。安全风险可根据安全问题对系统影响的严重程度进行判定，有高、中、低 3 个级别。风险判定方法可基于《信息安全技术 信息安全风险评估方法》（GB/T 20984—2022）中风险分析的量化方法进行风险评估。

等级测评结论代表校园门户网站的安全防护能力是否达到网络安全等级保护第二级的要求。等级测评结论由综合得分和被测对象面临的风险等级综合决定。等级测评综合得分依据综合得分计算公式给出。网络安全等级保护等级测评结论的判定是定性加定量的综合评价。

定性：被测对象面临的风险等级。

定量：综合得分（可看作“被测指标符合率”）。

综合得分计算公式如下：

设 M 为被测对象的综合得分，$M = V_t + V_m$，V_t 和 V_m 根据下列公式计算。

$$V_t = \begin{cases} 100y - \sum_{k=1}^{t} f(\omega_k)(1-x_k)S & V_t > 0 \\ 0 & V_t \leq 0 \end{cases}$$

$$V_m = \begin{cases} 100(1-y) - \sum_{k=1}^{m} f(\omega_k)(1-x_k)S & V_m > 0 \\ 0 & V_m \leq 0 \end{cases}$$

$$x_k = (0,0.5,1), S = 100 \cdot \frac{1}{n}, f(\omega_k) = \begin{cases} 1 & \omega_k = \text{一般} \\ 2 & \omega_k = \text{重要} \\ 3 & \omega_k = \text{关键} \end{cases}$$

式中，y 为关注系数，取值在 0~1 之间，由等级保护工作管理部门给出，默认值为 0.5；n 为被测对象涉及的总测评项数（不含不适用项，下同）；t 为技术方面对应的总测评项数；V_t 为技术方面的得分；m 为管理方面对应的总测评项数；V_m 为管理方面的得分；ω_k 为测评项 k 的重要程度（分为一般、重要和关键）；x_k 为测评项 k 的得分，如果测评项涉及多个对象，则 x_k 的取值为多对象得分的算术平均值。

得到等级测评综合得分和分析出系统面临的风险后，等级测评结论判定方法见表 13-5。

表 13-5　等级测评结论判定方法

序　号	结　论	判　定　条　件
1	优	得分范围为 [90,100] 且无中、高风险项，或没有任何风险
2	良	得分范围为 [80,90) 且无高风险项
3	中	得分范围为 [70,80) 且无高风险项
4	差	得分范围为 [0,70)，或存在高风险项

13.5　校园门户网站安全运维

在完成安全建设及等级测评工作，并保证业务系统安全防护能力达到等级保护要求后，系统正式投入运营。在系统废弃前的实际运营过程中，安全运维是必不可少的。有效的安全运维可以保证系统安全、稳定、高效运行。校园门户网站常见的安全运维服务见表 13-6。

表 13-6　校园门户网站常见的安全运维服务

序　号	服务名称	服　务　描　述
1	检测评估	检测评估包括网络评估、主机评估、应用评估和管理评估。通过检测评估可及时发现网络和系统存在的安全问题及风险隐患。差距分析、配置核查、风险评估、工具测试是常见的检测评估方法
2	安全加固	安全加固包括网络安全设备加固、服务器安全加固、应用系统安全加固、数据库安全加固。可通过安全区域划分、系统版本更新、安全基线类配置进行加固

（续）

序　　号	服务名称	服务描述
3	防护加固	主要指针对门户网站的加固。应用程序设计缺陷可能带来安全风险，可通过非线性测试的手段对应用程序进行风险分析并加固
4	安全巡检	安全巡检包括巡检对象确定、状态信息收集、巡检状态分析和报告。通过安全巡检可对安全状态信息进行收集及分析，及时发现安全隐患和安全事件，并对其进行记录及分析发展趋势，形成安全态势报告，发现安全事件时及时启动应急响应
5	应急响应	针对各类触发的安全事件进行分析，分析其类型、对业务系统的影响范围和程度及恢复所需的时间等，确定安全事件等级，根据安全等级制定应急预案，根据实际情况启动应急响应
6	审计追查	针对已发生的安全事件，对安全事件进行审计跟踪，对可能产生破坏性行为的有利证据进行收集，以实现违规取证

【本章小结】

本章以某新建校园门户网站系统开展网络安全等级保护工作为例，结合第 3 章内容，介绍实施网络安全等级保护全流程的工作内容。案例根据网络安全等级保护的工作流程（定级、备案、建设整改、等级测评和监督检查），首先确定校园门户网站定级对象，然后经过初步定级、定级评审、定级备案后，依据校园门户网站安全防护等级第二级的要求，从安全物理环境、安全通信网络、安全区域边界、安全计算环境、安全管理中心和安全管理 6 个方面建设安全防护体系，并在通过等级测评后，在实际运营过程中，通过有效的安全运维来保证系统安全、稳定、高效运行。通过本章学习，读者能够深入了解开展网络安全等级保护工作的方法，掌握等级保护定级、建设和等级测评的核心内容。

13.6　思考与练习

一、填空题

1. 网络安全等级保护的系统生命周期包括_____、_____、_____、运行维护和废弃中止 5 个阶段。

2. 网络安全等级保护在系统定级备案阶段的主要工作内容包括系统等级划分、_____、确定和_____。

3. 等级测评中，单项测评结论代表网络安全等级保护基本要求各条款项的符合程度，有符合、部分符合、_____、_____ 4 种情形。

4. 网络安全等级测评结论由_____和_____决定。

5. 检测评估包括网络评估、主机评估、应用评估和管理评估，通过检测评估可及时发现网络和系统存在的_____与_____。

二、判断题

1. （　　）校园门户网站安全防护等级为第二级时，定级需要进行专家评审。

2. （　　）网络运营单位提交的定级备案资料通过公安机关备案审核后会颁发等级测评报告。

3. （　　）网络和信息系统面临中风险，等级测评综合得分为 92 分，可判定其等级测评结论为优。

4. （　　）等级测评包括 4 个阶段：调研阶段、方案编制阶段、现场测评阶段和分析与报告编制阶段。测评机构在完成等级测评工作后会根据测评情况出具等级测评报告。

5. (   ) 在网络安全运维过程中，对已发生的安全事件进行收集和分析、及时处置，对可能产生破坏性行为的有利证据可不进行收集。

三、简答题

1. 简要概述校园门户网站如何确定安全防护等级。

2. 网络和信息系统安全需求分析如何确定？

3. 以校园门户网站为例，说明网络安全等级保护定级流程。

4. 某门户网站系统定级为二级，那么在安全区域边界方面有哪些安全需求？

5. 简要概述网络安全等级保护等级测评结论的判定方法？

第 14 章
政务云平台及业务系统等级保护

云计算环境包括云计算平台和云计算系统。为更好地理解云计算等级保护安全设计和实践，本章以云平台和云平台上的客户业务系统为例，结合网络安全等级保护对云计算的要求，介绍云计算等级保护安全解决方案建设方法。本章通过对案例中云计算安全解决方案的介绍，阐述了云计算等级保护的安全设计思路和建设内容。

14.1 政务云平台及业务系统安全需求分析

网络运营者应明确云计算安全需求是设计云计算安全方案的前提，云计算安全需求的确定是在明确云计算服务模式、云计算安全责任和云计算保护对象基础之上的。

14.1.1 政务云平台及业务系统安全责任划分

云计算环境的安全性由云服务商和客户共同保障，云计算环境中各类主体的安全责任因云计算服务模式的不同而不同，云计算服务模式与资源控制间的关系如图 14-1 所示。

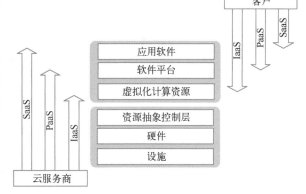

在不同的云计算服务模式下，云服务商和客户对计算资源的控制范围不同，控制范围决定了云服务商与云服务客户的安全责任的边界。云计算环境中，云安全责任由云服务商与云服务客户共同分担，云服务商在不同的服务模式下承担的云安全责任如图 14-2 所示。

图 14-2 中大括号包括的范围为云服务商需承担的安全责任，具体情况如下：

图 14-1 云计算服务模式与资源控制间的关系

1）SaaS 模式下，客户仅需要承担自身数据安全、客户端安全等相关责任，云服务商承担其他安全责任。

2）PaaS 模式下，软件平台层的安全责任由客户和云服务商分担。客户负责自己开发和部署的应用及其运行环境的安全，其他安全由云服务商负责。

3）IaaS 模式下，虚拟计算资源层的安全责任由客户和云服务商分担。客户负责自己部署的操作系统、运行环境和应用的安全，对这些资源的操作、更新、配置的安全和可靠性负责。云服务商负责虚拟机监视器及底层资源的安全。

图 14-1 中，云计算的设施层（物理环境）、硬件层（物理设备）、资源抽象控制层都处于云服务商的完全控制下，所有安全责任都由云服务商承担。应用软件层、软件平台层、虚

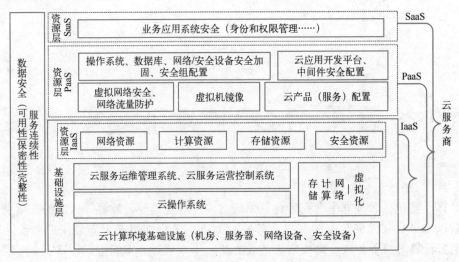

图 14-2 云服务商在不同的服务模式下承担的云安全责任

拟化计算资源层的安全责任则由双方共同承担。越靠近底层的云计算服务（即 IaaS），客户的管理和安全责任越大；反之，云服务商的管理和安全责任越大。云计算安全责任大致可以分为 4 类，见表 14-1。

表 14-1 云计算安全责任分类

责 任 主 体	示 例
云服务商承担	在 SaaS 模式中，云服务商对平台上安装的软件进行安全升级
客户承担	在 IaaS 模式中，客户对其安装的应用中的用户行为进行审计
云服务商和客户共同承担	云服务商的应急演练计划需要与客户的应急演练计划相协调。在实施应急演练时，需要客户与云服务商相互配合
其他组织承担	有的 SaaS 服务提供商需要利用 IaaS 服务提供商的基础设施服务，相应的物理与环境保护措施应由 IaaS 服务提供商予以实施

本章以某省级 IaaS 服务模式的政务云平台和部署在其上的云服务客户业务系统为例，介绍如何进行云计算等级保护安全解决方案的设计。根据 IaaS 模式下云计算的安全责任划分，结合网络安全等级保护基本要求，可明确在 IaaS 模式下政务云平台和云服务客户系统的安全保护对象，见表 14-2。

表 14-2 云计算保护对象

安 全 类	IaaS 模式云计算保护对象	
	云平台	云服务客户系统
安全物理环境	云平台数据中心（物理机房）	—
安全通信网络	网络架构（物理网络和虚拟网络）及涉及的网络安全设备	网络架构及虚拟网络边界
安全区域边界		
安全计算环境	网络安全设备	—
	服务器（操作系统、数据库、中间件）	虚拟机（操作系统、数据库、中间件）
	云操作系统、云管理平台及云产品	业务系统、云管理平台（云服务客户侧）
	云平台各类数据	云服务客户数据

（续）

安　全　类	IaaS 模式云计算保护对象	
	云平台	云服务客户系统
安全管理中心	云平台涉及的各类对象	云服务客户业务系统涉及的各类对象
安全管理	云平台侧安全管理制度	云服务客户系统侧安全管理制度

：课堂小知识

政务云是承载各级政务部门门户网站、政务业务应用系统和数据的云计算基础设施，用于政务部门公共服务、社会管理、跨部门业务协同、数据共享和应急处置等。政务云对政府管理和服务职能进行精简、优化、整合，并通过信息化手段在政务上实现各种业务流程办理和职能服务。政务云的建设具有减少各部门分散建设，提升信息化建设质量，提高资源利用率和减少行政支出等优势。

政务云的服务对象是各级政务部门，通过政务外网连接到各单位，使用云计算环境上的计算资源、网络资源和存储资源来承载各类信息系统，开展电子政务活动。

14.1.2　政务云平台及业务系统安全需求

在进行安全需求分析时，需包括云平台安全需求和云服务客户业务系统安全需求：

1. 云平台安全需求

根据云计算安全责任划分和安全保护对象，基于网络安全等级保护要求，云计算平台安全需求涉及两个方面。

1）云平台基础安全防护需求。网络运营者从保护云平台安全的角度出发，考虑其可能面临的威胁，确认为规避风险（威胁）需采取的安全措施，涉及网络安全等级保护通用要求和部分云计算扩展要求。

2）为云服务客户提供基础安全防护需求。基于云计算的特殊性，云平台除保障自身安全外，还需为云服务客户提供基础的安全防护能力，云平台需采取安全防护措施为云服务客户提供基础的安全服务，涉及部分云计算扩展要求。

基于云计算等级保护基本要求，政务云平台在安全物理环境、安全通信网络、安全区域边界、安全计算环境、安全管理中心和安全管理方面的安全需求见表 14-3。

表 14-3　云计算安全需求表

序号	安　全　类	安　全　需　求
1	安全物理环境	云平台安全防护需求： ● 机房位于我国境内，物理场地建筑防震、防风、防雨、防雷 ● 配置电子门禁系统或者专人值守 ● 安装防盗报警系统，加强日常巡检 ● 设备固定，贴标签 ● 各类机柜、设施和设备等通过接地系统安全接地 ● 机房建设采用耐火材料，安装火灾自动消防系统 ● 采用防静电地板，佩戴防静电手环 ● 设置温湿度自动调节设备，定期进行日常巡检 ● 合理设计电力供应系统 ● 电源线和通信线缆应隔离铺设 ● 采取适当的电磁防护措施

（续）

序号	安 全 类	安 全 需 求
2	安全通信网络	云平台安全防护需求： • 网络设备、带宽具备高性能，设备、链路冗余 • 清晰定义安全区域，合理划分 VLAN、分配 IP • 在区域边界部署防护措施 • 通信传输加密（客户端到服务器、服务器到服务器之间要使用 VPN 等通信） • 云平台虚拟网络隔离 云服务客户安全防护： • 云平台为云服务客户系统提供通信传输、边界防护、入侵防范等安全机制，且允许客户自行选择并配置 • 云平台提供开放的接口或服务
3	安全区域边界	云平台安全防护需求： • 物理设备端口级访问控制 • 限制边界非法内联、非法外联 • 无线安全接入 • 物理网络边界和虚拟网络边界访问控制策略、规则配置 • 关键网络节点（含虚拟网络节点）网络攻击行为检测、防止或限制 • 网络恶意代码防范 • 网络行为和安全事件审计 云服务客户安全防护： • 云服务客户流量镜像分析，东西向、南北向流量深入分析 • 云服务客户网络行为审计
4	安全计算环境	云平台安全防护需求： • 云平台与管理终端进行双向认证 • 认证口令满足复杂度策略要求 • 远程管理使用 SSH、HTTPS • 用户权限管理 • 基于用户角色的访问控制权限配置 • 安全审计策略、日志审计 • 系统服务最小化 • 系统漏洞扫描 • 恶意代码防范 • 数据完整性、保密性 • 数据备份 • 剩余信息保护 • 个人信息保护 云服务客户安全防护： • 虚拟机镜像安全加固、加密存储 • 虚拟机资源隔离 • 虚拟机安全状态监控 • 密钥管理服务 • 云计算迁移服务
5	安全管理中心	云平台安全防护需求： • 系统管理员、审计管理员和安全管理员使用统一账号管理 • 安全策略统一管理 • 安全事件集中管控并进行态势感知 • 云平台日志集中统计分析 • 云平台资源运行状况监测 云服务客户安全防护： • 云计算物理和虚拟资源合理调度与分配 • 云平台管理流量与客户业务流量隔离

（续）

序号	安　全　类	安　全　需　求
6	安全管理	• 安全管理制度 • 安全管理机构 • 安全人员管理 • 安全建设管理 • 安全运维管理 • 供应链安全管理

2. 云服务客户业务系统安全需求

云服务客户业务系统迁移到云平台上后，云服务客户需保证其业务系统的部署环境和运行环境的安全，主要的几类安全需求如下：

1）云技术虚拟网络及其边界安全。

2）保证云上资源的合法访问和合法利用。

3）保证虚拟机上部署的操作系统、数据库及中间件安全。

4）保证云上应用系统安全，防止非授权访问、非法篡改等。

5）保证云上数据安全，对数据安全态势进行监测。

6）对云上资源进行有效、统一管理。

7）制定完善的安全管理制度，有效保证云资源的安全、可靠运行。

14.2　政务云平台及业务系统安全架构设计

基于云安全责任的划分，政务云平台与客户业务系统在安全防护架构设计上也有所区别，应从两个方面进行设计。

14.2.1　政务云平台安全防护架构

基于网络安全等级保护"一个中心，三重防护"的纵深防御安全防护理念，结合云平台（IaaS）安全防护需求，云平台安全防护架构包括云平台侧的物理基础设施安全、网络（通信网络和区域边界）安全、硬件设备安全、虚拟化安全、资源控制安全、应用安全、数据安全等，以及为云服务客户提供的资源安全和基础安全服务。在保障云平台安全的基础上，需保障云服务客户网络安全和为客户提供基础安全防护，政务云平台网络架构及政务云平台安全防护架构如图 14-3 所示。其中，图 14-3a 所示为政务云平台网络架构，图 14-3b 所示为政务云平台安全防护架构。

图 14-3a 所示的网络架构对政务云进行了分区分域的设计，并建立了安全管理区。其中，管理流量与业务流量专线隔离，互联网边界部署了防火墙，远程接入通过 SSL/IPSec VPN 接入到安全接入区，数据库区与业务区进行逻辑隔离，并对云平台的所有物理机进行安全加固。

图 14-3b 所示的云安全防护架构明确区分了云平台的安全和云服务客户的安全。云平台边界部署抗 DDoS、NGFW、负载均衡、WAF 等安全防护设备，限制云平台外部网络的非法访问，通过云安全管理平台、虚拟化平台、SDN 控制器等对云平台基础设施进行安全管理。同时，云平台为客户提供计算、网络、存储等服务的同时还提供了基础的安全服务，如基于 VxLAN 技术的虚拟机间逻辑隔离、虚拟交换机双活备份、安全管理服务和安全检测服务。

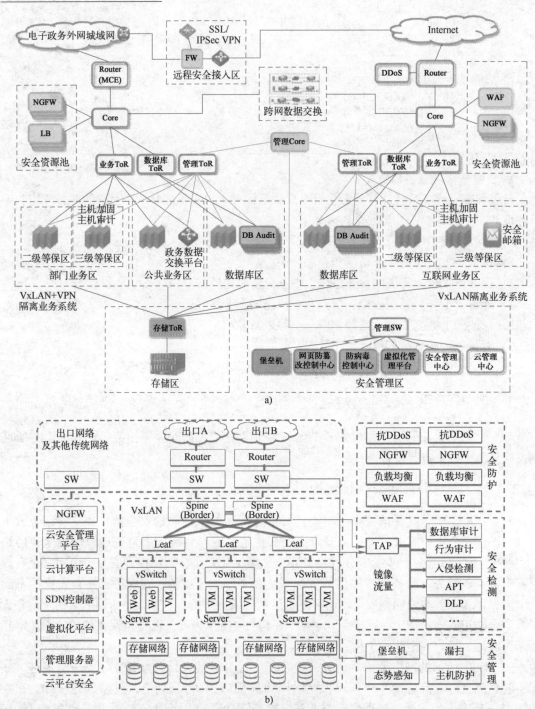

图 14-3 政务云平台网络架构及政务云平台安全防护架构

a) 政务云平台网络架构 b) 政务云平台安全防护架构

14.2.2 政务云业务系统安全防护架构

根据云服务客户业务系统安全防护需求，结合网络安全等级保护基本要求，围绕保护云上客户业务和数据安全的目的，本节设计部署在政务云平台上的客户 A 业务系统安全防护架构。

客户 A 的业务系统部署在政务云的互联网业务区的等级保护三级区和电子政务外网的公共业务区，客户 A 在利用政务云提供的计算资源和基础安全防护服务的同时，基于云安全责任的划分（见表 14-1），需保证虚拟网络边界、业务系统、数据及安全管理制度的安全。结合客户 A 系统的安全防护需求和保护对象，设计云服务客户业务系统安全防护架构，如图 14-4 所示。

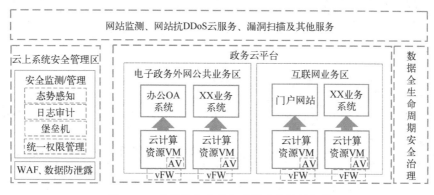

图 14-4　云服务客户业务系统安全防护架构

图 14-4 所示的云服务客户业务系统安全防护架构从云上业务和数据安全运维管理、安全审计、安全运行监测和数据安全治理等方面进行了防护架构设计。主要的安全防护措施如下：

1）在云服务客户虚拟机上部署防恶意代码软件 AV，对虚拟机的恶意代码感染情况进行检测，以防止恶意代码在虚拟机间进行蔓延。

2）通过统一权限管理系统和堡垒机对云上业务系统及计算资源进行运维管理，并进行安全审计，审计日志定期发送至日志审计系统，保证日志留存时间满足法律法规要求。

3）在虚拟网络边界部署虚拟防火墙（vFW），防止其他客户虚拟机对客户 A 虚拟机的异常访问。

4）通过网站抗 DDoS、网上监测、态势感知等安全监测服务对云上资源进行安全监测，及时发现安全异常，便于进行事件响应。

5）通过云 WAF 对业务应用系统进行安全防护，防止业务系统被非法篡改，阻止攻击者利用应用系统漏洞进行安全攻击。

6）对云上数据进行安全治理，保证云上数据使用的合法性。

14.3　政务云平台及业务系统安全建设

安全防护体系建设从政务云平台和业务系统两个方面进行。云平台需从安全物理环境、安全通信网络、安全区域边界、安全计算环境、安全管理中心和安全管理等安全类进行建设。业务系统主要从保护网络安全、计算环境安全、数据安全等方面进行防御体系建设，保证云上资源的安全。

14.3.1　政务云平台建设方案

为保障云平台安全，政务云平台从下列几方面进行建设。

1. 物理环境安全

政务云平台物理机房的建设包括但不限于物理位置选择、访问控制、视频监控、火灾检测、温湿度控制等安全措施，见表 14-4。

表 14-4　物理环境安全建设重点

序号	安全控制点	安全建设内容
1	物理位置选择	机房在通过工程验收后正式投入使用，机房大楼具有一定的防震、防雨和防风功能，基础设施位于大楼一层
2	访问控制	进入机房时禁止携带计算机，在机房出入口配置电子门禁系统，机房内核心区域配备掌纹仪作为第二道门禁系统，用于控制、鉴别和记录人员，并对进出机房进行登记，登记的内容有姓名、电话、事由、进入时间、离开时间
3	视频监控	机房配置了视频监控报警系统，7×24 h 无死角监控，监控室 7×24 h 专人值守
4	火灾检测	政务云平台物理机房配备火灾自动报警系统，包括火灾自动探测器、区域报警器、集中报警器和控制器等。火灾自动报警系统能够对火灾发生的部位以声、光或电的形式发出报警信号，并启动自动灭火设备、切断电源、关闭空调设备等
5	温湿度控制	配备 4 台水冷空调，3+1 冗余，空调主管路采用环形设计，单台空调发生故障不会影响整体系统制冷。此外还配备两个蓄冷罐，可满足 15 min 后备冷量储存
6	电力供应	采用 2N 系统，供电路由完全物理独立，电力来自不同的变电站和不同的消防分区。一路系统发生故障，另一路供电系统可支持数据中心正常运行。同时给空调风机也配备了 UPS，在市电发生故障，柴油发电机暂时还不能启动时，即使行间制冷空调的主机停止运转，室内风机也可由 UPS 系统供电，从而解决封闭冷通道内温度短时间升高导致设备关机、数据丢失的问题

2. 网络安全

网络安全建设包括云平台网络安全、拒绝服务攻击、云安全服务 3 方面。

（1）云平台网络安全

需从下列几方面保障云平台网络安全：

1）安全传输。云平台互联网区建设安全接入平台，通过部署 VPN 系统、接入认证管理系统、安全管理系统和防火墙系统，对远程接入用户提供远程接入和数据加密传输功能，对云计算平台资源进行合理管理，防止数据篡改和数据窃听等风险。

2）物理边界安全。对网络进行合理的区域划分，在云平台互联网边界部署下一代防火墙（NGFW），旁路部署抗 DDoS、负载均衡、WAF 等安全设备，保证云平台网络边界安全，并实现云平台南北向流量安全防护。

3）虚拟网络边界。针对云计算虚拟网络边界防护，图 14-3 中的云平台采用 VxLAN 技术划分不同的虚拟私有云（VPC），实现虚拟网络间的逻辑隔离，并在虚拟机上安装 HIPS 和 AV 安全防护组件来实现虚拟机间异常流量的检测，从而实现云计算环境中东西向流量安全防护。

（2）拒绝服务攻击

在云平台的互联网出口处，如图 14-3 所示，在路由器旁挂抗 DDoS 产品实现来自外部的 DDoS 攻击的防护，由边界路由交换设备通过策略路由将待清洗流量牵引至 DDoS 产品进行清洗，产品实时对流量进行识别，并将 DDoS 攻击流量从混合流量中分离、过滤，可用于抵抗各类拒绝服务类的网络攻击，如异常报文攻击、扫描攻击和异常流量攻击等。

（3）云安全服务

为保证云服务客户安全，云平台为云服务客户提供安全服务或允许客户部署第三方安全产品（组件）。如图 14-3 所示，云平台通过云安全资源池的方式为云服务客户提供入侵检测、主机防护、安全审计、数据防护、安全运维等安全产品（组件），以提升云服务客户业务系统的安全。云平台需为云服务客户提供的安全服务见表 14-5。

表 14-5　云平台为云服务客户提供的安全服务

服 务 项 目	描　　　述	分配方式
SSL VPN 服务	提供 SSL VPN 远程接入能力	每个账号
IPSec VPN 服务	提供 IPSec VPN 远程接入能力	每个链路
Web 应用防火墙服务	提供 WAF 防护能力，针对 Web 应用进行精细化防护	每个 DNS
防火墙服务	建立租户 VPC 边界，为每个租户提供独立日志审计	每个租户
入侵防御服务	提供对恶意攻击防护的能力，为每个租户提供独立日志审计	每个租户
负载均衡服务	提供租户内业务的服务器负载均衡能力，包括 4 层和 7 层	每个地址
网络防病毒服务	提供租户内网络防病毒能力，为每个租户提供独立日志审计	每个租户
运维审计服务	提供租户内资源的操作审计能力，为每个租户提供独立日志审计	每个租户
抗 DDoS 服务	提供边界出口 DDoS 防护能力，采用监测+清洗模式	每个 IP 地址
应用监控服务	提供对业务应用可用性的监控能力，持续监控与告警	每个 IP 地址
漏洞扫描服务	提供数据库、Web、业务系统扫描能力，独立输出报告	每个 IP 地址
安全态势展示服务	提供图形化的界面，对现有安全态势进行全局直观展示	每个租户
流量状态分析服务	建立流量基线，对比现网流量状态，完成对异常行为分析	每个租户
安全事件分析服务	对安全日志进行关联分析，准确判定有效安全事件	每个租户
数据库审计服务	提供数据安全审计能力，记录数据操作过程，独立输出报告	每个 IP 地址

3. 计算环境安全

计算环境安全包括下列内容。

（1）主机安全加固

针对云平台物理服务器和虚拟机进行主机安全加固，安全加固措施主要包括关闭不必要的通信端口和服务进程、限制系统访问权限、各账号严格控制访问权限、开启安全日志审计功能、避免黑客通过漏洞攻击系统等。此外，针对云平台提供的虚拟机（VM）镜像（如图 14-3 所示），部署主机防护软件和配置安全策略，实现虚拟机镜像的安全加固。

（2）应用安全

为防范愈发严重的 Web 攻击，在云平台的互联网业务区核心交换机上旁路部署 WAF 设备，通过策略路由的方式，将前往 Web 服务器的流量引到 WAF，实现对于 Web 应用层的防护。

（3）数据安全

云平台可保障不同客户之间的数据隔离及安全共享，电子政务外网城域网区域和互联网业务区通过数据交换平台实现跨网数据交换，并通过传输安全（IPSec VPN）、数据存储安全、容灾备份等技术手段加强数据安全保护，以及通过数据库审计系统对访问数据库服务器的行为进行全方位审计。

4. 安全管理中心

通过带外管理的方式构建云平台安全管理区，如图 14-3 所示的安全管理区。通过部署堡垒机、防病毒控制中心、安全管理中心、云管理中心等实现对云平台的统一运维管理和安全管理，通过云安全管理平台实现对云操作系统、虚拟化平台的统一安全管理，并实现对物理资源、虚拟资源的统一调度、安全监控。

5. 安全管理制度

应针对云平台建立完善的安全管理制度。针对云计算的特殊需求，云平台应制定供应链安全管理制度，包括供应链产品采购、供应链产品变更及安全事件的及时告知。

14.3.2 政务云业务系统建设方案

为保障云上业务系统的安全，云服务客户应根据安全防护架构（见图 14-4）重点构建下列几方面的安全能力。

1. 安全防御能力

为构建安全防御能力，可从网络安全、计算环境安全（含主机、应用等）等方面进行安全防护措施建设，实现云上资源的安全防护。云服务客户采取的安全服务产品或组件可能由云服务商默认提供，也可能需要云服务客户进行单独采购。采购安全服务产品或组件时，可采购云服务商的，也可采购第三方安全厂商的。图 14-4 所示的云服务客户系统安全防护架构涉及的安全防护措施及对应的安全产品（服务）见表 14-6。

表 14-6　云服务客户系统安全防护措施及对应的安全产品（服务）

安全能力	安全措施	安全产品（服务）	备 注
网络安全	分区分域	网络安全规划、IP 地址分配	客户自行配置
	安全防御	网站抗 DDoS 云服务、网站监测	客户采购 SaaS 类安全服务
		WAF	客户采购云服务商或第三方安全厂商的产品
	边界防护	虚拟防火墙、VxLAN+VPN 隔离	在云服务商配置的基础上进行安全加固
计算环境安全	身份鉴别/权限控制	统一身份管理（IAM）、堡垒机	客户采购云服务商或第三方安全厂商的产品
	防恶意代码	漏洞扫描、防病毒软件	
	安全审计	日志审计、数据库审计	
	安全加固	虚拟机/应用系统基线配置	在云服务商配置的基础上进行安全加固

2. 安全威胁感知能力

安全威胁感知能力包括态势感知和安全威胁情报。态势感知是指通过收集 NetFlow、主机 Flow、操作日志、数据库日志和资产等信息，结合威胁情报进行大数据分析，实时发现威胁线索和入侵事件，有助于用户及时做出响应；安全威胁情报是指由安全公司或白帽子为企业发现安全问题，提供及时、安全、秘密的安全情报服务。

为保证云上数据的安全，可通过安全监测服务对云资源的利用率、业务系统运行情况等进行监测，并通过态势感知和安全威胁情报对云上系统安全态势进行分析，从而提升云上系统安全感知能力。

3. 数据安全防护能力

为保证云上系统的数据安全防护能力，除对系统构建安全防御能力，保障数据不受到非授权访问外，还需对数据采取下列措施。

1）云服务客户业务系统的核心数据在本地建立备份中心，定期将云上系统的核心数据在本地进行备份，保证政务云平台出现安全问题时能够及时恢复使用。

2）在数据库服务器安装数据防泄露设备（数据 DLP），防止数据被恶意泄露。

3）设置云服务客户资源的特定访问方式，限制云服务商对云服务客户数据的非授权访问，同时对云上的各类操作进行审计，并定期对日志进行统计分析，及时发现安全异常。

4）利用加密技术对敏感数据进行加密，防止在传输或存储过程中被非法窃取。

【本章小结】

本章以某省级政务云平台（IaaS）和云上客户业务系统为例，详细地介绍了云安全设计与实践的方法。首先从安全责任划分、安全保护对象分析的基础上梳理出云平台和云服务客户业务系统的安全需求，并在明确安全需求的基础上，结合网络安全等级保护基本要求和云平台保护对象，设计了云计算安全防护架构，最后分析了云计算安全建设的重点内容，并列出了安全防护措施及安全产品（服务）。

14.4　思考与练习

一、判断题

1.（　　）云服务商和云服务客户的安全需求是一致的。

2.（　　）重要的云计算平台/系统的安全保护等级不低于三级，云计算基础设施和相关的辅助服务系统可以作为同一个定级对象。

3.（　　）云计算环境中，云安全责任由云服务商与云服务客户共同分担，云服务商在不同的服务模式下承担的安全责任不同。

4.（　　）云服务客户需要管理或控制云计算的基础设施，如网络、操作系统、存储等。

5.（　　）网络安全等级保护 2.0 基本要求的云计算安全扩展要求中，三级系统相比二级系统，安全计算环境新增的控制点有可信验证和入侵防范。

二、选择题

1. 某单位将自己内部的一套业务应用系统部署在公有云（PaaS 模式）上，作为单位的安全管理员，应重点关注的安全对象有（　　）。

A. 虚拟机安全　　　B. 虚拟网络安全　　　C. 数据库安全　　　D. 应用和数据安全

2. 常见的云盘（如百度云盘、DropBox）属于下列（　　）服务模式。

A. SaaS　　　　　B. IaaS　　　　　C. PaaS　　　　　D. DaaS

3. 下列关于云计算平台/系统等级保护定级的说法错误的是（　　）。

A. 应根据云平台承载或将要承载的等级保护对象的重要程度确定其安全保护等级，不得低于其承载的等级保护对象的安全保护等级

B. 重要的云计算平台的安全保护等级不低于第三级

C. 云计算基础设施和相关的辅助服务系统应划分为不同的定级对象

D. 云服务客户侧的等级保护对象任何情况下都不能与云计算平台作为同一保护对象定级

4. 下列场景，（　　）是正确的。

A. 某单位自建的私有云，因安全性考虑，不允许任何第三方的安全产品接入

B. 某云服务商定期向云服务客户通报安全事件，在发生重大安全问题时，应及时进行处理，待事件处理好后，立即向相关方提供相关信息

C. 云服务客户仅需关注外部用户与自身虚拟资源交互产生的南北向流量

D. 云操作系统为数据中心提供类似于单台机器上主机操作系统提供的功能，在对云平台测评时，也应作为等级保护对象

5. 在云计算安全等级保护测评中，下列关于云服务商与客户安全责任描述正确的是（　　）。

A. 云安全责任应由云服务客户和云服务商分担，任何一个云服务参与者都应当承担起相应的职责

B. 云服务商应承担全部的责任

C. 安全责任应由云服务商和云服务客户协商确定

D. SaaS 服务模式下，云服务商应承担全部责任，云客户无须考虑任何安全责任

三、简答题

1. 在云计算环境中，简要阐述如何对云服务商侧和云服务客户侧的保护对象进行定级。

2. 不同服务模式下，云服务商与云服务客户安全责任如何划分？

3. 以私有云平台（IaaS）为例，说明云计算安全需求分析流程。

4. 部署在 IaaS 云平台上的云服务客户业务系统有哪些安全需求？

5. 用户将大量数据交予云端处理的同时也面临较大的安全风险，云数据主要面临的安全威胁有哪些？结合网络安全等级保护云计算扩展要求，简述应如何保证云计算数据安全（以三级为例）。

第 15 章
园区安防物联网系统等级保护

物联网作为"物物相连的互联网"，已经在城市公共安全、工业安全生产、环境监控、智能交通、智能家居、公共卫生、健康监测等多个领域广泛应用。为更好地理解物联网等级保护安全设计和实践，本章以某园区安防物联网系统为例，结合网络安全等级保护对物联网的要求，介绍物联网等级保护安全解决方案建设方法，阐述物联网等级保护的安全设计思路和建设内容。

15.1 园区安防物联网系统安全需求分析

在园区安防物联网系统安全需求分析时，需要在充分了解系统现状和定级情况的基础上，根据网络安全等级保护防护等级的对应要求进行。

15.1.1 园区安防物联网系统定级情况

某园区安防物联网系统属于军工领域整体安全防护体系中的一部分，在综合考虑了其业务信息和系统服务类型以及受到破坏时可能受到侵害的客体、对客体侵害的程度，将该园区安防物联网系统等级定为等级保护第三级。所以在安全体系设计上，要充分考虑已定级系统的安全技术措施和安全管理措施，应符合并满足国家相关政策法规要求。

15.1.2 园区安防物联网系统现状分析

园区安防物联网系统网络拓扑示意图如图 15-1 所示，具体安全防护现状如下。

1）感知层现状。园区安防物联网系统感知层主要部署的物联网设备有视频监视器、访客控制门禁、紧急报警按钮、入侵报警器和照明设备等。这些设备均为不可改造的单一功能传感器，种类众多，型号不一。各个物联网设备按照其部署的地理位置分别接入对应区域的接入交换机中，具体数量为：视频监视器 1000 个，访客控制门禁 600 个，紧急报警按钮 100 个，入侵报警器 100 个，照明设备 800 个。此外，在感知层的每个区域都部署了一台报警控制器，用于接收报警信号并启动报警装置。

2）网络传输层现状。园区安防物联网系统网络传输层采用专网通信，通过光纤进行连接，为不与外界互联的内网环境。

3）处理应用层现状。园区安防物联网系统处理应用层的主要应用系统有应急响应系统、监控管理系统、安防监视系统以及存储服务器等。以上应用系统均部署于园区内本地机房中。

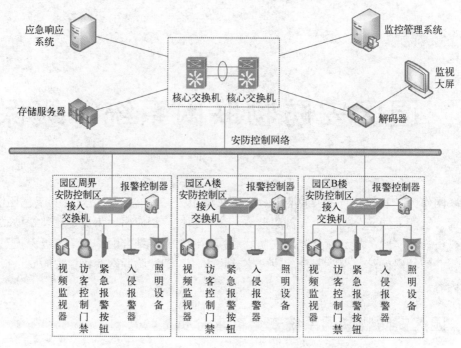

图 15-1　园区安防物联网系统网络拓扑示意图

15.1.3　园区安防物联网系统安全需求

　　基于网络安全等级保护基本要求对物联网的安全要求，物联网安全需求需在等级保护2.0安全通用要求的基础上结合物联网安全扩展要求，从安全技术、安全管理两大方面入手，具体的安全需求见表15-1。

表 15-1　物联网安全需求

序号	安　全　类	分析对象	安　全　需　求
1	安全物理环境	网络传输层 处理应用层	• 机房场地建筑防震、防风和防雨 • 设备固定，贴设备标签 • 各类机柜、设施和设备等通过接地系统安全接地 • 机房建设采用耐火材料· • 采用防静电地板 • 合理设计电力供应系统 • 电源线和通信线缆应隔离铺设
		感知层	主要影响物联网感知层物理环境安全的因素有挤压、强振动、强干扰、阻挡屏蔽、电力供应以及所有对感知节点正常工作产生影响的因素等。具体安全需求如下： • 感知节点设备防物理破坏，如挤压、强振动 • 感知节点设备部署在能正确反映环境状态的物理环境中 • 感知节点设备抗强干扰、阻挡屏蔽等 • 关键感知节点设备应具有可供长时间工作的电力供应
2	安全通信网络	网络传输层	• 清晰定义安全区域，合理划分 VLAN、分配 IP • 在区域边界部署防护措施 • 通信传输加密（客户端到服务器、服务器到服务器之间要使用 VPN 等通信）

（续）

序号	安 全 类	分析对象	安 全 需 求
3	安全区域边界	网络传输层 处理应用层	• 物理设备端口级访问控制 • 边界访问控制策略、规则配置 • 关键网络节点网络攻击行为检测、防止或限制 • 防御网络恶意代码 • 网络行为和安全事件审计
		感知层	• 未授权的感知节点接入控制 • 感知节点和网关节点的入侵防范
4	安全计算环境	处理应用层	• 设备口令复杂度策略 • 用户权限管理 • 合理分配访问控制策略 • 安全审计策略、日志审计 • 系统服务最小化 • 系统漏洞扫描 • 恶意代码防范 • 数据完整性 • 数据备份 • 剩余信息保护 • 个人信息保护 • 数据融合处理
		感知层	物联网感知层中的安全计算环境包括对系统的信息进行存储、处理及实施安全策略的相关部件，如感知层中的物体对象、计算节点、传感控制设备等。具体安全需求如下： • 对访问感知节点设备的用户进行权限管理 • 对连接感知节点设备的其他设备进行身份标识和鉴别 • 对连接网关节点设备的其他设备进行身份标识和鉴别 • 合理分配访问控制策略 • 网关节点设备能够过滤非法和伪造数据 • 网关节点能够支持授权用户在线更新关键密钥和关键配置参数 • 数据完整性保护 • 数据新鲜性鉴别
5	安全管理	网络传输层 处理应用层 感知层	• 安全管理制度 • 安全管理机构 • 安全管理人员 • 安全建设管理 • 安全运维管理 • 感知节点管理

15.2　园区安防物联网系统安全架构设计

　　网络安全等级保护系列标准主要以"一个中心，三重防护"为安全设计总体思路来设计物联网安全架构，如图 15-2 所示，主要包括感知层安全、网络传输层安全、处理应用层安全和安全管理平台等内容。

1. 感知层安全

　　物联网感知层主要包括感知节点设备、网关节点设备以及这些感知节点设备和网关节点设备之间的通信传感网。感知层的安全需要对感知节点设备、网关节点设备以及传感网采取安全防护措施。

　　1）感知节点设备。感知节点设备安全防护包括对感知节点设备的物理防护；在感知层与现实物理环境的区域边界采取安全防护措施来实现感知节点设备的接入控制和入侵防范；对感知节点设备上的系统运行环境进行安全防护；对感知节点设备采集及传输的数据做出标识，并进行数据保密性和完整性保护，实现网关节点安全的计算环境和抗数据重放。

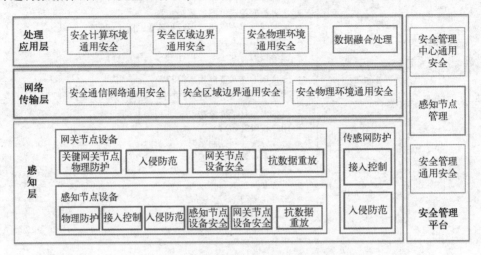

图 15-2　基于等级保护 2.0 标准的物联网安全架构

2）网关节点设备。网关节点设备安全防护包括对关键网关节点设备的物理防护；在感知层与网络传输层的区域边界采取安全防护措施来实现网关节点设备的入侵防范；对网关节点设备上的系统运行环境进行安全防护；对从感知节点设备传输来的数据进行数据完整性保护，实现抗数据重放。

3）传感网。传感网安全防护包括对感知节点设备接入进行控制，限制对感知节点设备、网关节点设备的入侵防范两部分。

2. 网络传输层安全

物联网的网络传输层采用的安全措施可以继续沿用传统信息系统网络层的安全机制，结合等级保护 2.0 标准中的通用安全要求，可采取的安全防护包括：对网络传输层物理设备的物理环境安全防护，对网络架构、通信传输等方面的通信网络安全防护，对网络传输层与感知层的边界和网络传输层与处理应用层的区域边界安全防护。

3. 处理应用层安全

物联网处理应用层安全主要是指运行环境和数据计算的安全以及各类应用的安全，可采取的安全防护包括：对各类应用部署的服务器或 PC 设备的物理环境安全防护，对处理应用层和网络传输层之间的区域边界安全防护，对承载各类应用或数据计算的服务器或 PC 计算环境安全防护，对从各类物联网终端采集来的不同协议数据进行融合处理。

4. 安全管理平台

除了感知层、网络传输层、处理应用层的安全防护之外，还应建立集安全管理中心、安全管理和感知节点管理于一体的安全管理平台。其中，安全管理中心实现物联网中安全设备和组件的集中管控，可对全网的集中监测和审计数据集中分析；安全管理实现安全制度管理、安全机构管理、安全人员管理、安全建设管理、安全运维管理；感知节点管理实现物联网设备部署环境的运维管理、物联网设备的全生命周期全程管理和物联网设备部署环境的保密管理。

15.3　园区安防物联网系统安全建设

根据《信息安全技术　网络安全等级保护基本要求》（GB/T 22239—2019），物联网网络传输层和处理应用层按照安全通用要求提出的要求进行保护，物联网感知层按照物联网安全扩展要求提出的特殊安全要求进行保护。因此，物联网网络传输层和处理应用层的安全建设可以直接参考实施信息系统等级保护全流程工作的相关内容，此处不再赘述。物联网安全建设的重点在于物联网感知层的安全建设。

15.3.1　园区安防物联网系统安全技术方案

园区安防物联网系统需要从安全物理环境、安全区域边界、安全计算环境 3 个安全类进行设计和建设。

1. 安全物理环境

依据《信息安全技术　网络安全等级保护基本要求》中物联网安全扩展要求中的"安全物理环境"要求，对物联网感知节点设备及其所处的环境等进行物理安全设计。在物联网物理安全防护上，要求环境不对感知节点设备造成破坏，同时要求环境不对感知节点设备采集结果造成影响，设备也应有持续的电力供应。这一块主要是对物联网终端厂商和感知节点设备的部署安全提出的要求。具体安全防护措施设计如下。

1）在对感知节点设备进行选型时应充分考虑外壳、电磁兼容抗扰度等相关要求，尤其是部署在室外的视频监视器和照明设备。如设备是否取得质量认证证书，是否满足 GB/T 4208—2017 确定的外壳防护等级（IP 代码）要求，是否通过依据 GB/T 17799.1—2017、GB/T 17799.2—2003 或者有关的专用产品或产品类电磁兼容抗扰度标准进行的电磁兼容抗扰度试验且性能满足需求等。

2）在对感知节点设备进行部署选址时，应充分考虑防强干扰、防阻挡屏蔽、防挤压、防强震动以及感知终端正常工作的环境部署要求。例如，视频监视器在部署时应能确保镜头不被遮挡等。

3）感知节点设备在进行部署时应能保证稳定可靠的电力供应，其中，关键的感知节点设备（如关键区域的照明设备、紧急报警按钮和入侵报警器）应有备用电力供应设施。

2. 安全区域边界

在等级保护 2.0 物联网安全扩展要求第三级中，安全区域边界主要指感知层与物理环境的边界和感知层与网络传输层的边界，其中主要包括区域边界接入控制和区域边界入侵防范两个控制点。安全区域边界防护建设时主要通过基于地址、协议、服务端口的访问控制策略和资产识别、身份鉴别、安全准入控制、防止非法外联/违规接入网络等的安全机制来实现区域边界的综合安全防护。

1）接入控制。在区域边界部署专业的身份鉴别和接入控制设备（如物联网安全网关），基于感知节点设备的操作系统、品牌、厂商、固件号等生成唯一的网络身份标识，通过白名单的接入控制策略保证只有授权的感知节点才可以接入。

2）入侵防范。在区域边界部署专业的身份鉴别和接入控制设备（如物联网安全网关或防火墙），基于 IP 地址、MAC 地址、通信协议、通信端口等访问控制措施限制对感知节点设备和网关节点设备的连接及通信，实现对感知节点设备和网关节点设备的入侵防范。

：课堂小知识

物联网安全网关是在传统安全网关基础上针对物联网场景衍生出的一类特殊网关。一般情况下，其还承担了部分物联网网关的功能。物联网安全网关通常能够实现的功能有：

通过扫描、爬虫、流量分析等技术发现物联网感知节点设备并形成唯一的网络身份标识，从而实现仿冒管控、准入管控等；通过弱口令扫描、系统检测等技术对物联网感知节点设备实现安全检测；通过网络链路探测技术实现对物联网感知节点设备的链路检测；通过对终端数据流内容行为建模形成感知节点设备的行为基线，从而实现异常行为发现及管控功能；通过对物联网协议的深度解析实现对物联网感知节点设备的业务检测；通过 VPN 模块的整合实现传输数据的加解密。

3. 安全计算环境

依据等级保护 2.0 物联网安全扩展要求第三级中设备和数据安全等相关安全控制项，结合安全计算环境对用户身份鉴别、标识和鉴别、系统访问控制、数据保密性、数据完整性、数据可用性等的技术设计要求，安全计算环境防护建设主要通过身份鉴别与权限管理、安全基线、访问控制、数据传输保护、数据新鲜性保护，以及系统和应用自身安全控制等多种安全机制实现。

（1）感知节点设备安全

对于具有操作系统的感知节点设备（如视频监视器），需要通过身份标识鉴别、访问控制两个方面对其操作系统进行加固，保障感知节点设备计算环境的安全。

1）身份标识鉴别。

- 需要保证感知节点设备的操作系统用户标识的唯一性。
- 在使用用户名和口令对操作系统用户进行身份鉴别时，口令应由字母、数字及特殊字符组成，长度不小于 8 位。

2）访问控制。

- 感知节点设备应能控制操作系统用户的访问权限。
- 使用最小权限原则。
- 能控制数据的本地或远程访问。
- 控制对感知终端的远程配置。

对于其他感知节点设备，可以在感知层部署能够对感知节点设备运行状态进行监控的专业安全设备（如物联网安全网关），自动发现感知节点设备的异常行为，自动识别、丢弃或报警。

（2）网关节点设备安全

网关节点设备运行于感知网络的边缘，即在向上连接传统的信息网络的同时向下连接感知网络。网关节点设备需要通过身份标识鉴别、访问控制、数据传输保护 3 个方面进行加固，保障网关节点设备安全计算环境。

1）身份标识鉴别。

- 需要保证感知终端的标识符在网关生命周期内具有唯一性。
- 能够对感知终端进行鉴别，至少支持如下机制之一：基于网络标识、基于 MAC 地址、基于通信协议、基于通信端口、基于口令。

- 需要保证感知节点设备的操作系统用户标识的唯一性。
- 在使用用户名和口令对操作系统用户进行身份鉴别时，口令应由字母、数字及特殊字符组成，长度不小于 8 位。

2）访问控制。

- 网关节点设备应能控制用户的访问权限。
- 使用最小权限原则。
- 能控制数据的本地或远程访问。
- 控制对网关节点设备的远程配置。
- 支持黑名单、白名单机制。

3）数据传输保护。

- 采用密码技术对重要数据（配置更新数据等）实施机密性保护，确保数据传输的保密性。
- 具备对传输数据的完整性校验机制（如校验码、消息摘要、数字签名等）。

（3）抗数据重放

在物联网系统中可以通过数据可用性保护、数据完整性保护和数据新鲜性鉴别 3 个方面实现抗数据重放的安全功能，具体可以从感知节点设备和网关节点设备两个方面实施。

1）感知节点设备实现抗数据重放。

- 在传输感知节点设备采集到的数据时，应对数据新鲜性做出标识（时间戳或计数器）。
- 对存储的鉴别信息、隐私数据和重要业务数据等进行完整性检测，并在检测到完整性错误时采取必要的恢复措施。

2）网关节点设备实现抗数据重放。

- 对存储的重要数据进行保护，避免非授权的访问。
- 对存储的数据进行完整性检测。
- 具备可靠的时间戳。
- 具备原发抗抵赖和接收抗抵赖的能力，能够证明感知终端已经发送过或接收过信息。

（4）数据融合处理

数据融合处理主要是在物联网的处理应用层由物联网应用系统完成。一般可以使用地址或数据类型等对数据进行标识之后，再进行数据融合处理。

15.3.2　园区安防物联网系统安全管理方案

物联网是由多个子系统组成的复杂系统，其运行和维护通常由不同的责任方负责开展，其安全要求包括但不限于：

1）物联网中的不同责任方应根据其职责，在物联网系统招标时，对物联网设备、系统和服务的采购部署做出规定，如规定设备、系统和服务提供方的资质要求和可信赖性等，提供系统文档的详细程度、供应链的安全要求等。

2）对于物联网系统运行维护中的相关参与人员，应提出人员资质、身份审核、可信证明、诚信承诺等要求，以确保其在物联网系统维护过程中的安全可信。

3）维护记录管理。应指定人员定期巡视感知节点设备、网关节点设备的部署环境，对可能影响感知节点设备、网关节点设备正常工作的环境异常进行记录和维护，形成感知节点设备和网关节点设备及其环境维护记录。

4）设备生命周期管理。应制定感知节点设备和网关节点设备安全管理文档，对感知节点设备、网关节点设备的入库、存储、部署、携带、维修、丢失和报废等过程做出明确规定，并进行全程管理。

5）保密性管理。应制定感知节点设备、网关节点设备部署环境的管理制度，加强对感知节点设备、网关节点设备部署环境的保密性管理，包括负责检查和维修的人员调离工作岗位应立即交还相关检查工具和检查维护记录等。

15.3.3　园区安防物联网系统安全产品部署

根据物联网安全架构设计，结合园区安防物联网系统现状进行安全产品部署，如图 15-3 所示。

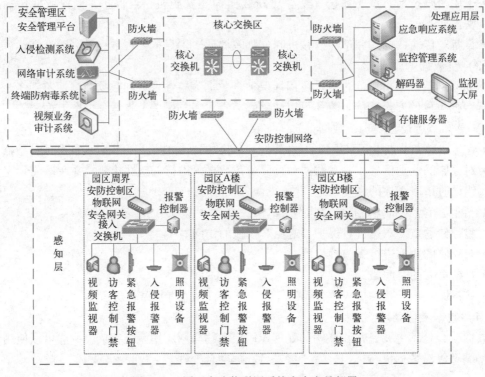

图 15-3　园区安防物联网系统安全产品部署

其中，安全产品部署说明见表 15-2。

表 15-2　园区安防物联网系统安全产品部署说明

序号	安全产品	部署位置	主要功能	满足要求
1	物联网安全网关	感知层	接入控制、入侵防范、确保感知节点设备安全、确保网关节点设备安全、抗数据重放	安全区域边界 安全计算环境
2	防火墙	各安全域边界	边界访问控制、基于应用协议的访问控制、边界访问安全审计	安全区域边界
3	安全管理平台	安全管理区	日志收集与存储、关联分析、实时安全监测、流量分析、告警和通报	安全管理中心
4	入侵检测系统	安全管理区	攻击检测、监测内部攻击行为	安全区域边界

（续）

序号	安全产品	部署位置	主 要 功 能	满足要求
5	网络审计系统	安全管理区	网络设备日志集中审计、集中存储、异常告警、日志报表	安全区域边界
6	终端防病毒系统	主机/服务器	病毒、木马、蠕虫检测与查杀	安全计算环境
7	视频业务审计系统	安全管理区	视频监视器设备安全、抗视频重放或覆盖攻击	安全计算环境

【本章小结】

本章以某园区安防物联网系统为例，详细介绍了物联网等级保护安全设计与实践的方法。首先以定级情况和现状分析为基础，对标等级保护 2.0 中的各项要求梳理出物联网的安全需求，并在明确安全需求的基础上，结合网络安全等级保护基本要求和物联网保护对象，设计了物联网安全防护架构，最后分析了物联网安全建设的重点内容，从安全技术和安全管理两方面介绍安全防护措施建设内容，并列出了对应的安全产品。

15.4　思考与练习

一、判断题

1. （　　） 物联网安全扩展要求是对整个物联网系统提出的特殊安全要求。

2. （　　） 由于物联网的网络传输层和处理应用层通常由计算机设备构成，因此这两部分需要单独作为一个定级对象进行保护。

3. （　　） 按照等级保护 2.0 物联网安全扩展要求三级的感知节点设备物理防护要求，关键网关节点设备应具有持久稳定的电力供应能力。

4. （　　） 为了防止物联网感知节点设备被物理破坏，应将所有感知节点设备部署在无法接触的位置。

5. （　　） 在网络安全等级保护 2.0 基本要求的物联网安全扩展要求中，三级系统相比二级系统，新增了对安全计算环境的要求。

二、选择题

1. 针对物联网感知节点设备的接入控制，一般可以在感知层区域边界采取下列（　　）安全措施。

A. 安全审计　　　　　B. 白名单　　　　　C. 传输加密　　　　　D. 黑名单

2. 以下（　　） 不是物联网安全扩展要求中的控制项。

A. 入侵防范　　　　B. 网关节点管理　　　C. 感知节点管理　　　D. 数据融合处理

3. 下列关于物联网安全物理环境说法错误的是（　　）。

A. 感知节点设备所处的物理环境应不对感知节点设备造成物理破坏，如挤压、强振动

B. 温湿度传感器不能安装在阳光直射区域

C. 视频监视器不能安装在对镜头有阻挡的区域

D. 感知节点设备应配备备用电源

4. 下列关于物联网抗数据重放说法错误的是（　　）。

A. 通过鉴别数据的新鲜性，可以避免历史数据的重放攻击

B. 通过鉴别历史数据的非法修改，可以避免数据的修改重放攻击

C. 如果网关节点设备具备原发抗抵赖和接收抗抵赖的能力，那么能够证明感知节点设

备已经发送过或接收过信息，从而避免历史数据的重放攻击

D. 在感知节点设备传输其采集的数据时，进行数据加密可以实现抗数据重放的功能

5. 在物联网感知节点管理中，下列说法正确的是（　　）。

A. 应不定期派人巡视感知节点设备、网关节点设备的部署环境，对可能影响感知节点设备、网关节点设备正常工作的环境异常进行记录和维护

B. 应对感知节点设备、网关节点设备的入库、存储、部署、携带、维修、丢失和报废等过程做出明确规定，并进行全程管理

C. 应加强对感知节点设备、网关节点设备部署环境的保密性管理，不包括负责检查和维修的人员调离工作岗位应立即交还相关检查工具与检查维护记录

D. 对于物联网系统运行维护中的相关参与人员，只需提出人员资质、身份审核即可确保其在物联网系统维护过程中的安全可信

三、简答题

1. 对物联网感知层安全物理环境的设计应至少包含哪几个方面的内容？

2. 等级保护 2.0 基本要求中对物联网定级的要求是什么？

3. 按照等级保护 2.0 的要求，物联网感知节点管理应制定哪些文件？形成哪些记录？

4. 针对物联网安全扩展要求中安全区域边界里的接入控制和入侵防范要求，可以通过哪些安全措施来实现？

5. 请简述物联网安全架构设计的思路。

第16章
企业生产工业控制系统等级保护

工业控制系统在工业部门和关键基础设施中已经广泛应用,如电力、燃气、自来水等,这些关键基础设施一旦被攻击,将会对城市或国家的正常运行造成严重影响,因此,工业控制系统的安全受到广泛关注,前面章节中也阐述过等级保护2.0对工业控制系统安全的要求。本方案以某企业生产工业控制系统为保护对象进行展开,从安全需求分析、安全架构设计、安全建设3方面入手,以案例实践的形式来说明对工业控制系统网络安全等级保护建设项目如何进行安全解决方案设计,以期让读者掌握工业控制系统网络安全建设重点。

16.1 企业生产工业控制系统安全需求分析

企业生产工业控制系统安全需求分析,需根据等级保护对象对应的保护等级进行。

16.1.1 企业生产工业控制系统定级情况

本方案中的企业生产工业控制系统包括集中控制系统、业务控制系统等。该工业控制系统用于原材料及其他辅料流程化加工,其特点为系统严格按照预先设计的流程顺序操作,分段完成对整套生产流程中各个工艺段现场机械设备的控制。本方案中的企业生产工业控制系统网络拓扑如图16-1所示。

企业生产工业控制系统网络可分为企业资源层、生产管理层、过程监控层、现场控制层、现场设备层。其中,企业资源层为企业决策层及员工提供决策运行手段,包括企业资源相关的财务、资产、人力等管理系统;生产管理层主要部署MES服务器等,用于产品生产过程管理的服务器和相关组件;过程监控层网络采用以太网,用于连接中控室终端设备、现场终端设备等工控机;现场控制层网络采用工业以太网,网络链路采用双链路,用于连接现场PLC、HMI等设备。

企业生产工业控制系统属于重要工业生产领域中重要业务系统的控制中枢,被定级为等级保护第三级。所以在安全体系设计上,要充分考虑已定级系统的安全技术措施和安全管理措施,并符合等级保护三级的相应政策和法规要求。

👤 : 课堂小知识

《信息安全技术 网络安全等级保护定级指南》(GB/T 22240—2020)明确了对工业控制系统的定级要求:

工业控制系统主要包括现场采集/执行、现场控制、过程控制和生产管理等特征要素。

其中，现场采集/执行、现场控制和过程控制等要素需作为一个整体对象定级，各要素不单独定级；生产管理要素宜单独定级。

对于大型的工业控制系统，可根据系统功能、责任主体、控制对象和生产厂商等因素划分为多个定级对象。

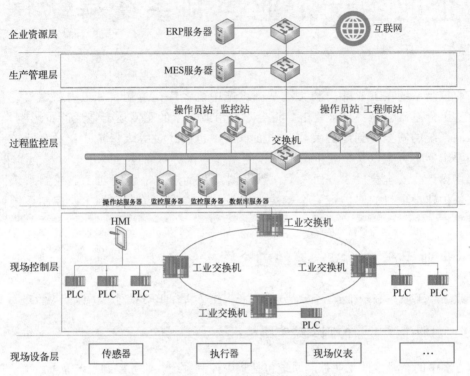

图 16-1 企业生产工业控制系统网络拓扑图

16.1.2 企业生产工业控制系统安全需求

企业生产工业控制系统中对信息安全的需求有如下几点。

（1）安全域划分需求

企业生产工业控制系统中不仅存在诸如 IP 地址冲突、网络故障、蠕虫等严重影响生产的问题，而且无论是集中控制系统还是业务控制系统，目前采用的 I/O 服务均通过双网卡及多网卡机制实现生产管理和工控网的通信，使 I/O 服务器可能成为打通不同网络的点，因此需要通过划分网络安全域来减少风险影响的范围。

（2）MES 系统与集中控制系统的网络隔离需求

生产管理层作为管理网与生产工业控制系统直接相连的部分，其中的 MES 服务器用来下发产品生产工单。一旦 MES 系统出现病毒、蠕虫，就可能会影响直接与其相连的集中控制系统，而集中控制系统的操作员站、工程师站又直接与 I/O 服务器及 PLC 通信，进而可能会影响产品加工机械设备运行状态的监测、参数的采集以及指令的下发。

（3）监控终端及服务器漏洞检查和防护需求

集中控制系统的操作员站和工程师站大多采用 Windows XP、Windows 7、Vista 等操作系统，服务器则以 Windows 2008 为主，且系统长期不更新，需要对系统的漏洞进行检测和管理。部分操作员站安装了防病毒软件却未及时更新，不能检测新病毒。同时需要限制员工随意使用 U 盘，避免病毒通过 U 盘传播。另外，各类操作员站的外设管理以及安装软件合规性等方面都需要进行安全防护。

（4）网络实时监测需求

企业生产工业控制系统包含较多工段，如材料预处理、材料加工、材料精细化处理等环节，发生故障或安全问题后需要运维人员能了解到各段操作员站与 PLC 之间的访问关系及相关信息，因此需要有效的技术手段对集中控制及业务控制的工控网络进行实时监测，以辅助故障定位和解决。

16.1.3　企业生产工业控制系统合规差距分析

依据《信息安全技术　网络安全等级保护基本要求》（GB/T 22239—2019），采取对照检查、风险评估等方法，分析并判断目前所采取的安全技术和管理措施与等级保护标准要求之间的差距，分析网络已发生的事件或事故，分析安全技术和安全管理方面存在的问题，形成安全技术建设和安全管理建设整改的需求。

👨‍🏫：课堂小知识

如果是新建项目，那么工业控制系统的安全设计可以完全依照《信息安全技术　网络安全等级保护基本要求》（GB/T 22239—2019）中对应等级的安全基线要求展开。

如果是改造项目，那么可根据合规差距分析报告结果，按照"查缺补漏"的原则，进行工业控制系统的安全设计。

《信息安全技术　网络安全等级保护基本要求》（GB/T 22239—2019）也通常被称作等级保护 2.0 基本要求。

16.2　企业生产工业控制系统安全架构设计

本方案中的企业生产工业控制系统的安全架构设计从安全技术架构和安全管理架构两方面展开。

16.2.1　企业生产工业控制系统安全技术架构设计

安全技术体系的设计目标是根据建设目标，将等级保护对象的安全需求分析中所要求实现的安全策略、安全技术体系结构、安全控制措施落实到产品功能或物理形态上，提出能够实现的产品或组件及其具体规范，并将产品功能特征整理成文档，使得在信息安全产品采购和安全控制开发阶段具备合理依据。工业控制系统安全技术架构如图 16-2所示。

考虑到工业控制系统在企业产品生产过程中的重要性，工业控制系统的网络安全设计应以保障业务功能安全为首要目标，所采取的一切安全措施（包括相应的安全设置和部署的安全产品）都不能影响工业控制系统自身的可靠性和功能安全。

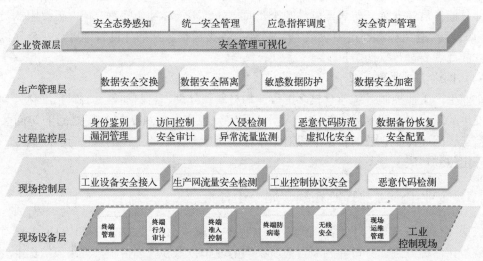

图 16-2　工业控制系统安全技术架构

16.2.2　企业生产工业控制系统安全管理架构设计

管理体系设计的目标是根据等级保护对象安全技术保障需要，提出与等级保护对象需求分析中管理部分相适应的安全实施内容，以保证在安全技术建设的同时，安全管理得以同步建设。

安全体系管理层面主要是依据《信息安全技术 网络安全等级保护基本要求》（GB/T 22239—2019）中的管理要求进行设计，分别从安全管理制度、安全管理机构、安全管理人员、安全建设管理、安全运维管理 5 个方面展开。

16.3　企业生产工业控制系统安全建设

本方案中的企业生产工业控制系统安全建设从安全技术、安全管理两个方面展开，满足合规和安全运营的相关要求。

16.3.1　企业生产工业控制系统安全技术方案

企业生产工业控制系统安全技术防护体系需要从下面几方面建设。

1. 安全域划分

安全域是指同一系统环境内有相同的安全保护需求，相互信任，并具有相同的安全访问控制策略和边界控制策略的子网或网络，且相同的网络安全域共享相同的安全策略。进行安全域划分可以帮助理顺网络和工业控制系统的架构，使得工业控制系统的逻辑结构更加清晰，从而更便于进行运行维护和各类安全防护的设计。

该企业生产工业控制系统的安全域包括生产管理域、过程监控域、现场控制域。其中，过程监控域包括业务服务器区、上位机区、工程师操作区；现场控制域根据各个工艺段划分为各自独立的区，包括控制 1 区、控制 2 区、控制 3 区。安全域划分情况见表 16-1。

表 16-1　安全域划分情况

序　号	所 在 层	安全域名称	子 域 名 称	包括的系统或资产
1	生产管理层	生产管理域	—	MES 服务器
2	过程监控层	过程监控域	业务服务器区	数据库服务器 监控服务器 Batch 服务器
			上位机区	操作员站
			工程师操作区	工程师站
3	现场控制层 现场设备层	现场控制域	控制 1 区	X 工艺段 PLC
			控制 2 区	X 工艺段 PLC
			控制 3 区	X 工艺段 PLC

2. 安全防护部署

在企业生产工业控制系统安全技术方案设计时，要基于"一个中心，三重防护"的思想，重点围绕物理环境安全、通信与网络安全、计算环境安全以及统一安全管理等方面展开，构建工业控制系统网络安全纵深防御、动态防御、主动防御的综合安全防御体系。该企业生产工业控制系统的安全防护部署如图 16-3 所示。

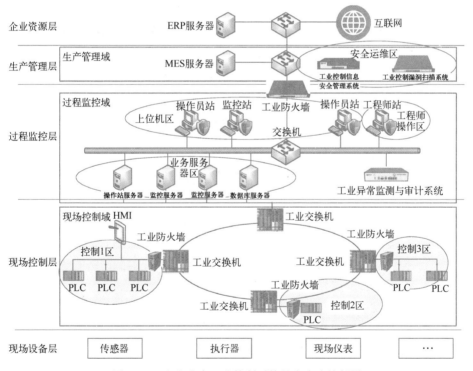

图 16-3　企业生产工业控制系统的安全防护部署

（1）物理环境安全

针对该企业的生产工业控制系统进行物理环境保护，确保工业控制系统的可用性，避免控制设备因宕机、线路短路、火灾、被盗等因素引发其他生产事故，从而影响生产运行。

该企业工业控制系统现场控制的 PLC、HMI、网络设备、安全防护设备等通常部署在生

227

产现场控制柜中，过程监控层的服务器、网络设备、安全防护设备等通常部署在标准机柜中。在进行该企业的生产工业控制系统的物理建设时，就需要对这些控制设备、服务器及其周边环境严格按照《信息安全技术 网络安全等级保护基本要求》（GB/T 22239—2019）中的安全物理环境相关要求进行安全建设。

（2）通信与网络防护

在该企业生产工业控制系统的生产管理层和过程监控层的网络边界处部署工业防火墙，防止过程监控层之上的其他层的安全风险向下渗透。

在该企业生产工业控制系统的现场控制层内部，根据不同的工艺单元划分为不同的安全区域：控制 1 区、控制 2 区、控制 3 区。在每个安全区域都部署工业防火墙，既能够有效隔离来自现场控制层以上的其他层的安全风险，同时也能够隔离现场控制层内其他安全区域的安全风险，阻止安全风险在内部扩散和蔓延。

在过程监控层的核心交换机旁路部署工业异常监测与审计系统，能够有效监测由外及内以及由内及外的各类网络入侵，实时监测各种网络异常流量和行为并报警。

1）工业防火墙。

工业防火墙由软件和硬件设备组合而成，能够在内部网与外部网之间、专用网与公共网之间的边界上构筑网络隔离保护屏障。

工业防火墙是工业网络边界安全建设的首选安全设备。部署工业防火墙可以有效划分VLAN，提供从边界、区域到终端的完整防护；可有效降低网络被入侵；有效防止安全威胁迁移扩散；可有效解决工业系统间因缺少隔离引起的安全问题，如因配置错误、硬件故障、病毒等引发的安全威胁。

工业防火墙与传统防火墙的区别在于：工业防火墙不仅需要具备传统防火墙的一些基本功能，而且还需要采取宽温、防尘、抗电磁、抗震设计，以及需要支持 OPC、Modbus_TCP/RTU、S7、EIP、DNP3、IEC104 等常用工业协议的深度过滤解析，工业网络流量学习，工业威胁检测，工业协议自定义等功能。

2）工业异常监测与审计系统。

工业异常监测与审计系统是专门针对工业控制网络的信息安全监测与审计平台，通常采用旁路部署模式，在实现对工业控制网络实时监控的同时对工业生产运行过程"零影响"。

工业异常监测与审计系统基于对工业控制协议（如 OPC、Modbus TCP、Siemens S7 等）的通信报文进行深度解析，能够实时监测工业指令操控行为，监测异常报文、工业控制漏洞攻击，监测工业控制协议入侵、以太网入侵等，还可针对工业控制网络的敏感指令执行行为进行实时的审计和记录，发现异常及时告警。

（3）计算环境安全

在该企业的生产工业控制系统的过程监控层、生产管理层，针对各类服务器、工作站安装工业控制主机防护系统，有效保障工业控制系统中各类主机的安全。

工业控制主机防护系统是专门针对操作员站、工程师站、应用服务器等工业主机开发的安全防护类产品。通过在工业控制主机上安装基于白名单技术的主机安全防护系统，能够防范恶意程序的运行、确保终端的网络连接安全可信、阻断病毒木马的扩散、规范外接输入设备的使用，保障终端的行为始终在受控信任范围内，实现对工业控制主机的全面安全防护，保障工作站、服务器的可用性、可靠性和可信性。

工业控制主机防护系统部署后能够确保只有安全可信的进程才可以运行，只有许可的进程才能进行许可的网络连接，只有允许的外接设备才允许接入使用，从而为工业控制企业构建可控、可靠、可管理的工业控制网络"白环境"，有效抵御针对工业控制系统的病毒、木马、恶意软件的攻击，保障工业控制系统内网及终端的安全运行。

（4）统一安全管理

在该企业的生产工业控制系统的生产管理层划分独立的安全运维区，并在该区部署工业控制漏洞扫描系统和工业控制信息安全管理系统，实现对安全漏洞、安全事件的统一安全管理。

1）工业控制漏洞扫描系统。

工业控制漏洞扫描系统是针对工业环境设计开发的脆弱性检测与漏洞扫描产品。

工业控制漏洞扫描系统是根据工业控制系统已知的安全漏洞特征（如 SCADA/HMI 软件漏洞，PLC、DCS 控制器嵌入式软件漏洞，Modbus、PROFIBUS 等主流现场总线漏洞、数字化设计制造平台漏洞等），对 SCADA、DCS、PLC 等工业控制系统中的控制设备、应用或系统进行扫描、识别，检测工业控制系统存在的漏洞并生成相应的报告，清晰定性安全风险，给出修复建议和预防措施，并对风险控制策略进行有效审核，从而在漏洞全面评估的基础上实现安全自主掌控。

2）工业控制信息安全管理系统。

工业控制信息安全管理系统是对企业工业控制网络进行整体安全监控与态势分析的上层管理平台。工业控制信息安全管理系统收集网内资产、流量、日志、设备运行状态等相关的安全数据，经过处理、存储、分析后形成安全态势及告警，辅助用户了解所管辖工业网络安全态势并能对告警进行协同处置。

工业控制信息安全管理系统可实现对安全事件的态势觉察、跟踪、预测和预警，全面、实时地掌握网络安全态势，及时感知网络安全威胁、风险和隐患，及时监测漏洞、病毒、木马、网络攻击情况，及时发现网络安全事件线索，及时预警并通报重大网络安全威胁，及时处置安全事件，有效防范和打击网络攻击等违法犯罪活动，达到实时态势感知、准确安全监测、及时应急处置等目标，提升企业等组织的风险发现能力和事件处置能力等。

16.3.2　企业生产工业控制系统安全管理方案

安全管理方案的设计，可结合定级系统自身的特点，并结合行业安全监管要求及相关标准，综合考虑和使用各类控制措施来构建可落地、可实施的信息安全管理体系，以达到等级保护 2.0 基本要求提出的安全保护能力。

本方案中针对该企业产品生产的安全管理方案的设计，依据第 9 章介绍过的安全管理四级文件架构模型，结合用户对于产品生产工业控制系统在历史运行和管理中总结出的一些问题及经验，编写形成详细的产品生产网络安全保障方针、产品生产网络安全管理制度、产品生产网络安全实施细则和流程，以及产品生产网络安全管理相关记录表单。依靠这些安全管理文件，并将这些文件予以有效执行，是安全管理体系形成的基础。

通过安全技术方案+安全管理方案相结合的方法，形成技管并重、协同防御的工业控制系统综合解决方案，在满足等级保护 2.0 合规要求的同时，也提高了工业控制系统网络和系统的安全性及健壮性，从而保障业务连续、稳定运行。

【本章小结】

本章以某企业生产工业控制系统为例，详细地介绍了工业控制系统网络安全等级保护解决方案的设计与建设实践的方法。首先以定级情况、安全需求、合规差距分析为基础，对标等级保护 2.0 中的各项要求梳理出企业生产工业控制系统整改的需求。在明确安全需求的基础上，结合网络安全等级保护基本要求和工业控制系统保护对象，设计了工业控制系统安全防护架构。最后分析了工业控制系统安全建设的重点内容，从安全技术和安全管理两方面介绍安全建设内容和工业控制系统安全产品。

16.4 思考与练习

一、判断题

1. （　　）工业控制系统通常作为重要生产控制系统的核心控制中枢。

2. （　　）工业控制系统在进行安全技术方案设计时，不需要考虑安全防护产品部署后对通信实时性的影响。

3. （　　）对于工业控制系统中的一些室外控制设备，需要格外注意环境因素给设备造成的影响，需要重点进行物理安全防护。

4. （　　）在进行工业控制系统网络安全等级保护方案设计时，要同时依照等级保护 2.0 基本要求的安全通用要求+工业控制系统安全扩展要求，二者相结合。

5. （　　）工业控制系统内部应根据业务特点划分为不同的安全域，安全域之间应采用技术隔离手段。

二、选择题

1. 常见的工业控制系统类型有（　　）。

A. SCADA 系统　　　　B. DCS 系统　　　　C. PLC 系统　　　　D. 都是

2. 工业控制系统在进行信息安全保障建设时，保障优先级最高的是（　　）。

A. 保密性　　　　　　B. 完整性　　　　　C. 可用性　　　　　D. 不可否认性

3. 针对定级为等级保护第三级的工业控制系统，应每隔（　　）开展一次等级测评。

A. 0.5 年　　　　　　B. 1 年　　　　　　C. 2 年　　　　　　D. 3 年

4. 在工业控制系统的工程师站和操作员站安装主机防护软件，使用（　　）技术固化工程师站和操作员站所能够运行的应用软件，恶意代码软件、违规软件无法在工程师站和操作员站运行，保护工程师站和操作员站不受恶意代码的破坏，能够安全稳定运行。

A. 白名单　　　　　　B. 黑名单　　　　　C. 灰名单　　　　　D. 都不是

5. 针对安全管理体系，应当按照四级文件的要求进行详细设计，以下（　　）属于第四级文件。

A. 方针策略　　　　　B. 制度与管理方法　　C. 实施细则与流程　　D. 记录表单

三、简答题

1. 常见的工业控制协议有哪些？

2. 工业控制系统的定级对象和范围是什么？

3. 工业控制系统与传统 IT 信息安全有哪些区别和联系？

4. 等级保护 2.0 中，工业控制系统安全技术体系建设的中心思想是什么？

5. 简述等级保护 2.0 中工业控制系统安全解决方案设计的整体思路和建设重点。

附录

附录 A　缩略语

缩　写	英 文 全 称	中 文 全 称
ACL	Access Control List	访问控制列表
AZ	Availability Zones	可用区
CA	Certificate Authority	认证中心
DAC	Discretionary Access Control	自主访问控制
DCS	Distributed Control System	分布式控制系统
DDoS	Distributed Denial of Service	分布式拒绝服务
DES	Data Encryption Standard	数据加密标准
DMZ	Demilitarized Zone	非军事化区
DoS	Denial of Service	拒绝服务
DSA	Digital Signature Algorithm	数字签名算法
ECC	Elliptic Curve Cryptography	椭圆曲线加密算法
ENISA	European Union Agency for Cybersecurity	欧盟网络安全局
FCS	FieldBus Control System	现场总线控制系统
FW	Fire Wall	防火墙
HIPS	Host IPS	基于主机的入侵防御
HMI	Human Machine Interface	人机接口
HTTP	Hypertext Transfer Protocol	超文本传输协议
HTTPS	Hypertext Transfer Protocol over Secure Socket Layer	安全套接字层超文本传输协议
IaaS	Infrastructure as a Service	基础设施即服务
IATF	Information Assurance Technical Framework	信息保障技术框架
IDS	Intrusion Detection System	入侵检测系统
IoT	Internet of Things	物联网
IPS	Intrusion Prevention System	入侵防御系统
MAC	Mandatory Access Control	强制访问控制
MC	Malicious code	恶意代码
MES	Manufacturing Execution System	制造执行系统
NAT	Network Address Translation	网络地址转换

（续）

缩　　写	英 文 全 称	中 文 全 称
OA	Office Automation	办公自动化
OBS	Object Storage Service	对象存储服务
OPC	OLE for Process Control	工业标准，用于过程控制的 OLE
PaaS	Platform as a Service	平台即服务
PKI	Public Key Infrastructure	公钥基础设施
PLC	Programmable Logic Controller	可编程逻辑控制器
QoS	Quality of Service	服务质量
RA	Registration Authority	证书注册机构
RBAC	Role-based Access Control	基于角色的访问控制
RDS	Relational Database Service	关系型数据库服务
RFID	Radio Frequency Identification	射频识别
SaaS	Software as a Service	软件即服务
SCADA	Supervisory Control and Data Acquisition	数据采集与监控系统
SHA	Secure Hash Algorithm	安全散列算法
SQL	Structured Query Language	结构化查询语言
SSL	Security Socket Layer	安全套接层
TLS	Transport Layer Security	传输层安全
VPC	Virtual Private Cloud	虚拟私有云
VPN	Virtual Private Network	虚拟专用网
WAF	Web Application Firewall	Web 应用防火墙
UPS	Uninterruptible Power Supply	不间断电源
APT	Advanced Persistent Threat	高级持续性威胁
UTM	Unified Threat Management	统一威胁管理
OSI	Open System Interconnection	开放系统互联
SNMP	Simple Network Management Protocol	简单网络管理协议
NTA	Network Traffic Analysis	网络流量分析
NDR	Network Detection and Response	网络检测响应
HIDS	Host-based Intrusion Detection System	基于主机的入侵检测系统
NIDS	Network Intrusion Detection System	基于网络的入侵检测系统
IDP	Intrusion Detection Prevention	入侵防御系统
NTP	Network Time Protocol	网络时间协议
DLP	Data Leakage / Loss Prevention	数据防泄密系统
ISMS	Information Security Management System	信息安全管理体系
SDK	Software Development Kit	软件开发工具包
GPS	Global Positioning System	全球定位系统
ICS	Industrial Control System	工业控制系统
RTU	Remote Terminal Unit	远程终端
ERP	Enterprise Resource Planning	企业资源计划

附录 B 思考与练习答案

第 1 章

一、填空题

1.《中华人民共和国计算机信息系统安全保护条例》　安全等级保护
2. 分等级保护　　分等级监管　　按等级管理　　分等级响应、处置
3. 基本国策　　基本制度
4. 统一指导　　分等级
5. 建设整改　　等级测评

二、判断题

1. 错误　　2. 错误　　3. 正确　　4. 正确　　5. 正确

三、选择题

1. D　　2. A　　3. C　　4. B　　5. B

四、简答题

1. 什么是等级保护？

网络安全等级保护是指对网络（含信息系统、数据）实施分等级保护、分等级监管，对网络中使用的网络安全产品实行按等级管理，对网络中发生的安全事件分等级响应、处置。该定义中的"网络"是指由计算机或者其他信息终端及相关设备组成的按照一定规则和程序对信息进行收集、存储、传输、交换、处理的系统，包括网络设施、信息系统、数据资源等。

2. 国家为什么要实施等级保护制度？

开展等级保护的缘由可概括为以下几点：

1）网络安全形势所迫，国情所需。
2）等级保护制度在网络安全保障中的基础性地位。
3）网络安全等级保护是解决我国网络安全问题的有效方法。

3. 确立等级保护制度的意义有哪些？

1）网络安全等级保护制度是网络安全工作的基本制度。《网络安全法》明确规定"国家实行网络安全等级保护制度"，将网络安全等级保护制度法制化，在法律层面明确了网络安全等级保护的地位。

2）网络安全等级保护工作是在国家政策的统一指导下，依据国家制定的网络安全等级保护管理规范和技术标准，组织公民、法人和其他组织对网络及信息系统分等级实行安全保护。

3）网络安全等级保护制度在国家网络安全战略规划目标和总体安全策略的统一指导下，以体系化思路逐层展开、分步实施，健全完善等级保护制度体系。

4. 如何理解网络安全等级保护？

1）网络安全等级保护制度法制化。网络安全等级保护制度是党中央、国务院在网络安全领域实施的基本国策，是网络安全工作的基本制度，《网络安全法》的发布将网络安全等级保护制度法制化，在法律层面明确了网络安全等级保护的地位。

2）网络安全等级保护的对象涵盖了大型互联网企业、民营企业和政府部门等各行业的

网络基础设施、云计算平台、大数据平台、物联网、工业控制系统、采用移动互联技术的系统等。开展网络安全等级保护工作包括 5 个规定动作，即定级、备案、建设整改、等级测评和监督检查。

3）网络安全等级保护制度在国家网络安全战略规划目标和总体安全策略的统一指导下，以体系化思路逐层展开、分步实施，以健全完善等级保护制度体系。

5. 开展等级保护工作的意义有哪些？

开展网络安全等级保护工作有着重要的意义，可从国家、网络运营者和网络安全服务机构几个层面进行分析：

国家层面，《网络安全法》明确了网络安全等级保护制度的法律地位；网络运营者层面，相关法律法规和标准要求网络运营者落实网络安全等级保护制度，是其应尽的责任和义务；网络安全服务机构层面，网络安全服务机构落实等级保护制度可确保其在 IT 产品、网络安全产品和安全服务中落实国家要求，积极适应新形势、新任务，推动可信技术、全网态势感知、安全管控等新型安全技术的发展，提升其在行业内的竞争力，更好地服务网络安全行业。

第 2 章

一、填空题

1.《网络安全法》

2. 责令改正　　给予警告　　一万元以上十万元以下　　五千元以上五万元以下

3.《信息安全技术 网络安全等级保护基本要求》（GB/T 22239—2019）　　《信息安全技术 网络安全等级保护测评要求》（GB/T 28448—2019）　　《信息安全技术 网络安全等级保护安全设计技术要求》（GB/T 25070—2019）

4. 安全通用要求　　安全扩展要求

5. 优　　良　　中　　差

二、选择题

1. A　　2. A　　3. C　　4. B　　5. C

三、简答题

1. 网络安全等级保护上位标准文件及核心标准有哪些？

网络安全等级保护工作的开展主要依据国家的系列标准，涉及的上位标准文件及核心标准有：

1）《网络安全等级保护条例》（征求意见稿）

2）《计算机信息系统 安全保护等级划分准则》（GB 17859—1999）

3）《信息安全技术 网络安全等级保护定级指南》（GB/T 22240—2020）。

4）《信息安全技术 网络安全等级保护实施指南》（GB/T 25058—2019）。

5）《信息安全技术 网络安全等级保护基本要求》（GB/T 22239—2019）。

6）《信息安全技术 网络安全等级保护安全设计技术要求》（GB/T 25070—2019）。

7）《信息安全技术 网络安全等级保护测评要求》（GB/T 28448—2019）。

8）《信息安全技术 网络安全等级保护测评过程指南》（GB/T 28449—2018）。

2. 等级保护在 1.0 时代和 2.0 时代，安全类有什么变化？

等级保护 1.0 时代的安全防护体系以"层层防护"为核心，进入等级保护 2.0 时代，网络安全防护架构更侧重于网络整体防护。安全类的变化如下：

序　号	安 全 分 类	等级保护 1.0 时代	等级保护 2.0 时代
1	安全技术	物理安全	安全物理环境
2		网络安全	安全通信网络
3			安全区域边界
4		主机安全	安全计算环境
5		应用安全	
		数据安全	
		—	安全管理中心
6	安全管理	安全管理制度	安全管理制度
7		安全管理机构	安全管理机构
8		人员安全管理	安全管理人员
9		系统建设管理	安全建设管理
10		系统运维管理	安全运维管理

3. 相比等级保护 2.0，等级保护 2.0 主要的变化有哪些？

相比等级保护 1.0，等级保护 2.0 主要的变化有名称变化、保护对象变化、基本要求变化、结构变化、控制点变化、等级测评结论变化、定级及测评方式变化。

4. 等级保护 2.0 的特点有哪些？

等级保护系列标准的修订，使得等级保护发生了变化并呈现出一些新的特点，包括两个全覆盖、结构统一、强化可信计算这 3 个部分。

5. 等级保护 2.0 和 1.0 在等级测评结论判定上有什么不同？

相比等级保护 1.0 时代，等级保护 2.0 在网络安全等级保护等级测评结论方面发生了变化，等级保护测评结论由"符合、部分符合、不符合"变为"优、良、中、差"。当等级保护对象存在高风险或等级测评综合得分低于 70 分时，可判定等级保护对象安全防护能力无法满足网络安全等级保护基本要求。

第 3 章

一、填空题

1. 定级　备案　建设整改　等级测评
2. 业务信息安全　系统服务安全
3. 10　当地县级以上
4. 文档审查　配置检查
5. 测评准备活动　方案编制活动

二、选择题

1. C　2. B　3. C　4. D　5. B

三、简答题

1. 简要阐述网络安全等级保护的工作流程。

网络安全等级保护工作包括 5 项规定动作：定级、备案、建设整改、等级测评、监督检查。

2. 简要概述网络安全等级保护对象的安全保护等级确定方法。

等级对象最终等级是业务信息安全等级和系统服务安全等级的较高者，具体包括以下步骤：

1）确定定级对象。

2）确定业务信息安全受到破坏时所侵害的客体。

3）根据不同的受侵害客体，从多个方面综合评定业务信息安全受到破坏时对客体的侵害程度。

4）得到业务信息安全等级。

5）确定系统服务安全受到破坏时所侵害的客体。

6）根据不同的受侵害客体，从多个方面综合评定系统服务安全受到破坏时对客体的侵害程度。

7）得到系统服务安全等级。

8）由业务信息安全等级和系统服务安全等级的较高者确定定级对象的安全保护等级。

3. 简要阐述网络安全等级保护工作的备案流程。

网络安全等级保护备案的工作流程如下：

1）网络和信息系统运营、使用单位根据备案工作要求，将《信息系统安全等级保护备案表》《信息系统安全等级保护定级报告》及要求的配套材料提前准备好，提交至属地公安机关网安部门审核。

2）公安机关受理本辖区备案单位的等级保护备案，受理备案单位提交的备案材料。

3）公安机关接收到备案材料后，对备案材料进行审核。

4. 网络安全等级保护建设整改的原则是什么？

网络安全等级保护的核心是对网络和信息系统分等级及按标准进行建设、管理和监督，在《信息安全技术 网络安全等级保护实施指南》（GB/T 25058—2019）中明确等级保护实施的基本原则：自主保护原则、重点保护原则、同步建设原则和动态调整原则。

5. 概述开展安全建设整改工作时的主要工作流程。

网络安全等级保护建设整改共包括5部分内容，具体情况如下：

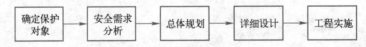
确定保护对象 → 安全需求分析 → 总体规划 → 详细设计 → 工程实施

第4章

一、判断题

1. 错误　　2. 错误　　3. 错误　　4. 正确　　5. 错误

二、选择题

1. D　　2. C　　3. C　　4. B　　5. D

三、简答题

1. 简要阐述机房物理位置选择时需注意什么。

在机房物理位置选择时，应选择在具有防震、防风和防雨等能力的建筑内；机房选址时应避开容易渗水或漏水的区域，不宜设在用水设备的周围，避免选择建筑物顶楼、地下室，以及四面角落易漏雨、渗水和易遭雷击的厂房内或大楼内；当机房设立在建筑物顶层、地下室以及用水设备的下层或隔壁时，要格外加强防水和防潮措施。

2. 按照网络安全等级保护的要求，物理机房安全包括哪些安全控制点？

安全物理环境主要针对主机房、辅助机房和异地备份机房等在建设和运行过程中需满足的安全要求，包括物理位置选择、物理访问控制、防盗窃和防破坏、防雷击、防火、防水和防潮、防静电、温湿度控制、电力供应和电磁防护共 10 个控制点。

3. 物理机房防盗窃和防破坏的措施有哪些？

物理机房建设时，需对重要设备和存储介质采用严格的防盗窃和防破坏措施，具体措施有机房设备固定、机房通信线缆隐蔽铺设和安装视频监控系统等。

4. 机房物理环境温湿度如何有效控制？

机房应配备温湿度自动调节设施（即空调系统），以保证机房各个区域的温湿度处于设备运行、人员活动和其他辅助设备运行所允许的范围之内。机房建设时，可采用机房专用的柜式精密空调将温湿度控制在 A、B 类机房要求的温湿度范围内，即机房环境温度建议保持在 22~25℃，环境湿度建议保持在 40%~55%。

5. 如何理解机房电磁防护？

电磁屏蔽是避免电磁辐射产生数据泄露和保护设备免受电磁干扰影响的有效方法。电磁屏蔽采取阻断电磁信息泄露的方式进行防护，并在设备与外部区域之间使用导电的屏蔽材料进行隔离。为防止电磁辐射对机房内的设备、设施、线缆产生干扰和损害，电源线和通信线缆应隔离铺设，以避免互相干扰，对关键设备或关键区域实施电磁屏蔽。

第 5 章

一、判断题

1. 正确   2. 正确   3. 正确   4. 错误   5. 正确

二、选择题

1. B   2. B   3. B   4. D   5. A

三、简答题

1. 简要阐述网络结构设计时需注意什么。

网络结构的设计需考虑下列几方面要素：

1）网络冗余。冗余设计包括链路冗余设计和设备冗余设计。

2）网络性能。可通过网络带宽、流量控制和负载均衡等技术提高网络性能。

3）网络架构安全。网络架构安全性设计的内容包括：划分网络安全区域；划分安全域，将功能（应用）相近的设备群组划分到同一 VLAN，不同部门的设备划分到不同 VLAN 中，并合理规划 IP 地址；通过 ACL（访问控制列表）控制 VLAN 之间的流量。

2. 网络安全等级保护中的安全通信网络包括哪些安全控制点？

安全通信网络可保障等级保护对象关联的整个网络架构及网络设备的安全，通信网络安全是保障网络安全的重中之重，包括网络架构、通信传输和可信验证 3 个控制点。

3. 简要概述网络安全域的划分方法。

划分网络安全域，在网络区域边界部署安全网关或防火墙设备，并在区域内部署配套的安全防护措施，基于三层网络（核心层、汇聚层和接入层）设计模型，从网络纵向划分的角度将网络安全域划分为 5 个区域：核心域、接入域、服务域、终端域和交换域。

4. 如何理解通信传输方面的安全要求？

为避免数据在通信过程中被非法截获、非法篡改等破坏数据可用性风险的发生，保证远程安全接入，以及保证通信过程中数据的安全，要求数据在通信过程中采用密码技术来保证数据的完整性、保密性。

5. 如何定义公钥密码体制？

非对称密码体制，也称为公开密钥密码体制（公钥密码体制），是在加密和解密过程中使用不同密钥的加密算法。

公钥密码体制中包括两个密钥，两个密钥可以任意公开一个，可公开的密钥称为公钥，另一个不公开的称为私钥。

第 6 章

一、判断题

1. 错误　　2. 错误　　3. 错误　　4. 正确　　5. 正确

二、选择题

1. B　　2. C　　3. D　　4. D　　5. C

三、简答题

1. 简要阐述安全区域边界防护需关注哪些安全控制点。

在网络安全等级保护中，安全区域边界防护需关注的安全控制点有边界防护、访问控制、入侵防范、恶意代码和垃圾邮件防范、安全审计和可信验证。

2. 简述入侵检测系统与入侵防御系统的区别。

入侵检测系统（IDS）只能被动地检测攻击，而无法将变化莫测的威胁阻止在网络之外。入侵防御系统（IPS）是一种智能化的入侵检测和防御产品，它不但能检测入侵的发生，而且能通过一定的响应方式实时地阻断入侵行为的发生和发展，实时保护网络和信息系统免遭攻击。IPS 在某个层面上可以被看作是增加了主动拦截功能的 IDS，以在线方式接入网络时就是一台 IPS 设备，而以旁路方式接入网络时就是一台 IDS 设备。

3. 防火墙有哪些安全防护用途？

防火墙是部署在不同网络或不同安全域之间的网络安全防护设备，常用于网络或安全域之间的安全访问控制，以保证网络内部数据流的合法性，防止外部网络用户以非法手段进入内部网络，从而访问内部网络资源。防火墙可对常见的网络攻击（如拒绝服务攻击、端口扫描、IP 欺骗等）进行有效保护，并提供 NAT 地址转换、流量限制、IP/MAC 绑定、用户认证等安全增强措施。

4. 如何理解网络安全审计？

网络区域边界安全审计重点关注的是网络边界、重要节点（安全设备、核心设备、汇聚层设备等）的网络用户行为和安全事件的审计。可在网络中旁路部署网络审计系统，主要用于监视并记录网络中的各类操作，侦查系统中存在的现有和潜在威胁，分析网络中发生的安全事件，包含各种外部事件和内部事件。

5. 简要概述边界安全防护通常需要哪些安全防护设备？分别部署在什么地方。

网络安全建设时，基于网络边界安全防护策略，需在网络中部署边界安全防护设备。例如，防火墙部署在不同网络或不同安全域之间；在安全管理中心区域部署非法接入检查系统，对破坏网络边界的行为进行检测、定位、阻断、控制，并进行告警提示；在互联网出口边界处部署异常流量监测系统，对网络流量进行监测和过滤；在业务服务区与数据库区边界出口处部署 IPS，实现对定级系统的实时入侵防护；在互联网边界防火墙设备之后部署防毒墙，对夹杂在网络交换数据中的各类网络病毒进行过滤。

第7章

一、判断题

1. 错误　　2. 错误　　3. 错误　　4. 错误　　5. 错误

二、选择题

1. D　　2. D　　3. B　　4. A　　5. D

三、简答题

1. 简要阐述安全计算环境防护需关注哪些安全控制点。

安全计算环境涉及的控制点有身份鉴别、访问控制、安全审计、入侵防范、恶意代码防范、可信验证、数据完整性、数据保密性、数据备份恢复、剩余信息保护和个人信息保护。

2. 简述安全计算环境保护的对象有哪些。

计算环境安全是整个等级保护对象安全的基础，包括网络设备、安全设备、服务器（操作系统、数据库）、业务应用软件、系统管理软件、数据和终端。

3. 操作系统在身份鉴别方面需满足哪些要求？

操作系统在身份鉴别方面需满足的要求有：

1）应对登录的用户进行身份标识和鉴别，身份标识具有唯一性，身份鉴别信息具有复杂度要求并定期更换。

2）应具有登录失败处理功能，应配置并启用结束会话、限制非法登录次数和当登录连接超时自动退出等相关措施。

3）当进行远程管理时，应采取必要措施防止鉴别信息在网络传输过程中被窃听。

4）应采用口令、密码技术、生物技术等中的两种或两种以上组合的鉴别技术对用户进行身份鉴别，且其中一种鉴别技术至少应使用密码技术来实现。

4. 如何理解安全计算环境安全审计？

安全计算环境的安全审计主要针对服务器操作系统、数据库和应用组件、安全设备、交换机等设备自身操作日志。网络安全建设时应关注两部分内容：

1）设备安全加固，在设备层面开启安全审计策略。

2）日志审计，对设备自身操作日志进行收集、分析。

5. 简要概述身份鉴别如何进行安全实践。

网络安全建设时，针对管理用户访问的身份鉴别主要通过堡垒机（安全运维网关）实现，将各类设备、应用系统的管理接口，通过强制策略路由的方式转发至堡垒机，从而完成反向代理的部署模式，实现对管理用户的身份鉴别。网络安全等级保护建设时包括下列几个步骤：

1）管理者通过 VPN 登录到专用运维终端（如果使用专用管理区的运维终端，则无此步骤）。

2）通过运维终端以双因素认证的方式登录到堡垒机（安全运维网关），常见的认证方式有静态口令、一次性口令和生物特征等。实际建设中，建议采用基于静态口令+数字证书（采用密码技术的动态令牌或 UKey）的双因素认证方式。

3）通过权限限制的方式，授权管理员登录到服务器、网络安全设备或业务应用系统。

4）对于数据库，不建议通过远程直接连接，数据管理员通过认证登录到服务器（操作系统）后，再从服务器本地对数据库进行运维管理。

5）对于网络安全设备、操作系统、数据库和业务系统（或系统管理软件）自身而言，应在本地进行安全基线加固。

第8章

一、填空题
1. 审计记录
2. 安全管理中心
3. 资源　　运行
4. 6
5. 统一监控管理　　安全监测

二、选择题
1. A　　2. C　　3. B　　4. D　　5. D

三、简答题

1. 什么是安全管理中心？

安全管理中心是构建网络安全"一个中心，三重防护"纵深防御体系核心的一环，主要面向等级保护对象全网信息处理设施的集中化管理。安全管理中心是对定级系统的安全策略及安全计算环境、安全区域边界、安全通信网络的安全机制实施统一管理的平台或区域，是网络安全等级保护对象安全防御体系的重要组成部分。

2. 简要概述网络安全等级保护安全管理中心包括哪些安全控制点。

安全管理中心涉及系统管理、审计管理、安全管理和集中管控4个方面。

3. 网络安全等级保护安全管理中心的集中管控方面，主要包括了哪些方面的要求？

1）应划分出特定的管理区域，对分布在网络中的安全设备或安全组件进行管控。

2）应能够建立一条安全的信息传输路径，对网络中的安全设备或安全组件进行管理。

3）应对网络链路、安全设备、网络设备和服务器等的运行状况进行集中监测。

4）应对分散在各个设备上的审计数据进行收集汇总和集中分析，并保证审计记录的留存时间符合法律法规要求。

5）应对安全策略、恶意代码、补丁升级等安全相关事项进行集中管理。

6）应能对网络中发生的各类安全事件进行识别、报警和分析。

4. 网络安全等级保护安全管理中心的集中管控方面，如何实现日志的统一收集分析？

在网络安全建设时，在安全管理中心部署日志集中收集分析平台，通过日志采集器对全网各类设备的日志进行采集，并对日志进行分析，实现全网日志的统一收集、过滤、存储、管理、分析和报表生成等功能。

5. 网络安全集中管理时，保证管理链路安全的方式有哪些？

网络安全建设时，对于同一数据中心内的设备，采用B/S架构的，通过HTTPS进行远程管理；对于C/S架构的，通过SSL协议进行加密；对于服务器、网络安全类设备，通过SSH协议进行远程管理；对于不支持上述加密协议的设备，仅允许其通过安全运维管理平台进行管理。此外，管理分支、外联机构、分公司等的设备时，无论是通过互联网还是专线进行管理，都应先通过IPSec、SSL VPN建立一条安全的路径，保证数据管理时的安全传输。

第 9 章

一、填空题

1. 安全管理机构　　安全管理人员　　安全建设管理

2. 系统管理员　　审计管理员　　安全管理员

3. 制定和发布　　评审和修订

4. 书面申请

5. 单位主管领导

二、选择题

1. D　　2. C　　3. C　　4. D　　5. C

三、简答题

1. 简要阐述对网络安全等级保护的安全管理制度如何进行管理。

安全管理制度是指导组织（机构）做好网络安全工作的基本依据，包括网络安全工作的总体方针、策略、规范，各种安全管理活动的管理制度以及管理人员或操作人员日常操作的操作规程。网络安全等级保护基本要求安全管理制度主要包括安全策略、管理制度、制定和发布以及评审和修订共 4 个控制点。

2. 系统建设完成后，如何进行测试验收？

系统建设完成后，制定测试验收方案，并根据测试方案执行，输出测试验收报告。在系统交付使用之前，对系统进行安全性测试，获取上线前的安全测试验收报告。

3. 按照等级保护的建设流程，系统在建设前，首先需进行定级备案，定级备案包括哪些要求？

1）应以书面的形式说明保护对象的安全保护等级及确定等级的方法和理由。

2）应组织相关部门和有关安全技术专家对定级结果的合理性和正确性进行论证与审定。

3）应保证定级结果经过相关部门的批准。

4）应将备案材料报主管部门和相应公安机关备案。

4. 在密码管理方面，等级保护提出了哪些要求？

密码管理方面，制定密码使用管理制度，要求系统使用的密码产品符合国家和行业的相关标准，且有国家密码主管部门核发的相关型号证书。

5. 简要概述安全管理体系如何设计。

安全管理体系的建设可分为现状调研、体系建设及架构设计 3 个阶段。安全管理体系自上而下分为信息安全方针、安全策略、安全管理制度、安全技术规范、操作流程及记录表单，覆盖物理、网络、主机系统、数据、应用、建设和运维等管理内容，并对管理人员或操作人员执行的日常管理操作建立操作规程。

第 10 章

一、填空题

1. 按需自助　　泛在接入　　资源池化　　快速弹性　　可度量的服务

2. 云计算　　通用要求

3. IaaS、PaaS、SaaS　　私有云　　公有云　　社区云　　混合云

4. 宿主机　　　虚拟机

5. 安全网络域　　　安全计算域

二、判断题

1. 错误　　2. 错误　　3. 错误　　4. 正确　　5. 正确

三、简答题

1. 什么是云计算？

我国在《信息安全技术 云计算服务安全指南》（GB/T 31167—2014）中给出了云计算的定义："通过网络访问可扩展的、灵活的物理或虚拟共享资源池，并按需自助获取和管理资源的模式"。

2. 云计算面临的安全威胁有哪些？

云计算带来的安全威胁大致可以分为 3 类。

1）传统安全产品无法有效应对云计算环境中的网络结构和协议。

2）云计算环境对传统安全产品的性能具有很大的挑战，当前安全产品的性能落后于网络设备。

3）云计算带来了新安全需求，比如如何应对新的攻击方式、虚拟机逃逸等。

3. 网络安全等级保护中，云计算安全扩展要求中包括哪些控制点？

基于云计算的特性，在网络安全等级保护通用要求的基础上进行了扩展，形成了云计算安全扩展要求。云计算安全扩展要求在安全物理环境、安全通信网络、安全区域边界、安全计算环境、安全管理中心、安全建设管理和安全运维管理共 7 个安全类进行了扩展。

4. 云计算环境中的虚拟网络边界有哪几类？如何进行安全防护？

虚拟网络中的边界可分为以下几类：不同云服务客户的虚拟网络之间的边界；同一云服务客户虚拟网络下，不同虚拟子网之间的边界；云服务客户虚拟网络与外网之间的边界。防护策略：在虚拟网络边界配置恰当的访问控制策略，可有效避免非法访问、越权访问。

5. 如何保证云服务客户退出云服务后，虚拟资源能够彻底清除？

当用户退出云服务时，用户释放内存和存储空间后，云服务商需要保证安全地删除用户的数据，包括备份数据和运行过程中产生的客户相关的数据，进行介质清理。对于不可清理的介质，应物理销毁，保障客户数据的隐私安全，避免发生数据残留。数据销毁时，可以采用覆盖、消磁、物理破坏等方法实现剩余信息保护。

第 11 章

一、填空题

1. 3　　感知层　　网络传输层　　处理应用层

2. RFID 系统　　传感网络

3. 安全物理环境　　安全区域边界　　安全计算环境　　安全运维管理

4. 终端感知节点　　网关感知节点　　传感网

5. 物联网 3 层架构中的感知层

二、判断题

1. 错误　　2. 正确　　3. 错误　　4. 错误　　5. 正确

三、简答题

1. 什么是物联网？

在《信息安全技术 网络安全等级保护基本要求》（GB/T 22239—2019）中，对物联网的定义为"将感知节点设备通过互联网等网络连接起来构成的系统"。这个定义中有两个很重要的元素：其一是感知节点，指的是对物或环境进行信息采集或执行操作，并能联网进行通信的装置；其二是能够通过互联网等网络进行连接。

2. 物联网存在哪些安全风险？

物联网面临的主要风险有以下几种：①资产不清带来的安全风险；②终端设备非法替换带来的安全风险；③终端设备自身的安全风险；④终端系统难以升级带来的安全风险；⑤物联网平台自身的安全风险；⑥网络互联带来的安全风险。

3. 网络安全等级保护中，物联网安全扩展要求包括哪些安全类？

物联网安全扩展要求总体分为技术要求和管理要求。其中，技术要求主要分为安全物理环境、安全区域边界、安全计算环境；管理要求主要是安全运维管理，围绕感知节点管理展开。

4. 讲讲你对等级保护 2.0 物联网安全扩展要求条款"接入控制，应保证只有授权的感知节点可以接入"的理解。

这项条款主要针对的是未授权的感知节点接入可能引发的安全风险，可以在边界或感知层网络通过白名单或安全准入控制和身份鉴别机制来降低安全风险。

5. 物联网感知节点管理有哪些要求？

在物联网感知节点管理中，从感知节点设备和网关节点设备的部署环境定期巡视、部署环境保密性管理、设备全程管理 3 个方面提出了要求。

第 12 章

一、填空题

1. 5　　企业资源层　　现场控制层　　现场设备层
2. 分布式控制系统　　可编程逻辑控制器
3. 安全物理环境　　安全通信网络　　安全区域边界　　安全计算环境　　安全建设管理
4. 单向
5. 安全通用要求–安全计算环境的技术要求

二、判断题

1. 错误　　2. 错误　　3. 正确　　4. 错误　　5. 正确

三、简答题

1. 什么是工业控制系统？

工业控制系统是由各种自动化控制组件以及对实时数据进行采集、监测的过程控制组件共同构成的确保工业基础设施自动化运行、过程控制与监控的业务流程管控系统。

2. 工业控制系统存在哪些安全威胁？

工业控制系统的网络安全威胁主要表现在下列几个方面：①敌对因素；②偶然因素；③系统结构因素；④环境因素。

3. 网络安全等级保护中，工业控制系统安全扩展要求中包括哪些控制点？

工业控制系统安全扩展要求中的控制点包括室外控制设备物理防护、网络架构、通信传输、访问控制、拨号使用控制、无线使用控制、控制设备安全、产品采购和使用、外包软件开发。

4. 讲讲你对等级保护 2.0 工业控制系统安全扩展要求条款"网络架构-a) 工业控制系统与企业其他系统之间应划分为两个区域，区域间应采用单向的技术隔离手段"中"单向安全隔离"的理解。

工业控制系统要与其他系统之间进行安全有效的隔离（如生产控制区与管理信息区之间的隔离），应采用单向技术隔离手段。这里的单向技术隔离不局限于物理层单向（如单向光闸），应用层单向亦可满足此要求（如防火墙）。

5. 工业控制系统安全防护产品的采购和使用要遵循哪些要求？

工业控制系统的重要设备及专用信息安全产品的采购和使用必须通过专业机构的安全性检测，如通过公安部认证中心、保密局测评中心、国家密码管理局商用密码检测中心、中国人民解放军测评中心等的检测。

第 13 章

一、填空题

1. 系统定级备案　　安全规划设计　　建设实施
2. 系统安全保护等级　　定级备案
3. 不符合　　不适用
4. 综合得分　　被测对象面临的风险等级
5. 安全问题　　风险隐患

二、判断题

1. 正确　　2. 错误　　3. 错误　　4. 正确　　5. 错误

三、简答题

1. 简要概述校园门户网站如何确定安全防护等级。

首先确定定级对象为校园门户网站，根据校园门户网站业务信息安全等级和系统服务安全等级，综合确定门户网站安全等级。

2. 网络和信息系统安全需求分析如何确定？

系统完成定级备案后，需根据其安全防护等级进行安全设计，系统安全需求分析可从两个维度进行：网络安全等级保护基本要求安全级别防护需求、网络和信息系统可能面临的威胁及风险。

3. 以校园门户网站为例，说明网络安全等级保护定级流程。

校园门户网站安全包括业务信息安全和系统服务安全两方面。业务信息可能包括校内通知、校务公开信息。业务信息受到破坏后，会侵害学校、学校工作人员和学生的合法权益，对部分师生造成严重损害，从而确定业务信息安全为第二级。系统服务为公众、学校工作人员、学生提供通知和消息公告。系统服务受到侵害时，会对学校的公信力、社会形象造成严重损害，也可能对社会秩序造成不良影响，导致一般损害，故可确定系统服务安全等级为第二级。综合业务信息安全和系统服务安全等级较高者可确定该校园门户网站安全防护等级为第二级。确定学校门户网站安全防护等级为第二级后，需形成定级报告，并报主管部门审核。

4. 某门户网站系统定级为二级，那么在安全区域边界方面有哪些安全需求？

第二级门户网站系统在安全区域边界方面需采取的安全防护措施有：

1）物理设备端口级访问控制。

2）边界访问控制策略、规则配置。

3）关键网络节点网络攻击行为检测、防止或限制。

4）防御网络恶意代码。

5）网络行为和安全事件审计。

5. 简要概述网络安全等级保护等级测评结论的判定方法？

等级测评结论由综合得分和被测对象面临的风险等级综合决定。等级测评综合得分依据综合得分计算公式给出。网络安全等级保护等级测评结论的判定是定性加定量的综合评价。

等级测评结论判定方法：

1）等级测评结论为优，当满足下列情形时：

被测等级保护对象无中高风险，得分大于或等于 90 分时。

2）等级测评结论为良，当满足下列情形时：

被测等级保护对象无高风险，得分介于 80~90 分（不含 90 分）之间。

3）等级测评结论为中，当满足下列情形时：

被测等级保护对象无高风险，得分介于 70~80 分（不含 80 分）之间。

4）等级测评结论为差，当满足下列某一情形时：

a）被测等级保护对象存在高风险。

b）被测等级保护对象无高风险，得分低于 70 分（不含 70 分）时。

第 14 章

一、判断题

1. 错误　　2. 正确　　3. 正确　　4. 错误　　5. 错误

二、选择题

1. D　　2. A　　3. D　　4. B　　5. A

三、简答题

1. 在云计算环境中，简要阐述如何对云服务商侧和云服务客户侧的保护对象进行定级。

在云计算环境中，应将云服务客户侧的等级保护对象和云服务商侧的云计算平台/系统分别作为单独的定级对象定级，并根据不同的服务模式将云计算平台/系统划分为不同的定级对象。

对于大型云计算平台，宜将云计算基础设施和有关辅助服务系统划分为不同的定级对象。

2. 不同服务模式下，云服务商与云服务客户安全责任如何划分？

在不同的云计算服务模式下，云服务商和客户对计算资源的控制范围不同，控制范围决定了云服务商与云服务客户的安全责任的边界。

1）SaaS 模式下，客户仅需要承担自身数据安全、客户端安全等相关责任，云服务商承担其他安全责任。

2）PaaS 模式下，软件平台层的安全责任由客户和云服务商分担。客户负责自己开发和部署的应用及其运行环境的安全，其他安全由云服务商负责。

3）IaaS 模式下，虚拟计算资源层的安全责任由客户和云服务商分担。客户负责自己部署的操作系统、运行环境和应用的安全，对这些资源的操作、更新、配置的安全和可靠性负责。云服务商负责虚拟机监视器及底层资源的安全。

3. 以私有云平台（IaaS）为例，说明云计算安全需求分析流程。

根据云计算安全责任划分和安全保护对象，基于网络安全等级保护要求，云计算平台安全需求涉及两个方面。

1）云平台基础安全防护需求。网络运营者从保护云平台安全的角度出发，考虑其可能面临的威胁，确认为规避风险（威胁）需采取的安全措施，涉及网络安全等级保护通用要求和部分云计算扩展要求。

2）为云服务客户提供基础安全防护需求。基于云计算的特殊性，云平台除保障自身安全外，还需为云服务客户提供基础的安全防护能力，云平台需采取安全防护措施为云服务客户提供基础的安全服务，涉及部分云计算扩展要求。

4. 部署在 IaaS 云平台上的云服务客户业务系统有哪些安全需求？

云服务客户业务系统迁移到云平台上后，云服务客户需保证其业务系统的部署环境和运行环境的安全，主要的几类安全需求如下：

1）云技术虚拟网络及其边界安全。

2）保证云上资源的合法访问和合法利用。

3）保证虚拟机上部署的操作系统、数据库及中间件安全。

4）保证云上应用系统安全，防止非授权访问、非法篡改等。

5）保证云上数据安全，对数据安全态势进行监测。

6）有效对云上资源进行统一管理。

7）制定完善的安全管理制度，有效保证云资源的安全、可靠运行。

5. 用户将大量数据交予云端处理的同时也面临较大的安全风险，云数据主要面临的安全威胁有哪些？结合网络安全等级保护云计算扩展要求，简述应如何保证云计算数据安全（以三级为例）。

云端数据主要面临的安全威胁有数据泄露、非法访问以及数据破坏或丢失。

网络安全等级保护云计算扩展要求中，为保证数据安全，应考虑下列内容：

1）制定访问控制策略，限制非法访问。

2）操作系统侧加固，防止非法恶意攻击。

3）备份数据，防止数据意外丢失。

4）客户数据、个人信息不出境。

5）保证数据在传输和存储过程中的完整性。

6）保证残留数据完全清除，防止剩余信息泄露。

第15章

一、判断题

1. 错误　　2. 错误　　3. 正确　　4. 错误　　5. 正确

二、选择题

1. B　　2. B　　3. D　　4. D　　5. B

三、简答题

1. 对物联网感知层安全物理环境的设计应至少包含哪几个方面的内容？

基于网络安全等级保护基本要求物联网安全扩展要求中的"安全物理环境"要求，对感知节点设备物理防护采取下列措施：

1）感知终端选址方面，应能满足防强干扰、防阻挡屏蔽、防挤压、防强震动以及感知终端正常工作的环境部署要求。

2）感知终端选型：应能满足外壳、电磁兼容抗扰度等相关要求。

3）电力供应：备用电力供应。

2. 等级保护2.0基本要求中对物联网定级的要求是什么？

物联网主要包括感知、网络传输和处理应用等特征要素，需将以上要素作为一个整体对象定级，各要素不单独定级。

3. 按照等级保护2.0的要求，物联网感知节点管理应制定哪些文件？形成哪些记录？

按照物联网感知节点的管理要求应制定或形成以下文件或记录：①感知节点设备和网关节点设备及其环境维护记录；②感知节点设备和网关节点设备安全管理文档；③感知节点设备、网关节点设备部署环境管理制度等。

4. 针对物联网安全扩展要求中安全区域边界里的接入控制和入侵防范要求，可以通过哪些安全措施来实现？

针对接入控制，可以在区域边界部署专业的身份鉴别和接入控制设备（如物联网安全网关），基于感知节点设备的操作系统、品牌、厂商、固件号等生成唯一的网络身份标识，通过白名单的接入控制策略保证只有授权的感知节点才可以接入。

针对入侵防范，可以在区域边界部署专业的身份鉴别和接入控制设备（如物联网安全网关或防火墙），基于IP地址、MAC地址、通信协议、通信端口等访问控制措施限制对感知节点设备和网关节点设备的连接及通信，实现对感知节点设备和网关节点设备的入侵防范。

5. 请简述物联网安全架构设计的思路。

物联网从架构上可分为3个逻辑层，即感知层、网络传输层和处理应用层。在此基础上，等级保护2.0基本要求中的安全通用要求和物联网安全扩展要求共同组成了物联网整体安全防护要求。以"一个中心，三重防护"为安全设计总体思路，结合安全通用要求和物联网安全扩展要求中的控制项及该控制项主要所解决的物联网3层架构中对应层的安全风险，设计出基于等级保护2.0标准的物联网安全架构。

第16章

一、判断题

1. 正确　　2. 错误　　3. 正确　　4. 正确　　5. 正确

二、选择题

1. D　　2. C　　3. B　　4. A　　5. D

三、简答题

1. 常见的工业控制协议有哪些？

常见的工业控制协议包括OPC、Modbus_TCP/RTU、S7、EIP、DNP3、IEC104等。

2. 工业控制系统的定级对象和范围是什么？

《信息安全技术 网络安全等级保护定级指南》（GB/T 22240—2020）明确了对工业控制系统定级的要求：

工业控制系统主要包括现场采集/执行、现场控制、过程控制和生产管理等特征要素。

其中，现场采集/执行、现场控制和过程控制等要素需作为一个整体对象定级，各要素不单独定级；生产管理要素宜单独定级。

对于大型的工业控制系统，可根据系统功能、责任主体、控制对象和生产厂商等因素划分为多个定级对象。

3. 工业控制系统与传统 IT 信息安全有哪些区别和联系？

传统 IT 信息安全一般要实现 3 个目标，即保密性、完整性和可用性。通常将保密性放在首位，并配以必要的访问控制，以保护用户信息的安全，防止信息盗取事件的发生。将完整性放在第二位，将可用性放在最后。

对于工业自动化控制系统而言，目标优先级的顺序则正好相反。工业控制系统信息安全首先考虑的是所有系统部件的可用性。完整性则在第二位，保密性通常在最后考虑。因为工业数据都是原始格式的，需要配合有关使用环境进行分析才能获取其价值。而系统的可用性则直接影响企业生产，生产线停机或者误动作都可能导致巨大的经济损失，甚至是环境的破坏和人员生命危险。

除此之外，工业控制系统的实时性指标也非常重要。控制系统大多要求响应时间在 1 ms 以内，而通用商务系统能够在 1 s 或几秒内完成。工业控制系统信息安全还要求必须保证持续的可操作性及稳定的系统访问、系统性能、专用工业控制系统安全保护技术，以及全生命周期的安全支持。这些要求都是在保证信息安全的同时也必须要满足的。

4. 等级保护 2.0 中，工业控制系统安全技术体系建设的中心思想是什么？

等级保护 2.0 中，工业控制系统安全技术体系建设的中心思想是指"一个中心，三重防护"思想。"一个中心"是指安全管理中心，"三重防护"是指通信网络防护、区域边界防护、计算环境防护，"三重防护"体系要接受"一个中心"的集中管理。

5. 简述等级保护 2.0 中工业控制系统安全解决方案设计的整体思路和建设重点。

工业控制系统安全建设从安全技术、安全管理两个方面展开，满足合规和安全运营的相关要求。

工业控制系统安全技术体系建设要开展安全域划分和安全防护设计。其中，安全防护设计从物理环境安全、通信与网络防护、计算环境安全、统一安全管理等方面展开。

工业控制系统安全管理方案的设计从安全管理制度、安全管理机构、安全管理人员、安全建设管理、安全运维管理等方面展开。

参 考 文 献

［1］李剑，杨军 . 计算机网络安全［M］. 北京：机械工业出版社，2020.

［2］刘运席 . 网络安全管理［M］. 北京：电子工业出版社，2018.

［3］夏冰 . 网络安全法和网络安全等级保护 2.0［M］. 北京：电子工业出版社，2017.

［4］王晖 . 医疗卫生行业网络安全等级保护实施指南［M］. 3 版 . 北京：中国人口出版社，2019.

［5］公安部信息安全等级保护评估中心 . 网络安全等级测评师培训教材：初级　2021 版［M］. 北京：电子工业出版社，2021.

［6］安辉耀，沈昌祥，张鹏，等 . 网络安全等级化保护原理与实践［M］. 北京：人民邮电出版社，2020.

［7］张振峰，张志文 . 云上合规：深信服云安全服务平台等级保护 2.0 合规能力技术指南［M］. 北京：电子工业出版社，2020.

［8］陈兴蜀，葛龙 . 云安全原理与实践［M］. 北京：机械工业出版社，2017.

［9］郭启全 . 网络安全法与网络安全等级保护制度培训教程：2018 版［M］. 北京：电子工业出版社，2018.

［10］公安部信息安全等级保护评估中心 . 信息安全等级测评师培训教程：中级［M］. 北京：电子工业出版社，2015.

［11］刘纪信，陈建龙 . 网络安全培训试题集［M］. 北京：化学工业出版社，2021.

［12］桂学勤 . 计算机网络系统集成［M］. 北京：中国铁道出版社，2020.

［13］中国法制出版社 . 中华人民共和国网络安全法：实用版［M］. 北京：中国法制出版社，2018.

［14］中国标准出版社 . 网络安全等级保护标准汇编［M］. 北京：中国标准出版社，2019.

［15］李劲，张再武，陈佳阳 . 网络安全等级保护 2.0：定级、测评、实施与运维［M］. 北京：人民邮电出版社，2021.

［16］中国医院协会信息专业委员会 . 医院网络安全等级保护（2.0）实施指南［M］. 北京：电子工业出版社，2019.